Fritz Leonhardt

Vorlesungen über Massivbau

Sechster Teil

Grundlagen des Massivbrückenbaues

Von F. Leonhardt

Berichtigter Nachdruck

Springer-Verlag
Berlin · Heidelberg · New York 1979

Dr.-Ing. Dr.-Ing. E.h. dr.techn. h.c. FRITZ LEONHARDT
em. Professor am Institut für Massivbau der Universität Stuttgart

ISBN-13: 978-3-540-09035-9   e-ISBN-13: 978-3-642-61863-5
DOI: 10.1007/978-3-642-61863-5

CIP-Kurztitelaufnahme der Deutschen Bibliothek
Leonhardt, Fritz : Vorlesungen über Massivbau / Fritz Leonhardt. – Berlin, Heidelberg, New York: Springer.
Teil 6. Grundlagen des Massivbrückenbaues / von F. Leonhardt. - 1979.

Dieses Werk ist urheberrechtlich geschützt. Die dadurch begründeten Rechte, insbesondere die der Übersetzung, des Nachdrucks, des Vortrags, der Entnahme von Abbildungen und Tabellen, der Funksendung, der Mikroverfilmung oder der Vervielfältigung auf anderen Wegen und der Speicherung in Datenverarbeitungsanlagen, bleiben, auch bei nur auszugsweiser Verwertung, vorbehalten. Eine Vervielfältigung dieses Werkes oder von Teilen dieses Werkes ist auch im Einzelfall nur in den Grenzen der gesetzlichen Bestimmungen des Urheberrechtsgesetzes der Bundesrepublik Deutschland vom 9. September 1985 in der Fassung vom 24. Juni 1985 zulässig. Sie ist grundsätzlich vergütungspflichtig. Zuwiderhandlungen unterliegen den Strafbestimmungen des Urheberrechtsgesetzes.
Springer-Verlag Berlin Heidelberg New York
ein Unternehmen der BertelsmannSpringer Science+Business Media GmbH
© by Springer-Verlag, Berlin/Heidelberg 1979

Die Wiedergabe von Gebrauchsnamen, Handelsnamen, Warenbezeichnungen usw. in diesem Werk berechtigt auch ohne besondere Kennzeichnung nicht zu der Annahme, daß solche Namen im Sinne der Warenzeichen- und Markenschutz-Gesetzgebung als frei zu betrachten wären und daher von jedermann benutzt werden dürften.

Sollte in diesem Werk direkt oder indirekt auf Gesetze, Vorschriften oder Richtlinien (z.B. DIN, VDI, VDE) Bezug genommen oder aus ihnen zitiert worden sein, so kann der Verlag keine Gewähr für Richtigkeit, Vollständigkeit oder Aktualität übernehmen. Es empfiehlt sich, gegebenenfalls für die eigenen Arbeiten die vollständigen Vorschriften oder Richtlinien in der jeweils gültigen Fassung hinzuziehen.

Druck: Mercedes-Druck, Berlin; Bindearbeiten: Lüderitz & Bauer, Berlin
Gedruckt auf säurefreiem Papier   SPIN 10772950   62/3111   15 14 13 12 11 11 10

Vorwort

Der sechste Teil dieser "Vorlesungen über Massivbau" behandelt die Brücken aus Stahlbeton und Spannbeton, deren Bauarten und Bauweisen in den letzten Jahrzehnten eine ungewöhnliche Entwicklung erfahren haben. Der Verfasser war seit 1934 im Brückenbau tätig und hat durch viele Neuerungen zu dieser Entwicklung beigetragen, er schöpft daher aus reicher eigener praktischer Erfahrung. Es war vor allem die Einführung des Spannbetons, der dem Betonbrückenbau neue Möglichkeiten brachte und sein Anwendungsgebiet stark erweiterte, so daß heute fast 90 % aller Brücken in der Bundesrepublik Deutschland mit Spannbeton gebaut werden.

Die Anforderungen des modernen Straßenverkehrs bedingten nicht nur den Bau vieler Brücken sondern auch vielgestaltiger Brücken für Kurven, für schiefwinklige Kreuzungen, für trompetenartige Verbreiterungen usw. Die Brücken müssen sich heute den Verkehrsbedingungen unterordnen. Dadurch entstanden statische und konstruktive Probleme, deren Lösung durch Beiträge vieler schöpferischer Brückeningenieure heute ausgereift ist und hier dargestellt wird.

In diesem Band werden vorwiegend die Überlegungen behandelt, die beim Entwurf einer Brücke hinsichtlich der Wahl der Spannweiten, des Trägersystems, des Querschnittes, der Bauhöhe, der Stützung und Lagerung angestellt werden müssen, um zu einer günstigen Lösung zu kommen. Die heutigen Bauverfahren werden beschrieben, weil sie starken Einfluß auf den Entwurf haben. Bewußt wird hier auf die statische Berechnung nicht eingegangen, weil diese im Lehrfach Baustatik geboten wird. Für die statische Lösung besonderer Brückenprobleme wird auf geeignete neuzeitliche Veröffentlichungen verwiesen. Die Bemessung der Querschnitte kann auch für Brücken mit den in den Teilen 1 bis 5 vermittelten Methoden durchgeführt werden.

In diesem Band werden auch die Gründungen der Brücken nicht behandelt, weil diese in das Lehrgebiet Grundbau fallen und für sich allein einen ganzen Band bedingen würden.

Bei der konstruktiven Durchbildung, Führung der Bewehrungen, Anordnung der Spannglieder, Ausbildung der Lager und Fugen werden ins einzelne gehende Angaben für den Regelfall gemacht, die im Grundsatz auch bei der Lösung von Sonderfällen gelten.

Für den Studenten im Grundfachstudium wird es genügen, wenn er den Band oberflächlich durchsieht und so einen Überblick gewinnt, was im Massivbrückenbau alles beachtet und bedacht werden muß.

Der Vertiefer und besonders der in der Praxis stehende Ingenieur wird in diesem Band viele wertvolle Hinweise und Hilfen zum Entwerfen und Bauen von Massivbrücken finden.

Bei der Bearbeitung hat Herr Dipl.-Ing. H.P. Andrä geholfen, die vielen Bilder zusammenzutragen, die von Frau M. Martenyi und Frau M. Schubert, zum Teil auch vom Verlag gezeichnet wurden. Frau I. Paechter hat wieder die Texte in bewährter Weise vorbildlich sauber geschrieben. Herr A. Burmeister und Herr B. Ott waren bei der Fertigstellung der druckreifen Blätter behilflich. Allen Beteiligten sei hier herzlich gedankt. Besondere Anerkennung verdient wieder der Verlag für seine Bereitwilligkeit, auch diesen Band preisgünstig zu veröffentlichen, so daß er für Studenten und für die Ingenieure in der Praxis persönlich leicht erschwinglich ist.

Der Verfasser hofft, mit diesem Band zur Güte und Dauerhaftigkeit künftiger Massivbrücken beizutragen und bei jungen Ingenieuren die Freude am Brückenbau zu wecken.

Stuttgart, Oktober 1978   Fritz Leonhardt

Inhaltsverzeichnis

1. Schrifttum 1
   1.1 Geschichte der Brücken 1
   1.2 Entwurf, Gestaltung und Konstruktion 1
   1.3 Berechnung der Brücken 2
   1.4 Vorschriften und Normen als Entwurfsgrundlagen 2
      1.4.1 Querschnitte, Gefälle, Ausrundungen usw. 3
      1.4.2 Belastungsannahmen 3
      1.4.3 Berechnung und Bemessung, bauliche Einzelheiten 3
      1.4.4 Technische Bestimmungen StB, Ergänzungsbestimmungen, Zulassungen des Institutes für Bautechnik, Runderlasse des BMV oder der Länder 3
      1.4.5 Ausländische Vorschriften 4

2. Begriffe und Zeichen 5
   2.1 Begriffe 5
   2.2 Zeichen 7

3. Zur Geschichte des Brückenbaues 9

4. Baustoffe der Massivbrücken 11
   4.1 Natursteine 11
      4.1.1 Die Vorzüge der Natursteine 11
      4.1.2 Materialeigenschaften der Natursteine 11
      4.1.3 Verarbeitungsarten der Natursteine 12
         4.1.3.1 Vormauerung 12
         4.1.3.2 Verkleidung oder Verblendung 12
         4.1.3.3 Arten des Mauerwerks 13
      4.1.4 Mauerwerksfestigkeit und Mörtel 14
   4.2 Künstliche Steine 14
   4.3 Beton 15
   4.4 Stähle 15
   4.5 Beläge und Dichtungen 16
      4.5.1 Beläge 16
      4.5.2 Dichtungen 16
   4.6 Kunststoffe oder Nichteisenmetalle oder dergleichen 17

5.	Wie entsteht der Entwurf einer Brücke?		19
	5.1	Entwurfsdaten	19
	5.2	Der schöpferische Vorgang des Entwerfens bei großen Brücken	20
	5.3	Ausführungsreife Bearbeitung des Entwurfes	21
6.	Tragwerksarten der Massivbrücken		23
	6.1	Balkenbrücken	23
		6.1.1 Statische Systeme	23
		6.1.2 Balkenformen	25
	6.2	Rahmenbrücken	26
		6.2.1 Statische Systeme	27
		6.2.2 Rahmenformen	28
	6.3	Bogenbrücken	30
		6.3.1 Statische Systeme	30
		6.3.2 Bogenformen	32
	6.4	Hängebrücken	35
	6.5	Schrägkabelbrücken	35
7.	Bauverfahren		39
	7.1	Bauverfahren mit Ortbeton	39
		7.1.1 Schalung auf ortsfesten Lehrgerüsten	39
		7.1.2 Schalung auf fahrbaren Lehrgerüsten	39
		7.1.3 Betonieren auf Lehrgerüsten	41
		7.1.4 Der Freivorbau mit Ortbeton	42
	7.2	Bauverfahren mit Fertigteilen	45
		7.2.1 Fertigteile über die ganze Spannweite	45
		7.2.2 Segment-Fertigteile	46
	7.3	Das Taktschiebeverfahren	48
8.	Wahl des Querschnittes der Brücken		51
	8.1	Allgemeines	51
		8.1.1 Platten aus Ortbeton	51
		8.1.2 Platten aus Fertigteilen	53
	8.2	Plattenbalken aus Ortbeton	55
	8.3	Umgekehrte Plattenbalken - Trogbrücken aus Ortbeton	57
	8.4	Plattenbalken aus Fertigteilen	59
	8.5	Hohlkastenträger aus Ortbeton	60
	8.6	Kastenträger aus Fertigteilen	66
	8.7	Querschnitte für aufgehängte Fahrbahntafeln	66
9.	Randausbildung der Brücken		67
	9.1	Gesims, Leitplanken, Schrammbord	67
	9.2	Geländer	71
	9.3	Windschutz	73
	9.4	Lärmschutz	73
	9.5	Mittelstreifen	74

10. Stützung der Brücken	75
10.1 Funktionelle Anforderungen	75
10.2 Stützungs- und Lagerungsarten	75
10.3 Widerlager	76
10.3.1 Das Widerlager für kleine Brücken	76
10.3.2 Die Flügel der Widerlager kleiner Brücken	79
10.3.3 Das hochgesetzte Sparwiderlager	82
10.3.4 Widerlager größerer Brücken	83
10.3.5 Entwässerung der Widerlager	84
10.3.6 Schlepp-Platten	85
10.4 Pfeiler	87
10.4.1 Wandartige Pfeiler	87
10.4.2 Stützenartige Pfeiler	89
10.5 Stützkräfte und Wahl der Stützungsart	93
10.5.1 Kräfte	93
10.5.2 Wahl der Stützungsart	94
10.5.3 Stützung der Brücken für schiefwinklige Kreuzungen	96
10.5.4 Stützung gekrümmter Brücken	97
10.5.5 Richtung der Längenänderung bei breiten oder gekrümmten Brücken	99
11. Zu den Bemessungsgrundlagen, Vorspanngrad und Mindestbewehrungen	101
11.1 Tragfähigkeit für Last- und Zwang-Schnittgrößen	101
11.2 Wahl des Vorspanngrades	105
11.3 Nachweise der Gebrauchsfähigkeit	107
11.4 Mindestbewehrungen für Brücken	107
12. Bemessung und Konstruktion von Plattenbrücken	111
12.1 Rechtwinklige Plattenbrücken	111
12.1.1 Rechtwinklige Massivplatten, Schnittkräfte	111
12.1.2 Schlaffe Bewehrung der Massivplatten	112
12.1.3 Spannbeton-Massivplatte	113
12.1.4 Hohlplatten	114
12.2 Schiefwinklige einfeldrige Plattenbrücken	117
12.2.1 Allgemeines	117
12.2.2 Biegemomente	117
12.2.3 Auflagerkräfte, Lagerung, Querkräfte	120
12.2.4 Bewehrung schiefer Platten	126
12.2.5 Vorspannung schiefer Platten	128
12.3 Schiefwinklige mehrfeldrige Plattenbrücken	130
13. Bemessung und Konstruktion von Plattenbalkenbrücken	133
13.1 Allgemeines	133
13.2 Bemessung der Fahrbahnplatten (FbPl)	135
13.2.1 Ermittlung der Schnittkräfte	135
13.2.2 Biegemomente für Fahrbahnplatten	135
13.2.3 Querkräfte der Fahrbahnplatten	142
13.2.4 Quervorspannung der Fahrbahnplatten (Bemessung)	143
13.2.5 Mittig vorgespannte Platten nach Y. Guyon	143

13.3	Die Hauptträger der Plattenbalkenbrücken	145
	13.3.1 Hauptträgerteile und ihre Beanspruchungsarten	145
	13.3.2 Der einstegige Plattenbalken	148
	13.3.3 Der mehrstegige Plattenbalken (Trägerrost)	148
13.4	Bewehrung der Plattenbalkenbrücken	151
	13.4.1 Fahrbahnplatten	151
	13.4.2 Hauptträger	152
	13.4.3 Querträger	156
13.5	Vorspannung der Plattenbalkenbrücken	156
	13.5.1 Spanngliedführung in Fahrbahnplatten	156
	13.5.2 Spanngliedführung für die Hauptträger	158
13.6	Gekrümmte und schiefe Plattenbalkenbrücken	163
	13.6.1 Gekrümmte Plattenbalken	163
	13.6.2 Schiefe Plattenbalken	164
14.	**Bemessung und Konstruktion von Kastenträgerbrücken**	**167**
14.1	Allgemeines	167
14.2	Die Fahrbahnplatten der Kastenträger	168
14.3	Die Kastenträger als Hauptträger	169
14.4	Bewehrung und Vorspannung von Kastenträgern	174
	14.4.1 Spanngliedführung für die Hauptträger	175
	14.4.2 Bewehrung und Vorspannung der Stege	178
	14.4.3 Bewehrung und Vorspannung der Bodenplatte	181
14.5	Querträger von Kastenträgern	182
14.6	Gekrümmte und schiefe Kastenträgerbrücken	184
	14.6.1 Gekrümmte Kastenbrücken	184
	14.6.2 Schiefwinklige Kastenbrücken	189
15.	**Arbeits- und Koppelfugen**	**191**
15.1	Maßnahmen gegen Temperaturrisse	191
15.2	Maßnahmen an Fugenankern	192
15.3	Maßnahmen an Koppelfugen	193
16.	**Brückenlager**	**197**
16.1	Anforderungen an Lager	197
16.2	Lagerarten	199
	16.2.1 Betongelenke	199
	16.2.2 Stahllager	199
	16.2.3 Elastomer-Schicht-Lager	201
	16.2.4 Feste Neotopf-Lager	204
	16.2.5 Neotopf-Gleitlager	205
	16.2.6 Andere Gleitlager	207
16.3	Zugfeste Lager	208
16.4	Einbau, Kontrolle und Unterhaltung der Lager	210
17.	**Fahrbahnübergänge**	**213**
18.	**Entwässerung**	**221**
	Schrifttumverzeichnis	225

Inhalt der weiteren Teile zum Werk LEONHARDT «Vorlesungen über Massivbau»

I. Teil: Grundlagen zur Bemessung im Stahlbetonbau

1. Einführung
2. Beton
3. Betonstahl
4. Verbundbaustoff Stahlbeton
5. Tragverhalten von Stahlbetontragwerken
6. Grundlagen für die Sicherheitsnachweise
7. Bemessung für Biegung mit Längskraft
8. Bemessung für Querkräfte
9. Bemessung für Torsion
10. Bemessung von Stahlbeton-Druckgliedern

II. Teil: Sonderfälle der Bemessung im Stahlbetonbau

1. Bewehrungen schiefwinklig zur Beanspruchungsrichtung
2. Wandartige Träger, Konsolen, Scheiben
3. Einleitung von Kräften und Lasten
4. Betongelenke
5. Durchstanzen von Platten und Fundamenten
6. Bemessung bei schwingender Belastung
7. Besondere Regeln für Stahlleichtbeton

III. Teil: Grundlagen zum Bewehren im Stahlbetonbau

1. Allgemeines über Entwurf und Konstruktion
2. Schnittgrößen
3. Allgemeines zum Bewehren
4. Verankerungen der Bewehrungsstäbe
5. Stoßverbindungen der Bewehrungsstäbe
6. Umlenkkräfte infolge Richtungsänderungen von Zug- oder Druckgliedern
7. Zur Bewehrung in biegebeanspruchten Bauteilen
8. Platten
9. Balken und Plattenbalken
10. Rippendecken, Kasettendecken und Hohlplatten
11. Rahmenecken
12. Wandartige Träger oder Scheiben
13. Konsolen
14. Druckglieder
15. Krafteinleitungsbereiche
16. Fundamente

IV. Teil: Verformungen und Rissebeschränkung im Stahlbetonbau

1. Nachweise für Gebrauchsfähigkeit
2. Rissebeschränkung, Begrenzung der Rißbreiten
3. Formänderungen der Betontragwerke - Allgemeines
4. Verformungen durch Längskraft, Dehnsteifigkeit
5. Verformungen durch Biegung, Biegesteifigkeit
6. Verformungen durch Querkraft, Schubverformungen, Schubsteifigkeiten
7. Verformungen durch Torsion, Torsionssteifigkeiten
8. Formänderungen im plastischen Bereich (Zustand III)
9. Bruchlinientheorie für Flächentragwerke, vorzugsweise für Platten

V. Teil: Spannbeton (in Vorbereitung)

1. Schrifttum

1.1 Geschichte der Brücken

Wittfoht, H.:	Triumph der Spannweiten. Vom Holzsteg zur Spannbetonbrücke. Beton-Verlag GmbH, Düsseldorf, 1972
Steinmann, D.B. u. Watson, S.R.:	Bridges and their Builders. Dover Publications Inc. New York, 1957
Straub, H.:	Die Geschichte der Bauingenieurkunst. Verlag Birkhäuser, Basel, 1949
Leonhardt, F.:	Brücken der Welt (S. 16 - 64) C.J. Bucher Verlag, Luzern, 1971 (vergriffen, in Bibliotheken vorhanden)
Bonatz, Paul u. Leonhardt, F.:	Brücken. Buchreihe "Die blauen Bücher" Karl Robert Langewiesche Verlag, Königstein/Taunus, 1951...

1.2 Entwurf, Gestaltung und Konstruktion

Bücher:

1 Mörsch, E.; Bay, H.; Deininger, K. und Leonhardt, F.:
   Brücken aus Stahlbeton und Spannbeton. Sechste Auflage, 2 Bände, Verlag Konrad Wittwer, Stuttgart, 1958 und 1968

2 Wittfoht, H.: Triumph der Spannweiten (siehe unter 1.1)

3 Beyer, E. u. Thul, H.: Hochstraßen. Beton-Verlag, Düsseldorf, 1967

4 Leonhardt, F.: Spannbeton für die Praxis. Dritte Auflage, Verlag W. Ernst u. Sohn, Berlin, 1975

5 Bechert, H.: Massivbrücken. Betonkalender 1975, Seite 937 ff. Verlag W. Ernst u. Sohn, Berlin, 1975

6 Koch, W.: Brückenbau. Werner Verlag, Düsseldorf, 1964

7 Casado, C.F.: Puentes de hormigon armado pretensado. Editorial Dossat, S.A., Madrid 1965 (Großes Sammelwerk, enthält fast alle bedeutenden Spannbetonbrücken der Jahre 1950 bis 1964)

8 Köster, W.: Fahrbahnübergänge in Brücken und Betonbahnen. Bauverlag, Wiesbaden, Berlin, 1965

9   Schaechterle, K.; Leonhardt, F.:   Die Gestaltung der Brücken.
Verlag Volk und Reich, Berlin, 1937
(vergriffen, in Bibliothek der Universität Stuttgart vorhanden)

10 bis 64   Einzelberichte: siehe Anhang

Zeitschriften:

Berichte über einzelne Massivbrücken sind zu finden in:

Beton- und Stahlbetonbau	Verlag W. Ernst u. Sohn, Berlin
Die Bautechnik	
Der Bauingenieur	Springer Verlag Berlin
Straße, Brücke, Tunnel	Verlag für Publizität, Isernhagen/Hannover
(jetzt: Straßen u. Tiefbau)	

<u>Nationale Sammelberichte</u> zu Kongressen der FIP (Fédération International de la Précontrainte) der Jahre 1966, 1970, 1974 und 1978 enthalten Angaben über viele Brücken, Beispiele:
"Structures Précontraintes" herausgegeben vom Chambre Syndical Nationale des Constructeurs en Ciment Armé et Béton Précontraint, Paris

Prestressed Concrete Structures in Italy, herausgegeben von Associatione Italiana Cemento Armato e Precompresso, Roma

Berichte der IVBH (Internationale Vereinigung für Brücken und Hochbau), Sitz ETH Zürich, enthalten interessante Berichte über Brücken.

1.3   Berechnung der Brücken

Für die statische Berechnung und Bemessung von Brücken gelten die üblichen Methoden und Hilfsmittel. In der Praxis werden heute weitgehend Computer-Programme angewandt, die z.T. die speziellen Probleme der Brücken berücksichtigen. Schrifttumshinweise werden in den folgenden Kapiteln je zu den besonderen Berechnungsaufgaben gegeben.

1.4   Vorschriften und Normen als Entwurfsgrundlagen

<u>Vorbemerkung</u>

DIN-Vorschriften und -Normen sind keine Gesetze, sondern Richtlinien, die in den Regelfällen einzuhalten sind. In Sonderfällen - besonders bei Großbrücken und neuen Bauarten oder Bauweisen - kann von DIN-Vorschriften mit Zustimmung der baurechtlich zuständigen Stelle abgewichen werden, wenn die Bedingungen der Standsicherheit und Gebrauchsfähigkeit nachweislich eingehalten werden. In besonderen Fällen muß sogar von der Norm abgewichen werden, wenn neue Erkenntnisse vorliegen, die in der DIN noch nicht berücksichtigt sind. Man beachte, daß die Aufnahme neuer Erkenntnisse in DIN-Blätter in der BRD oft mehrere Jahre erfordert. Andererseits entzieht sich niemand der Verantwortung für eigenes Handeln durch das Anwenden von DIN-Normen. Eine Haftung des DIN (Deutsches Institut für Normung e.V.) und derjenigen, die an der Aufstellung der DIN-Normen beteiligt sind, ist ausgeschlossen.

1.4 Vorschriften und Normen als Entwurfsgrundlagen

1.4.1 Querschnitte, Gefälle, Ausrundungen usw.

"Straßenbau von A - Z" (lose Blattsammlung) enthält Amtliche Bestimmungen und technische Richtlinien für Planung, Bau und Unterhaltung der Straßen. Herausgegeben von der Forschungsgesellschaft für das Straßenwesen. Erich Schmidt Verlag, Berlin, Bielefeld, München.

Einzelne Bestimmungen sind zu beziehen durch Kirschbaum-Verlag, Bad Godesberg.

Die wichtigsten Angaben sind zu finden in H. Bechert [5] - Betonkalender 1975 und in

RAL	Richtlinie für die Anlage von Landstraßen
RAST	Richtlinie für die Anlage von Stadtstraßen.

1.4.2 Belastungsannahmen
(jeweils gültige Ausgaben siehe Betonkalender: Verzeichnis von Baunormen und technischen Baubestimmungen)

DIN 1072	Straßen und Wegbrücken, Lastannahmen
DV 804	Deutsche Bundesbahn, Vorschrift für Eisenbahnbrücken und sonstige Ingenieurbauwerke
DIN 1055	Lastannahmen für Bauten - Windlasten nicht schwingungsanfälliger Bauten
DIN 18005	Lärmschutz, siehe auch Immissionsschutz-Gesetze

1.4.3 Berechnung und Bemessung, bauliche Einzelheiten

DIN 1075	Richtlinien für die Bemessung und Ausführung massiver Brücken
DIN 1045	Beton- und Stahlbetonbau, Bemessung und Ausführung
DIN 4224	Hilfsmittel für die Berechnung und Bemessung von Beton- und Stahlbetonbauteilen (Heft 220 und 240 des DAfStb)
DIN 4227	Spannbeton, Richtlinien für Bemessung und Ausführung
-	dazu: Richtlinien für das Einpressen von Zementmörtel in Spannkanäle
-	dazu: Verzeichnis der zugelassenen Spannverfahren
DIN-Baustoffe:	Stahl - Spannstahl - Beton - siehe Angaben in Teil 1 der Vorlesungen
DIN 1053	Mauerwerke, Berechnung und Ausführung
DIN 1054	Baugrund, zulässige Belastung des Baugrundes
DIN 4014	Bohrpfähle
DIN 4026	Rammpfähle
DIN 4017	Teil 1 und 2 - Grundbruchberechnungen
DIN 4019	Baugrund - Setzungsberechnungen
DIN 4420	Gerüstordnung. Ergänzende Bestimmungen zu DIN 4420 für die Herstellung von Traggerüsten

1.4.4 Technische Bestimmungen StB, Ergänzungsbestimmungen, Zulassungen des Institutes für Bautechnik, Runderlasse des BMV oder der Länder

Leider sind wegen der zeitlich langsamen Anpassung der DIN an neue Entwicklungen, Erfahrungen usw. zahlreiche Sonderbestimmungen von den Straßenverwaltungen des Bundes und der Länder erlassen worden, die von Fall zu Fall zu beachten sind.

1976 wurden die "Zusätzlichen Technischen Vorschriften" (ZTV - K 76) bundesweit eingeführt, deren Zweck es ist, Ausschreibung und Bauausführung auf eine einheitliche Basis zu stellen. Gleichzeitig erschienen die "Zusätzlichen Vertragsbedingungen für die Ausführung von Bauleistungen im Straßen- und Brückenbau" (ZVB - StB 75) für den Bereich des Bundesfernstraßenbaus.

1.4.5 Ausländische Vorschriften

Für Brücken im Ausland müssen in der Regel die Vorschriften des betr. Landes beachtet werden, die z.T. wesentlich von deutschen Vorschriften abweichen. Die wichtigsten sind

Schweiz: SIA-Norm 160	Norm für die Belastungsannahmen, die Inbetriebnahme und die Überwachung der Bauten
USA: AASHTO	Standard Specifications for Highway Bridges: USA
Großbritannien: BS 153	Girder Bridges, Part 3
CP 110	The structural use of concrete (veröffentlicht im Betonkalender 1976)
International: CEB-FIP	Model Code, 1978, ausgearbeitet als Mustervorschrift für die EG-Länder

2. Begriffe und Zeichen

2.1 Begriffe

deutsch	englisch	Erläuterung
Flußbrücke	bridge crossing a river	-
Strombrücke	bridge crossing a stream	-
Vorlandbrücke Rampenbrücke	approach bridge	Brücke über Flutgelände des Stromes oder zum Erreichen der geforderten Durchfahrtshöhe
Talbrücke	viaduct, valley bridge	Brücke über ein Tal hinweg
Hangbrücke	bridge along vally flank	Brücke entlang eines Tahlhanges
Überführung	overpass-crossing	Brücke über einen Verkehrsweg hinweg
Unterführung	underpass-crossing	Brücke zum Unterfahren eines Verkehrsweges
Hochstraßenbrücke	elevated highway-bridge	Brücke über Stadtstraßen
Hochstraße	elevated road-bridge	oder Bahngleisen
Straßenbrücke	highway bridge	
Autobahnbrücke	freeway bridge	
Feldwegbrücke	-	
Fußgängerbrücke	pedestrian bridge	Brückenbezeichnung nach Art des zu tragenden Verkehrs
Eisenbahnbrücke	railway bridge	
Kanalbrücke	canal bridge	
Aquädukt	aquaeduct	
Rohrbrücke	pipe line bridge	
Förderbrücke	conveyer bridge	
Balkenbrücke	beam bridge	Brückenbezeichnung nach Tragwerkssystem
Bogenbrücke	arch bridge	
Hängebrücke	suspension bridge	
Schrägseilbrücke Schrägkabelbrücke	cable-stayed bridge	
Langerscher Balken	arch-supported beam	Balken durch leichten Bogen unterstützt

bodenverankerte oder echte Hängebrücke	suspension bridge	Kabel in Ankerblöcken verankert
in sich versteifte Hängebrücke	self anchored suspension bridge	Kabel im Balken verankert
Deckbrücke	deck bridge	Verkehrsweg über den Brückenträgern
Trogbrücke	trough bridge	Verkehrsweg trogartig zwischen den Brückenträgern
Überbau	superstructure	das eigentliche Brückentragwerk
Unterbau	substructure	Sammelbegriff für Widerlager, Pfeiler, Stützen usw.
bestehend aus Widerlager	abutment	Abschlußbauwerk an den Brückenenden
Widerlager besteht aus Auflagerbank Auflagerwand	bridge seat bearing wall, breast wall	
Flügel	wing wall	
Pfeiler	pier	Pfeiler oder Stützen stützen das Tragwerk zwischen den Widerlagern
Stützen	columns	
Fundament Gründungskörper	foundation, footing	
Fahrbahnplatte	roadway slab	
Hauptträger HT	main girder	
Plattenbalken	T-beam	
Kastenträger	box girder	
Querträger QT	transverse beam cross girder	zum Aussteifen der Hauptträger oder zur Lastverteilung auf mehrere HT am Widerlager
Querschott	diaphragma	
Endquerträger	end cross beam	
Fahrbahntafel	deck structure	Quer- und Längsträger mit Deckplatte zwischen Hauptträgern
Gesims	facia beam	äußerer Randabschluß der Brücke
Kappe	-	vom Schrammbord zum Gesims auf Fahrbahnplatte aufgesetzte Betonplatte
Kammerwand (a)	breast wall	trennt Dammschüttung vom Überbau
Auflagerbank (b) an Pfeilern oder Widerlagern	bearing chair bridge seat	

2.1 Begriffe

L a g e r	bearing		übertragen die Überbaulasten auf Widerlager oder Pfeiler
festes Lager	fixed bearing		erlaubt keine Längs- oder Querbewegung zwischen Überbau und Unterbau
bewegliches Lager	movable bearing expansion bearing		Bewegung durch Gleitfuge oder Rollen ermöglicht
Gleitlager	sliding bearing		
Rollenlager	roller bearing		
Pendellager	pendulum bearing		z.B. durch Pendelstütze gebildet
Pendelpfeiler	rocking pier		
Linienlager	linear bearing		erlaubt Drehbewegungen des Überbaus um eine Linie
Punktlager	point bearing		erlaubt allseitige Drehbewegungen des Überbaus um einen Punkt (theoretisch)
Fahrbahnübergang	expansion joint movable joint		Übergang der Fahrbahn zwischen Widerlager und Überbau oder an Fugen des Überbaus, Abdeckung der Fuge, relative Bewegungen der Bauteile überbrückend
Dichtung	sealing		wasserdichte Schicht zwischen tragender Fahrbahnplatte und Fahrbahnbelag
Leitplanke	guard rail		
Geländer	railing		usw. sind allgemein bekannte Begriffe
Schrammbord	curb		
Entwässerung	drainage		

2.2 Zeichen

Das CEB hat in den Jahren 1974 - 1976 einheitliche Zeichen für die europäischen Länder ausgearbeitet und auch weitgehend die Zustimmung des ACI (American Concrete Institute, USA) erlangt, so daß fast weltweit gleiche Zeichen im Massivbau verwendet werden. Dies ist eine wichtige Erleichterung für internationale Zusammenarbeit sowohl in der Praxis als auch in der Forschung.

Leider hat der Deutsche Normenausschuß 1978 diese CEB-Zeichen nicht vollständig übernommen, was sehr zu bedauern ist.

Das Manuskript dieses Bandes war mit CEB-Zeichen fast fertig, als diese Fehlentscheidung für DIN 1080 bekannt wurde. Auf eine Änderung wurde verzichtet. Daher sind hier folgende Abweichungen von den deutschen Normzeichen zu beachten:

N	=	Normalkraft, z.B. auch Druck- oder Zugkraft
V	=	Querkraft als $\underline{v}$ertikale Kraftkomponente
F	=	Kraft oder Last allgemein ($\underline{F}$orce)
P	=	Vorspannkraft ($\underline{P}$restressing force)
Q	=	Verkehrslast
T	=	Torsion
T	=	Temperatur
c	=	Beton ($\underline{c}$oncrete), Druck ($\underline{c}$ompression)
s	=	Stahl
p	=	infolge Vorspannung (Zeiger)
q	=	Verkehrslast auf Fläche bezogen
f	=	Festigkeit

3. Zur Geschichte des Brückenbaues

Leider gibt es in deutscher Sprache noch keine der Bedeutung des Brückenbaues angemessene Darstellung seiner Geschichte, obwohl dafür wohl ebensoviel menschliche Schöpferkraft, Mut und auch Tatkraft aufgewandt wurde, wie für Leistungen auf Gebieten, die traditionsgemäß in Geschichtsbüchern dargestellt werden. Im englischen Sprachraum ist dies anders, besonders in England, das im 19. Jahrhundert viele bedeutende Brückenbauer hatte. Im Schrifttum sind geeignete Bücher genannt.

Seit ältester Zeit findet man bei den Naturvölkern primitive Brücken aus Holz oder Seilen in Form von einfachen Balken, Balkensprengwerken und Hängewerken. Die Kulturvölker bauten schon früh kunstvolle Brücken; so spannten Chinesen Granitbalken über etwa 18 m Weite, deutsche und schweizer Zimmerleute entwickelten im 18. Jahrhundert den Holzbrückenbau zu hoher Vollendung. Die Holzbrücke über den Rhein bei Schaffhausen, erbaut 1758 von dem Zimmermeister J.U. Grubenmann hatte die beträchtliche Spannweite von 118 m.

Steinerne Gewölbe bauten Chinesen und Römer schon vor Christi Geburt. Bei den Römern kam die Kunst in der Gestaltung (Halbkreisbogen bis 30 m Spannweite) und in der Bearbeitung des Werkstoffes Stein zu hoher Blüte, Beispiele: Engelsbrücke von Hadrian über den Tiber in Rom, Ponte Piedra, Verona. Ganze Täler überbrückten diese hervorragenden Baumeister für ihre Wasserleitungen (Pont du Gard bei Nîmes in Südfrankreich, 180 n.Chr.). Auch die Türken bauten früh weitgespannte Steinbrücken, jedoch meist mit leichter Spitzbogenform. Im Mittelalter begannen die Gewölbe flacher zu werden (Spannweiten bis 50 m). Beispiele: Scaligerbrücke Verona (1354), Ponte Vecchio Florenz, Rhônebrücke Avignon, Donaubrücke Regensburg, Karlsbrücke Prag, Mainbrücke Würzburg u.a.

Gußeiserne Brücken mit Bogenform entstanden am Ende des 18. Jahrhunderts. Schon 1750 bauten die Chinesen die ersten Kettenhängebrücken. Mit dem Aufkommen der Eisenbahn wurden große Brücken für schwere Lasten notwendig. Wuchtige Steinbrücken überspannen ganze Täler, wie z.B. die Göltschtalbrücke in Sachsen mit 578 m Länge und 78 m Höhe. Als neue Baustoffe kamen Schmiedeeisen und Stahl. 1846 erstellte der Sohn des Erfinders der Lokomotive, Robert Stephenson, die Britanniabrücke als erste große Balkenbrücke (Hohlkasten aus Schmiedeeisen) mit 141 m Spannweite über die Menaistraße in England.

Bald danach entstanden große Brücken mit Stahlgitterträgern, z.B. 1850 die Weichselbrücke bei Dirschau mit 6 Spannweiten von je 124 m. Hängebrücken und Fachwerkkonstruktionen kamen auf. Riesige Spannweiten wurden durch gigantische Auslegerbrücken bewältigt, so z.B. die Eisenbahnbrücke über den Firth of Forth in Schottland mit Stützweiten von 512 m (1883 - 90).

Ab 1900 wurden die ersten **Brücken aus** dem neuen **Baustoff Beton** errichtet. Man führte zuerst Dreigelenkbogen aus, bei denen der Beton nur den Werkstoff Stein ersetzte. Bewehrten Beton, damals Eisenbeton genannt, verwendete man zunächst für Fahrbahntafeln, dann für Bogenrippen usw. Erst etwa ab 1912 ging man zu Balken- und Rahmenbrücken über, jedoch nur bis zu Spannweiten von rd. 30 m. Gleichzeitig erreichten die Stahlbeton-Bogenbrücken immer größere Dimensionen. 1941 - 1945 wurde in Schweden die Sandöbrücke mit 280 m Spannweite des Bogens erbaut.

Spannbetonbrücken entstanden etwa ab 1938, ihre Entwicklung wurde jedoch vom Krieg unterbrochen. Erst nach 1948 eroberte sich der Spannbeton den Brückenbau, wobei bevorzugt Balken gebaut werden mit Spannweiten bis zu 230 m. Mit Schrägkabeln wurden 1977 schon Spannweiten von rd. 300 m erreicht (Columbia River Brücke Pasco-Kennewick, Entwurf Leonhardt, und Seine-Brücke Brotonne, Entwurf Jean Muller).
Die Geschichte des Spannbetons bis etwa 1954 ist in [4] Kap. 20 beschrieben.

4. Baustoffe der Massivbrücken

4.1 Natursteine

4.1.1 Die Vorzüge der Natursteine

Witterungsbeständige Natursteine, wie z.B. Granit, Porphyr, Diorit, Basalt, Basaltlava, Kalksteine wie Muschelkalk, Marmor, verkieselter Sandstein, harte Tuffe und Travertine wurden im Brückenbau mit großem Erfolg für Pfeiler, Widerlager und Gewölbe, teils tragend, teils als Vormauerung, Verblendung oder Verkleidung verwendet. Natursteine an Brücken sind heute wegen der hohen Bearbeitungskosten leider selten geworden. Es ist aber dringend zu wünschen, daß wieder mehr Naturstein zur Anwendung kommt, weil

1. Flächen aus gut gewähltem Naturstein (Mauerwerk oder Plattenverkleidung) die farblich abstoßenden Sichtbetonflächen an schönheitlicher Wirkung bei weitem übertreffen und so zur schönheitlichen Qualität der Bauwerke in der Umwelt - Landschaft oder Stadt - beitragen. Es lohnt sich dafür Geld auszugeben!

2. Naturstein besser altert als Beton, d.h. auch nach vielen Jahren noch gut aussieht (Beispiel Römerbrücken) und sich auch in Industrieluft besser hält, wenn ein geeigneter Stein gewählt wurde.

3. Die Abriebfestigkeit gegen Wasser + Sand-Erosion wesentlich höher ist als diejenige von Beton, was bei Flußpfeilern von Bedeutung ist.

Manchmal wird Naturstein "Gottes eigener Baustoff" genannt, er wirkt meist durch Struktur lebendig und farbig, im Gegensatz zur toten Betonfläche. Durch die Art der Vermauerung (Steingrößen, Fugen, Mörtel) kann man unterschiedlichste Wirkungen erzielen und selbst großen Flächen einen "menschlichen Maßstab" geben. Die Wirkung des "Brutalismus", die mancher Architektur der Jahre 1960-1976 eigen ist, entsteht bei Naturstein nicht.

4.1.2 Materialeigenschaften der Natursteine

Die sehr hohe Druckfestigkeit einiger Gesteine sollte dazu reizen, Steinstücke zu schlanken, hochfesten Balken zusammenzuspannen, nach dem Prinzip des Spannbetons!

Die Kriechmaße sind bei Urgesteinen und harten Kalksteinen vernachlässigbar klein, bei Sandsteinen jedoch so groß, daß sie im Beton das Betonkriechen deutlich vergrößern.

Gesteinsart	Dichte t/m^3	Würfeldruck-festigkeit MPa = N/mm^2	E-Modul MPa

Granite
  sehr feste
  mittel feste
  wenig feste
	Mittelwerte
	2,8
		120 - 200
		80 - 120
		45 - 80
			3,8 - 7,6 · 10^4

Porphyr	2,8	50 - 200	2,5 - 6,5 · 10^4
Basalt	3,0	100 - 200	5,8 - 10,3 · 10^4
Basaltlava	2,3	30 - 150	
Kalksteine	2,2 - 2,8	50 - 180	4,0 - 9,2 · 10^4
Carrara Marmor	2,6 - 2,9	75 - 200	

Sandsteine
  sehr feste
  feste
  mittel feste
  wenig feste
	2,6	150 - 200
		100 - 150
		60 - 100
		20 - 60
			0,8 - 1,8 · 10^4

4.1.3 Verarbeitungsarten der Natursteine (siehe auch DIN 1053)

Natursteine werden im Steinbruch je nach ihrem naturgegebenen Vorkommen, - monolithisch, geschichtet in dicken oder dünnen Bänken, zerklüftet usw. - entweder in großen Blöcken abgetrennt (Granit) und dann in Quader oder Platten zersägt oder als Schichtsteine gewonnen. Die geeignete weitere Verarbeitungsart hängt stark von den Eigenarten des Vorkommens ab.

4.1.3.1 Vormauerung

Bild 4.1 Vormauerung

Läufer- und Binderschichten wechseln ab, Läufer 150 bis 200 mm, Binder 250 bis 400 mm dick. Steine werden 2 bis 4 Schichten hoch gemauert, dann wird dahinter betoniert, dem Beton SiO_3-haltige Flugasche oder Traß zusetzen oder kalkarme HOZ verwenden, um die Gefahr des Ausblühens von Kalk zu vermeiden.

Bei der Vormauerung wird ein fester Verbund zwischen Naturstein und Betonkern erreicht. Das Mauerwerk trägt voll mit. Für Flußpfeiler besonders geeignet.

4.1.3.2 Verkleidung oder Verblendung

Das Mauerwerk wird mit geringer Dicke (100 bis 200 mm) nachträglich vor den erhärteten Beton gesetzt und mit Stahlstäben verankert. Bei Plattenverkleidungen genügt meist eine Dicke von 40 bis 80 mm. Die Anker sind aus V 4 A-Stahl (nicht rostend) zu fertigen oder in zuverlässig dichten Mörtel einzubetten. Die Verkleidung darf nicht zum tragenden Querschnitt gerechnet werden. Der Zwischenraum kann hohl bleiben (belüften!) oder mit einem Kalk-Zementmörtel verfüllt werden. Bei hohen, stark auf Druck beanspruchten Pfeilern muß die Kriech-

4.1 Natursteine

verkürzung des Betons gegenüber der Verkleidung ohne großen Zwang ermöglicht werden.

Verkleidungen sind billiger als Vormauerungen.

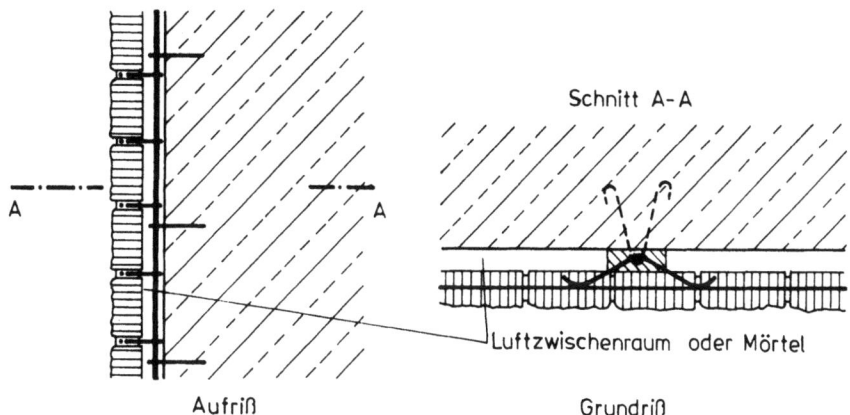

Bild 4.2 Nachträgliche Steinverkleidung

4.1.3.3 Arten des Mauerwerks

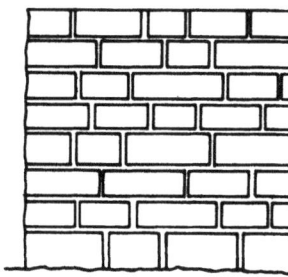

Quadermauerwerk erfordert Steinschnittzeichnung, auf der jeder Stein vermaßt und numeriert ist, Sichtflächen geboßt, gespitzt, geflächt oder gesägt. Eignet sich für hohe Anforderungen an gepflegtes Aussehen und bei großen Steinformaten. Teuer.

Bild 4.3 Quadermauerwerk

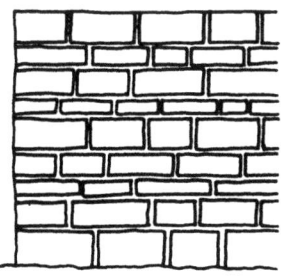

Schichtmauerwerk, geeignet, wenn Naturstein von Natur in Schichten etwa gleichbleibender Dicke (je Schicht) vorkommt. Schichthöhen 100 bis 400 mm, möglichst wechselnde Schichthöhen. Sichtflächen geboßt, gespitzt oder geflächt.

Bild 4.4 Regelmäßiges Schichtmauerwerk = Lagerfugen glatt durchlaufend

Steinlängen sollen 1,4 bis 3-mal Schichthöhe sein, Stoßfugen um mind. h/3 versetzen. Anordnung der Steine wird dem Maurer überlassen, der jedoch Erfahrung haben muß, wie gutes lebendiges Aussehen zu erreichen ist.

Bild 4.5 Unregelmäßiges Schichtmauerwerk = Lagerfugen gelegentlich durch höhere Steine unterbrochen und dort auch versetzt.

 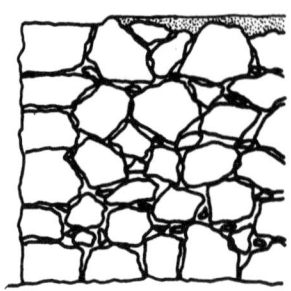

Bild 4.6 Bruchsteinmauerwerk   Bild 4.7 Zyklopenmauerwerk

Bruchsteinmauerwerk wird aus schichtweise vorkommenden plattigen Steinen ohne viel Bearbeitung der Lagerflächen hergestellt. Lagerfugen daher unregelmäßig, Stoßfugen wenig oder nicht bearbeitet (Bild 4.6). Erfordert handwerkliches Geschick. Eignet sich nicht als Verkleidung nach Bild 4.2, sondern erfordert Verbund mit ausreichend dicker Betonschicht, der Steinbrocken beigemischt werden können.

Zyklopenmauerwerk wird gerne aus glazialen Findlingsblöcken (Eiszeitablagerungen) oder im Gebirge aus rohen bei Sprengungen entstehenden Steinbrocken hergestellt. Zwischenräume werden mit kleinen Steinen ausgezwickt, unterschiedliche Fugendicken. Für Stützmauern geeignet (Bild 4.7).

4.1.4 Mauerwerksfestigkeit und Mörtel

Die Mauerwerksfestigkeit ist abhängig von der Mörtelfestigkeit, der Fugendicke, der Beschaffenheit der Lagerflächen, der gleichmäßigen Fugenfüllung und der Art des Verbundes. Bei tragendem Mauerwerk (Gewölbe, Pfeiler usw.) wird empfohlen die Festigkeit und den E-Modul an genügend großen Proben festzustellen (Würfel mind. 0,5 m Kantenlänge). Mögliche Mauerwerksfestigkeit bei mittelfestem Granit ist ~ 60 MPa, die zul. Druckspannung darf $1/3\, f_{cube}$ betragen. Bei genügend hoher Mauerwerksfestigkeit ist gegen deren Ausnützung nichts einzuwenden, auch wenn durch Kriechen des Betons noch mit Spannungszunahmen im Mauerwerk zu rechnen ist.

Mörtel: zu bevorzugen sind Kalk-Zementmörtel (weniger spröde als reine Z-Mörtel) sowie Mörtel aus PZ oder HOZ mit Traß-Zusatz, Mörtelgüte III nach DIN 1053. Dünne Mörtelschichten (10 bis 20 mm) sind bei hohen Beanspruchungen günstig, sie tragen ein Vielfaches der Würfeldruckfestigkeit des Mörtels.

4.2 Künstliche Steine

Im Brückenbau werden für Verkleidungen von Pfeilern und Widerlagern gelegentlich verwendet:

Hochbauklinker	KMz 28	Steinfestigkeit 28 MPa Druck
Vormauerziegel	VMz 20	Steinfestigkeit 20 MPa Druck

Bild 4.8 Gespaltene Betonsteine (nach Maculan) aus B 25 bis B 45

4.3 Beton

Für Brückenüberbauten sind Normalbetone der Güten B 25 bis B 55, für Fundamente, verkleidete Pfeiler und Widerlager die Güten B 15 bis B 35 zu verwenden.

Bei großen Spannweiten kann hochfester Leichtbeton LB 35 bis LB 45 wegen seines niedrigen Raumgewichtes von Vorteil sein.

Bei dicken Bauteilen niedrige Hydratationswärme durch langsam erhärtende L-Zemente und mäßige Zementmenge anstreben und bei Nachbehandlung mehrere Tage warm halten und Wasserverdunstung verhüten.

Näheres zum Baustoff Beton siehe Teil 1 der "Vorlesungen".

Sichtflächen des Betons

Die Struktur und Farbe der Beton-Sichtflächen spielt für das Aussehen der Massivbrücken eine wesentliche Rolle. Dichte gleichmäßige Schalung, gleicher Zement und Sand und gleichbleibende Mischung, tadellose Verdichtung sind wesentliche Bedingungen. Arbeitsfugen müssen geradlinig verlaufen und können durch kleine Leisten markiert werden. Bei vielen Zementen wird die Farbe des Betons unangenehm grau und gibt ein trübes Aussehen, das durch Farbpigmentzusätze oder nachträgliche Anstriche vermieden werden kann. Bei Anstrichen dampfdurchlässige, alkalibeständige Farben verwenden. Vor Anstrich äußere Zementhaut weitgehend entfernen, weil diese in der Regel stark porös und für die Haftung der Farbe schädlich ist. Vergleiche "Sichtbeton"-Merkblatt, Beton-Verlag Düsseldorf 1977.

Die beste, materialgerechte Verbesserung der schalungsrauhen Betonflächen wird durch steinmetzmäßige Bearbeitung - stocken, fein oder grob spitzen - erreicht. Autobahnbrücken aus den Jahren 1934 - 1940 sind fast durchweg steinmetzmäßig bearbeitet worden, ihre Sichtflächen sehen heute noch gut aus. Leider ist diese Bearbeitungsart teuer. Sandstrahlen eignet sich nicht.

4.4 Stähle

Als Bewehrungsstähle sind Betonrippenstähle der Güte BSt 420/500 oder 500/550 zu verwenden, weil deren hohe Verbundgüte und Festigkeit für die Rißbeschränkung nötig ist. Übergreifungsstöße sollten bei $\emptyset > 20$ mm möglichst vermieden werden. Trotz dynamischer Beanspruchung der Brücken wird die Dauerschwingfestigkeit selten maßgebend. Geschweißte Matten sind als Hautbewehrung geeignet. Sonst siehe Teil 1 und 3 der "Vorlesungen".

Als Spannstähle für Spannglieder zur Vorspannung von Betonbauteilen können alle zugelassenen Spannstähle unter Beachtung der Zulassungsbedingungen verwendet werden.

4.5 Beläge und Dichtungen

4.5.1 Beläge

Pflaster ist veraltet und sollte auf Brücken nicht mehr verwendet werden.

Gußasphalte 40 bis 60 mm dick
Asphaltbeton 50 bis 70 mm dick

Beton als Belag ist auf Brücken stets bewehrt auszuführen. Mindestdicke 180 mm. Die Platten müssen gegen Gleiten auf der Dichtung gesichert werden Bei oberer Längsbewehrung, bestehend aus ⌀ 12, e = 100 mm, Betondeckung 40 bis 50 mm kann auf Querfugen verzichtet werden.

Unmittelbar befahrene frei tragende Stahlbetonplatten sind nur in Ländern ohne Frost und ohne Streusalz haltbar und bei hoher Betongüte, Mindestgefälle 2 %, Mindest-Betondeckung der oberen Bewehrung 40 mm, Rißbreitenbeschränkung 0,1 mm (nur Biegerisse zulässig!) wirtschaftlich günstig und technisch geeignet.

4.5.2 Dichtungen

Kein Belag ist vollständig wasserdicht - auch nicht Gußasphalt. Deshalb müssen die Fahrbahntafeln gegen aggressives Wasser (Streusalz-Wasser besonders gefährlich!) zuverlässig geschützt werden. Solange Streusalz oder ähnliche aggressive Frostschutzmittel verwendet werden, müssen in Ländern mit Frost zwischen tragender Betontafel und Belag widerstandsfähige Dichtungen eingebaut werden.

Geeignete Dichtungen sind: Mit Bitumen verklebte Kupfer- oder Alufolien oder Kunststoffolien wie z.B. Rhepanol. Eine bitumenreiche Mastixschicht rund 10 mm dick hat sich bewährt. Zum Teil wurde unter der Dichtung Rohglasvlies zur Dampfentspannung verlegt um Dampfblasen zu verhüten, die durch Verdunsten von überschüssigem Wasser im Beton entstehen können. An schadhaften Stellen der Dichtung wirkt das Vlies wie eine Drainage und verbreitet die schädlichen Stoffe, so daß das Vlies mehr schadet als nützt. Das Risiko der Blasenbildung ist gering und wird besser mit einer Epoxidharz-Sperrschicht bekämpft (siehe Bild 4.9 und [10]).

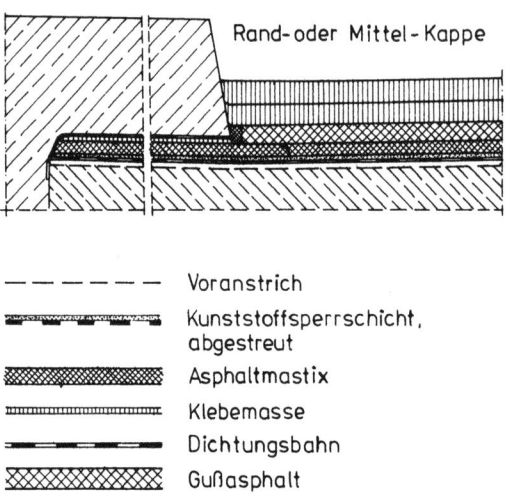

Bild 4.9 Mastixabdichtung auf Kunststoffsperrschicht

Die Dichtungen werden in der Regel mit einer Schutzschicht versehen. Alkalibeständige mehrschichtige Kunststoffanstriche, in der Regel Epoxidharze, werden als Oberflächenschutz gegen Tausalz verwendet.

Die Straßenverwaltungen beschreiben meist die von ihnen bevorzugten Dichtungsarten im Leistungsverzeichnis oder in Regelzeichnungen.

4.6 Kunststoffe oder Nichteisenmetalle oder dergleichen

Andere Baustoffe werden beim Brückenzubehör wie Lager, Fahrbahnübergänge, Entwässerungen usw. behandelt.

5. Wie entsteht der Entwurf einer Brücke?

5.1 Entwurfsdaten

Um mit dem Entwurf einer Brücke ernsthaft beginnen zu können, braucht man zahlreiche Daten:

1. Lageplan mit Angaben der zu überbrückenden Hindernisse, wie Flußlauf, Straßen, Wege, Eisenbahn, bei Tälern Höhenlinien. Gewünschte Linienführung des neuen Verkehrsweges.

2. Längsschnitt entlang der geplanten Brückenachse mit Bedingungen für Durchfahrtshöhen oder Durchflußbreiten. Gewünschtes Längsprofil des zu bauenden Verkehrsweges.

3. Brückenbreite - Breite der Fahrspuren, Standspuren, Gehwege usw.

4. Gründungsverhältnisse, Bohrproben, möglichst mit geologischem und bodenmechanischem Gutachten. Kennwerte der anstehenden Bodenschichten. Der Schwierigkeitsgrad der Gründungen hat beachtlichen Einfluß auf das Tragwerksystem und auf die wirtschaftlichen Spannweiten.

5. Örtliche Verhältnisse, Zufahrtsmöglichkeiten für Antransport der Geräte, Baustoffe und Bauteile. Welche Baustoffe sind im betr. Landesteil wirtschaftlich und technisch günstig zu erhalten? Sind reines Wasser und Strom da? Steht hochentwickelte Ausführungstechnik zur Verfügung oder muß mit primitiven Methoden und mit wenigen Facharbeitern gebaut werden?

6. Wetter- und Umweltbedingungen - Hochwasser - Tide-Wasserstände - Trockenperioden - mittlere und extreme Temperaturen - Frostperioden.

7. Umwelt - Gestalt: freie Landschaft - Flachland oder liebliches Bergland oder gar Gebirgstal. Stadt mit kleinmaßstäblichen Altbauten oder modernen Großbauten. Der Maßstab der Umwelt spielt eine wesentliche Rolle für den Entwurf.

8. Umwelt - Anforderungen Schönheitliche Qualitäten: Brücken im Stadtgebiet, die im Stadtbild wirken und häufig aus der Nähe gesehen werden, besonders Fußgängerbrücken erfordern eine feinere Gestaltung als Brücken in freier großräumiger Landschaft. Sind Spritz- und Lärmschutz für Fußgänger nötig? Ist Lärmschutz für Anlieger nötig?

Der Entwerfende sollte unbedingt den Ort und die Umgebung der Brücke gesehen haben oder mindestens aus guten Photos kennen.

5.2 Der schöpferische Vorgang des Entwerfens bei großen Brücken

Die geschilderten Daten müssen aufmerksam erfaßt und im Kopf gespeichert sein. Dann muß die Brücke in der Phantasie, in der geistigen Vorstellung eine erste Gestalt annehmen. Hierzu muß der Entwerfende viele Brücken mit vollem Bewußtsein gesehen haben und so in einem langen Lernprozeß viele Lösungen und Lösungsmöglichkeiten studiert und kritisch durchdacht haben. Er muß wissen, in welchen Fällen eine Balkenbrücke, eine Bogen- oder Hängebrücke günstig ist, welchen Einfluß Gründungsverhältnisse auf die Wahl der Spannweiten und des statischen Systems haben, welche Bauhöhen er für eine ihm vorschwebende Spannweite brauchen wird usw. Dies bedeutet, daß zum Konzipieren einer brauchbaren Entwurfsidee umfangreiche Brückenkenntnisse im Kopf gespeichert und griffbereit, ja sogar sprungbereit sein müssen. In Sternstunden kommt gelegentlich der zündende Funken für eine neue Lösung, die der Aufgabe besser gerecht wird als bekannte Bauarten (Intuition, Kreativität, Innovation).

Sobald eine Entwurfsidee im Kopf Gestalt angenommen hat, kann mit dem Zeichnen begonnen werden - am besten auf Pauspapier über der Zeichnung des Längsschnittes - und zwar gleich maßstäblich - aber freihändig - noch mit derben Strichen. Dazu sollte man in der Schule Freihand-Zeichnen gelernt haben! Bei einer Balkenbrücke (einfachstes System!) beginnt man mit der voraussichtlichen Linie der OK Fahrbahn, dann werden Stellungen der Pfeiler und Widerlager probeweise angedeutet und die UK des Balkens gezeichnet unter Beachtung der zweckmäßigen Balkenhöhe - schlank, wenn technische Zwänge Schlankheit bedingen - wenig schlank, wenn im Wettbewerb die Kosten niedrig werden müssen.

Die erste Skizze wird dann in Ruhe kritisch betrachtet - sind die Proportionen von Spannweiten zu lichtem Raum unter dem Balken gut? Stehen die Pfeiler günstig zur Umgebung? Wie sind die Gründungsverhältnisse an den für Pfeiler und Widerlager vorgesehenen Stellen? Ist die Ausrundung des Längsprofiles angemessen? Verträgt sich der evtl. gewählte gekrümmte Untergurt (Balken mit Voute) mit einer Krümmung des Balkens im Grundriß?

Eine zweite - eine dritte Skizze wird folgen, jetzt mit Querschnitten des Überbaues, sofort mit Überlegungen für die Pfeiler. Wie werden die Proportionen der Pfeiler, Höhe zu Breite, oder wirken mehrere Stützen nebeneinander besser? Die räumliche Betrachtung und Darstellung beginnt. Die Skizzen werden an die Wand gehängt, in Augenhöhe, um sie aus größerer Entfernung, auch in schiefwinkliger Sicht zu betrachten, um die Kritik von Mitarbeitern einzuholen, um Herstellungsverfahren abzuwägen, denn die Herstellungsverfahren haben starken Einfluß auf den Entwurf, wenn man im Wettbewerb bestehen muß.

Wenn das in der Ansicht und im Querschnitt in kleinem Maßstab (1 : 200, 1 : 500 bis 1 : 1000) skizzierte Bauwerk befriedigt, dann kann der Querschnitt im größeren Maßstab 1 : 100 bis 1 : 50 gezeichnet werden, um die zweckmäßige Balkenform (Platte, Einzelträger oder Kastenträger) abzuwägen. Auch hier sind mehrere Lösungen zu zeichnen, um die Verhältnisse von Balkenhöhe zu Kragplatte, zu Gesimshöhe usw. abzuwägen. Hier werden auch schon Abmessungen, wie Dicken der Fahrbahnplatten, der Stege, der unteren Gurte usw. unter Benutzung von Erfahrungswerten angenommen. Solche Erfahrungswerte beruhen auf durchgearbeiteten früheren ähnlichen Entwürfen.

5.2 Der schöpferische Vorgang des Entwerfens bei großen Brücken

Mit diesen ersten Ergebnissen sollte der Entwerfende nun in Klausur gehen, darüber meditieren, einmal darüber schlafen, mit geschlossenen Augen konzentriert nochmals alles durchdenken. Sind alle Bedingungen erfüllt, wird die Ausführung günstig, wäre nicht dies oder das besser im Aussehen oder für das spätere Detail usw.? (Ich nenne dies "mit einem Entwurf schwanger gehen"). Man zeichnet dann neu, hört die Meinung von Mitarbeitern, Kunstverständigen, Beratern und auch Laien. Ist der Ingenieur gestalterisch wenig begabt und nicht geschult, dann sollte er spätestens jetzt, besser schon früher einen mit Brücken vertrauten Architekten als Berater zuziehen und nicht aus falschem Ehrgeiz eine schlecht gestaltete Brücke in die Welt setzen, die ihn dann später über Jahrzehnte vorwurfsvoll belastet.

Bei größeren Brücken sollte man in gleicher Weise noch ein bis zwei Varianten mit anderen Spannweiten, anderen Tragwerksarten durchspielen, um Vergleiche anzustellen und so die beste Lösung zu erhärten.

Die so mehrmals verbesserte Lösung (oder Lösungen) wird nun sauber aufgezeichnet. Erst jetzt sollte mit Berechnen begonnen werden und zwar zunächst mit einfachsten Näherungen, um festzustellen, ob die angenommenen Abmessungen genügen, ob sich die erforderlichen Stahleinlagen, Spannglieder usw. so unterbringen lassen, daß sich der Beton noch gut einbringen und verdichten läßt.

Mit heutigen Computerprogrammen lassen sich in diesem Stadium schon einige Vergleichsrechnungen mit unterschiedlichen Bauhöhen oder anderen Variablen durchführen, um die wirtschaftlichsten Abmessungen abzustecken, die jedoch nur dann gewählt werden sollten, wenn damit keine wichtigen anderen Anforderungen wie Ästhetik, Rampenlängen, Steigungen beeinträchtigt werden.

Hat der Entwerfende oder das Team seine Wahl getroffen, dann kann der Entwurf für das Genehmigungsverfahren (RE-Entwurf) sauber gezeichnet und dabei mit allen erforderlichen Maßen versehen werden.

Da die Zeichnung allein nicht genügt, um die räumliche Wirkung sicher zu beurteilen, sollte man für größere Brücken ein Modell mit Gelände machen und genau konstruierte Photomontagen in Landschaftsbilder einzeichnen. Solche Modelle sind auch zur Unterrichtung von Anliegern von Vertretern des Umwelt- und Landschaftsschutzes und vor allem des Bauherrn (meist mehrere Instanzen, oft bis hinauf zum Bundesminister für Verkehr) wichtig.

5.3 Ausführungsreife Bearbeitung des Entwurfes

Der genehmigte Entwurf wird nun zur Ausschreibung für die Bauausführung weiter bearbeitet. Hierfür ist die statische Berechnung und Bemessung so weit vorzutreiben, daß die erforderlichen Baustoffmengen für das fertige Bauwerk zur Erstellung des Leistungsverzeichnisses verbindlich (Toleranz ± 5 %) berechnet werden können. Steht das Herstellungsverfahren fest, dann sollten auch die für Bauzustände eventuell nötigen zusätzlichen Baustoffe ermittelt werden. Eine sorgfältige technische Beschreibung definiert die Anforderungen bis ins Detail, vor allem was Qualitätsforderungen anbelangt, damit die anbietenden Unternehmer eine einwandfreie Grundlage für die Preiskalkulation haben.

Für den Grad der Bearbeitung ist nun zu unterscheiden, ob es sich um eine Brücke handelt, die als Brückentyp schon ausgereift ist (einfache Überführung oder Unterführung, kleine bis mittelgroße Flußbrücke o.ä.) oder um eine größere Brücke, für die vielleicht noch bessere Lösungen oder wirtschaftlichere Bauverfahren möglich sind.

Im ersten Fall können oder sollten zur Ausschreibung die endgültige statische Berechnung und die Ausführungszeichnungen schon fertiggestellt und auch geprüft sein, damit die Bauausführung, Materialbestellung usw. ohne Hindernis ablaufen kann. (Dies ist im englischen Sprachbereich im Ausland die Regel!)

Im zweiten Fall dagegen genügt die vorläufige Berechnung, die jedoch die Bemessung für alle verlangten Lastfälle verbindlich erfassen muß, in Verbindung mit Zeichnungen, die alle äußeren Abmessungen enthalten, die Einzelheiten, wie Lager, Fugen und die Spannglieder und Bewehrungen jedoch nur im Prinzip besonders an kritischen Stellen darstellen.

Die Ausschreibung sollte dann Sondervorschläge (alternate designs) nicht zur zulassen, sondern herausfordern, um so den Wettbewerb im Entwerfen und Ausführen zu ermöglichen, der eine wertvolle Quelle für den Fortschritt ist und in Deutschland den hohen Stand der Brückenbaukunst in den Jahren nach 1948 herbeigeführt hat. Die Sondervorschläge müssen auf gleichem Stand und prüfbar durchgearbeitet sein, wie der Ausschreibungsentwurf.

Ein solcher Wettbewerb spornt schon den Aufsteller des Ausschreibungsentwurfes zu bestmöglichster Leistung an. In Ländern, in denen dieser Wettbewerb unterbunden ist oder war, ist die Brückenbaukunst z.T. weit hinter der Entwicklung zurückgeblieben.

Schließlich gibt es noch die Möglichkeit bei großen Brücken nationale oder internationale Wettbewerbe auszuschreiben, wobei es sich stets empfiehlt, Entwurf und Angebot für die Bauausführung vereint anzufordern, damit realisierbare Entwürfe entstehen.

Beispiele: Wettbewerbe der Kölner Rheinbrücken, der großen Beltbrücke Dänemark, der Reichsbrücke Wien 1977, [11, 12]

6. Tragwerksarten der Massivbrücken

6.1 Balkenbrücken

6.1.1 Statische Systeme

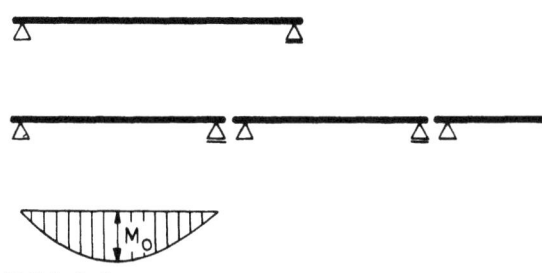

Bild 6.1

Einfeldbalken, frei drehbar gelagert, über ein Feld oder in Reihung über mehrere Felder, statisch bestimmt, ist für volles M_o-Moment zu bemessen, bedingt an jedem Ende Fahrbahnfugen (Bild 6.1)

Einfeldbalken über mehrere Felder mit über der Fuge durchlaufender Fahrbahnplatte zur Verminderung der Zahl der Fahrbahnfugen (Bild 6.1 a). In der Regel werden 3 bis 4 Felder damit fugenlos zusammengefaßt. Nur ein Lager der "Kette" kann fest sein - alle anderen müssen längsbeweglich sein.

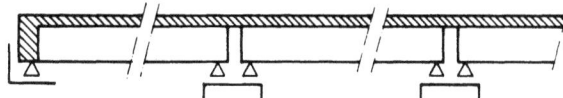

Bild 6.1 a

Einfeldbalken mit Kragarm und Einhängeträger (Gerberträger) ist zwar statisch bestimmt, bedingt aber viele Fahrbahnfugen. Verteilung der M_o-Momente auf Feld- und Stützbereich kann durch Lage der Gelenke und durch veränderliches Trägheitsmoment (veränderliche Balkenhöhe des Kragträgers) günstig beeinflußt werden. Dieses System hat gegenüber fugenlosen Durchlaufträgern viele Nachteile (Bild 6.2).

Bild 6.2

Kragtische mit Einhängeträgern (Bild 6.3), vorteilhaft für Bauausführung mit vorgefertigten Balken. Kippsicherheit beachten, wenn ein Feld einstürzt. Als Beispiel Tischformen der Maracaibo Brücke, Venezuela, nach Entwurf R. Morandi, Rom (Bild 6.4).

Durchlaufträger, kontinuierlicher Balken über zwei und mehr Felder (Bild 6.5), wurde schon über 36 Felder fugenlos kontinuierlich gebaut. Endfeld wenn möglich um rund 20 % kürzer wählen als Zwischenfelder, damit Feldmomente etwa gleich werden. M_o-Moment wird auf Feld- und Stützmomente verteilt, daher größere Schlankheit möglich als bei Einfeldbalken.

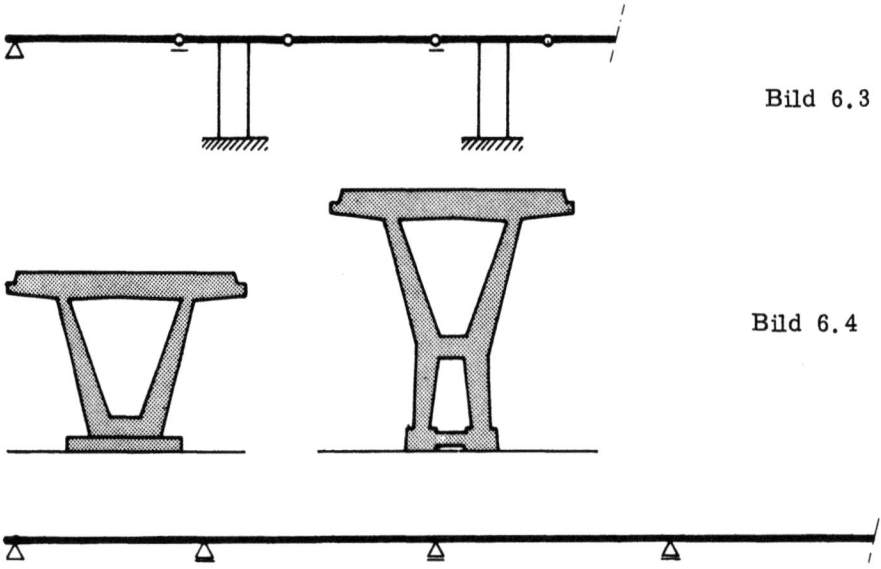

Bild 6.3

Bild 6.4

Bild 6.5

Statisch unbestimmte Lagerung erhöht die Sicherheit, kein Einsturz, wenn eine Stelle des Balkens versagt.

Ungleiche Stützensenkungen verursachen Zwangsmomente, die jedoch nicht als Nachteil zu werten sind. Zwangsmomente infolge kleiner Setzungsdifferenzen werden im Spannbetonbalken durch Kriechen abgebaut (siehe [4], S. 436). Größere Setzungsdifferenzen können durch Anheben des Balkens mit hydraulischen Pressen und Unterfüttern der Lager ausgeglichen werden. In Duisburg wurden vielfeldrige Spannbetonbalken im Bergsenkungsgebiet fugenlos gebaut, obwohl stufenweis Senkungen bis zu insgesamt 5 m erwartet werden mußten. Nachstellen ist so vorbereitet, daß es ohne Unterbrechung des Verkehrs vorgenommen werden kann. Kontinuierliche Spannbetonbalken sind bei geeigneter Konstruktion gegen vorübergehende ungleiche Setzungen weniger empfindlich als Stahlbrücken, Risse schließen sich beim Nachstellen wieder dank der hohen elastischen Federkraft der Spannglieder aus Stahl mit hoher Elastizitätsgrenze.

Der große Vorteil der Durchlaufträger ist die Fugenlosigkeit der Fahrbahn über große Brückenlängen (800 bis 1000 m). Bewegliche Fahrbahnfugen sind teuer, erfordern Unterhaltung, stören beim Befahren, daher möglichst nur eine längsbewegliche Fuge an einem Brückenende anordnen!

Das feste Lager wird gern an einem Ende angeordnet, um dort mit kleiner Fuge ohne bewegliche Teile auszukommen. Die anderen Lager müssen längs beweglich sein. Bei stark verschiedenen Spannweiten kann es besser sein, das feste Lager an die Stelle des größten Auflagerdruckes zu legen. Siehe Kap. 10.5.2 Wahl der Stützungsart.

Sehr lange Brückenbalken können mit Einhängeträgern oder Gerbergelenken unterteilt werden (Bild 6.6).

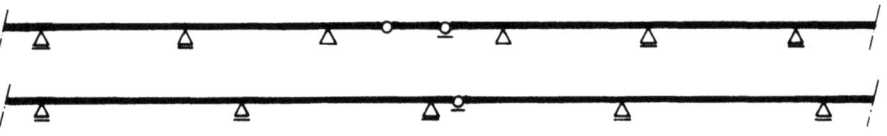

Bild 6.6

6.1.2 Balkenformen

<u>Einfeldbalken</u> werden am besten "parallelgurtig" gestaltet, d.h. die untere Kante (UK) verläuft parallel zur Fahrbahnlinie, die Bauhöhe ist konstant. Dies gilt auch, wenn die Fahrbahnlinie geneigt ist (Gefälle) oder in einer Ausrundung liegt.

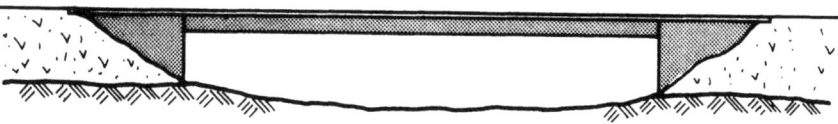

Bild 6.7

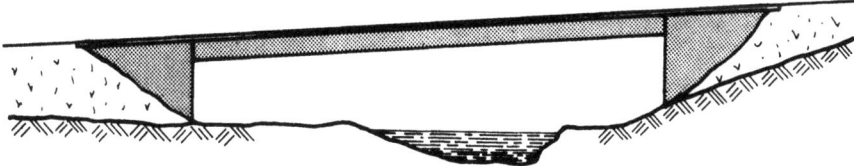

Bild 6.8

Auch <u>Durchlaufträger</u> werden in der Regel p a r a l l e l g u r t i g gestaltet, wenn die Spannweiten der Felder etwa gleich sind. Dies gilt auch, wenn die Straße im Längsprofil eine Mulde durchläuft, die UK also nach unten gekrümmt bauchig ist und "durchhängt". Die Erfahrung lehrte, daß dieses "Durchhängen" ganz natürlich aussieht.

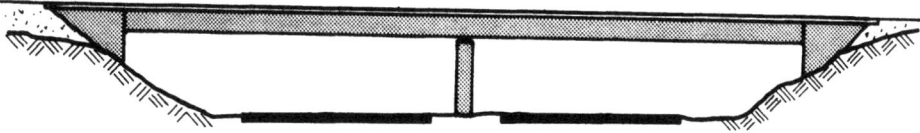

Bild 6.9   parallelgurtig, gerade

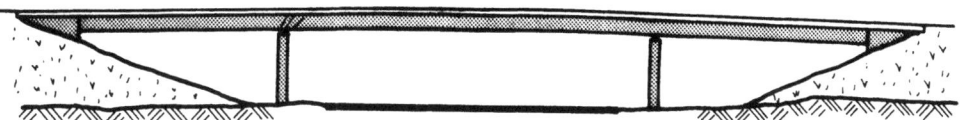

Bild 6.10   parallelgurtig in Kuppenausrundung

Bild 6.11   parallelgurtig mit Längs-Neigung

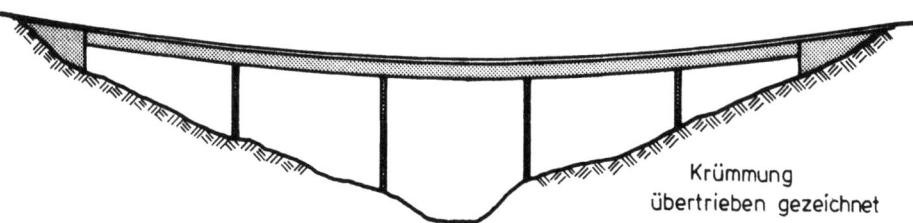

Bild 6.12   parallelgurtig in Muldenausrundung

Bei Flußbrücken ist die dreifeldrige Balkenbrücke mit betonter Hauptöffnung (z.B. bedingt durch Flußbreite, Schiffahrtsöffnung oder dergl.) beliebt, wobei das Eigengewicht im Mittelbereich des Hauptfeldes und das zugehörige Feldmoment durch verkleinerte Bauhöhe vermindert wird. So entsteht der Balken mit Vouten: gerade Vouten passen zu geradem Straßenprofil, gekrümmte Vouten zur Kuppen-Ausrundung, Balken mit Vouten eignen sich besonders zum Freivorbau (siehe Kap. 7.1.4).

Bild 6.13

Bild 6.14

Veränderliche Balkenhöhe kann in verschiedenster Weise zur Anpassung an unterschiedliche Spannweiten, zu gestalterischen Effekten usw. gewählt werden (siehe hierzu "Gestaltung der Brücken" von F. Leonhardt - erscheint 1980).

6.2 Rahmenbrücken

Im Brückenbau entstehen Rahmen durch biegesteife Verbindung des Brückenbalkens (Rahmenriegel) mit den Stütz-Wänden der Widerlager oder mit Stützpfeilern (Rahmenstiele). Das Balkenende wird z.B. in die Widerlagerwand eingespannt, damit wird ein Teil des M_0-Momentes durch negative Einspannmomente abgebaut, was die erforderliche Bauhöhe im Feld verkleinert. Mit steifen Rahmenstielen kann man das Riegelmoment im Feld stark verkleinern (Bild 6.15). Durch Wahl der Steifigkeiten kann man die Verteilung der Biegemomente günstig beeinflußen und z.B. bei Eisenbahn-Überbrückungen ungewöhnlich kleine Bauhöhen erzielen (vgl.[1], S. 250, Marschalkenbrücke Basel, bei 20 m Spannweite 0,36 m Bauhöhe über den Gleisen, Schlankheit $\ell : h = 55$).

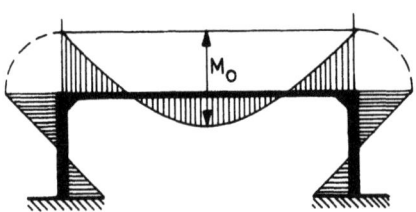 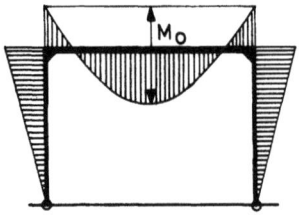

Bild 6.15   Steifer Rahmenstiel   weicher Rahmenstiel
            kleines Feldmoment   großes Feldmoment

6.2 Rahmenbrücken

6.2.1 Statische Systeme

Dreigelenkrahmen, statisch bestimmt, also frei von Zwangskräften aus T, S. Gelenke können als Betongelenke oder Beton-Federgelenke ausgebildet werden.

Bild 6.16

Einhüftiger Dreigelenkrahmen mit Pendelstiel (Bild 6.17). Statisch bestimmt, horizontale Beweglichkeit des Pendelstiels beachten, direkte Erdschüttung an Stiel in der Regel nicht möglich, also für Brücken nicht sehr geeignet.

Bild 6.17

Zweigelenkrahmen mit oder ohne vorgespanntes Zugband (Bild 6.18).

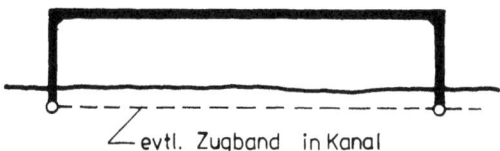

Bild 6.18

Zweigelenkrahmen mit aufliegenden Auslegern mit senkrechten oder geneigten Stielen (Bilder 6.19); Gelenke meist nur Federgelenke (stark bewehrte Einschnürung). Eignet sich für Überführungen über Autobahnen.

Bild 6.19

Eingespannter Rahmen (Bild 6.20), für kleine Unterführungsbauwerke, Bachdurchlässe besonders geeignet. Ausleger möglich wie bei Gelenkrahmen.

Geschlossener Rahmen (Bild 6.21) eignet sich für Unterführungen auf besonders schlechtem Baugrund.

Bild 6.20   Bild 6.21

Zweigelenkrahmen mit Stiel als Stabdreieck, gelenkig gelagert oder federnd eingespannt (Bild 6.22), eignet sich für Überführungen über Autobahnen.

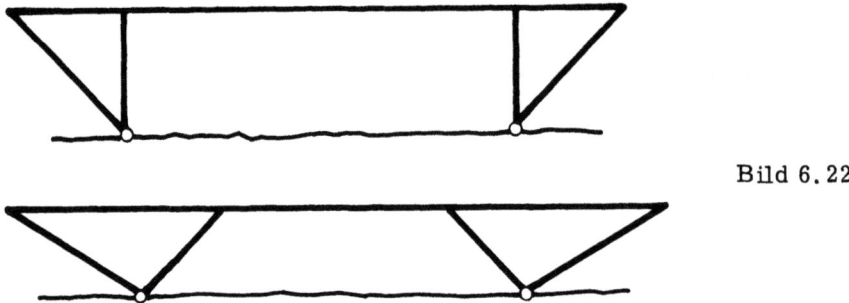

Bild 6.22

Mehrfeldriger Rahmen (Bild 6.23), Stiele gelenkig oder eingespannt, je nach gewünschter Steifigkeit und Möglichkeit die T- und S-Längenänderungen des Riegels zu erlauben.

Bild 6.23

Rahmenwirkung an Brückenpfeilern, um dort bewegliche Lager zu vermeiden (Bild 6.24). Wird bei hohen Talbrücken oft angewandt.

Bild 6.24

6.2.2 Rahmenformen

Rahmen können sehr verschieden gestaltet werden. In der Regel wählt man Rahmen, um mit kleiner Bauhöhe auszukommen, also sollte man die mögliche Schlankheit des Riegels betonen und sie in Gegensatz bringen zu dicken Stielen, zu Widerlagerflächen oder dergl.

Bild 6.25   Rahmenbrücke über Eisenbahn, Spannweite 21 m

Bild 6.26   Flacher Rahmen über vierspurige Straße
(Torbauwerke Autobahn Berlin) Spannweite 28 m

6.2 Rahmenbrücken

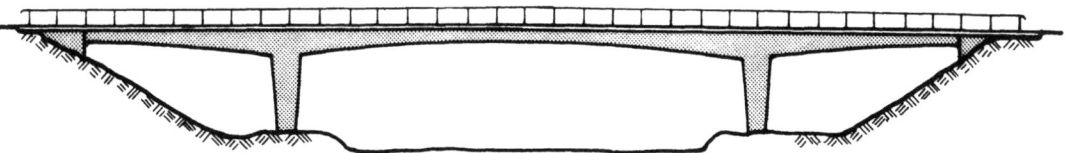

Bild 6.27 Rahmen mit Auslegern; Beispiele: Ringbrücke Donau in Ulm [1] S. 291 oder Schwedenbrücke Donaukanal in Wien [1] S. 282

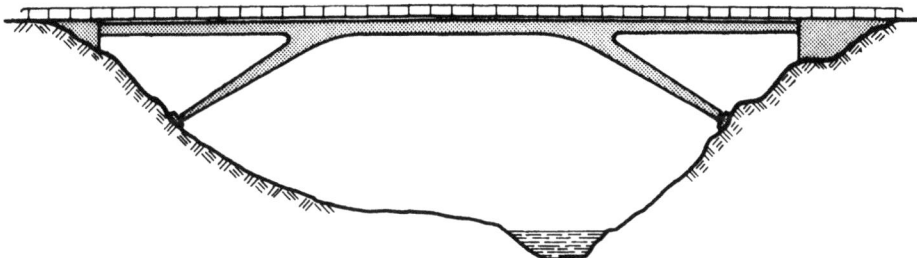

Bild 6.28 Sprengwerks-Rahmen über Tal mit steilen Felshängen

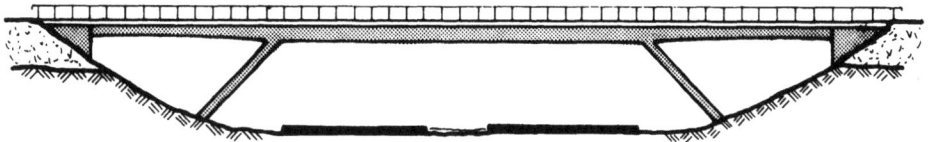

Bild 6.29 Überführung über Autobahnen, Schweizer Typenlösung, bevorzugt an Einschnitten

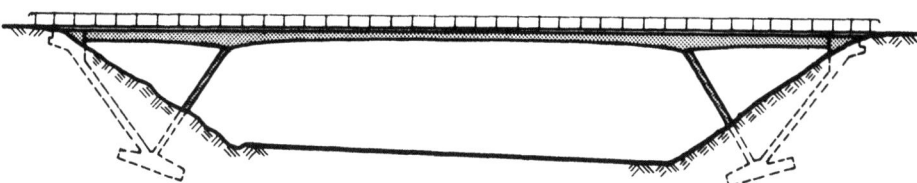

Bild 6.30 Rahmen mit Stielen aus Stabdreiecken

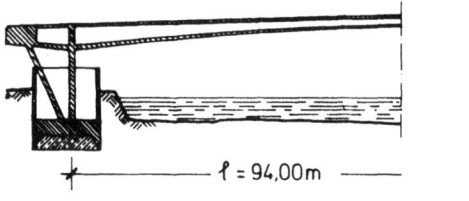 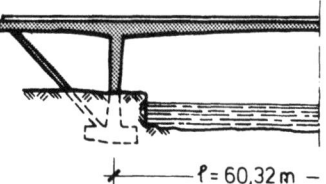

Bild 6.31 Beispiele großer Rahmenbrücken mit Stielen aus Stabdreiecken
Dischinger Brücke Berlin [1] S. 287   Lombardsbrücke Hamburg [1] S. 288
Rosensteinbrücke Neckar Stuttgart [1] S. 268

6.3 Bogenbrücken

Der Bogen als Gewölbe nach der Stützlinie der Eigengewichtslasten geformt, ist für die Massivbaustoffe (Steine, Beton) mit ihrer hohen Druckfestigkeit die bestgeeignete Tragwerksart, wenn der Baugrund fest ist und den Bogenschub mit billigen Gründungen aufnehmen kann. Aus gutem Naturstein gemauerte Bogenbrücken haben eine fast unbegrenzte Haltbarkeit (Römer-Brücken) und brauchen in der Regel keine Dehnungsfugen. Bei Beton muß man jedoch die Verformungen durch Schwinden, Temperatur und Kriechen beachten, was die Bogenform beeinflußt und Fugen nötig macht. Unbewehrter Beton bedingt deshalb z.B. die Wahl des statisch bestimmten Dreigelenkbogens, der die Verformungen frei von Zwang durch Scheitelsenkung erlaubt.

In der Regel werden jedoch Bogenbrücken heute aus Stahlbeton, ihre Fahrbahntafel häufig aus Spannbeton hergestellt. Für kleine Spannweiten (bis ~ 50 m) sind Bogenbrücken meist zu teuer. Für die Überbrückung von Gebirgstälern mit Felshängen sind Bogen besonders geeignet, desgleichen im Flachland als Bogen über der Fahrbahn mit Zugband.

6.3.1 Statische Systeme

Dreigelenkbogen (Bild 6.32), statisch bestimmt, $\ell : f$ = 5 bis 12, möglichst nach Stützlinie geformt, veränderliche Dicke für Schwankung der Stützlinie durch Verkehrslast.

Bild 6.32

Zweigelenkbogen (Bild 6.33), 1-fach statisch unbestimmt, $\ell : f$ = 4 bis 12, meist Sichelform, weil die Scheitelmomente am größten werden. Die Gelenke können auch als Federgelenke durch Einschnürung am Kämpfer gebildet sein.

Bild 6.33

Eingelenkbogen (Scheitelgelenk) sind für Brücken nicht geeignet, weil sie die Gründungen durch große Einspannmomente unnötig verteuern.

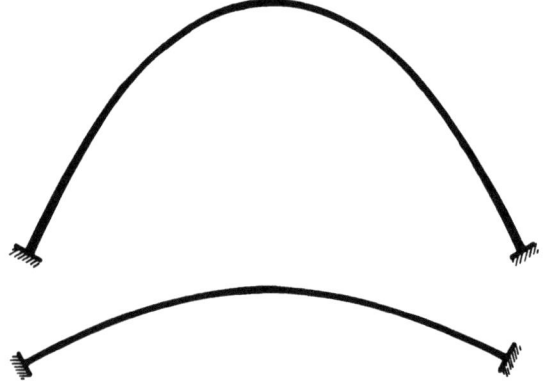

Eingespannter Bogen (Bild 6.34) (3-fach statisch unbestimmt) $\ell : f$ = 2 bis ~ 10. In der Regel am Kämpfer dicker als im Scheitel, veränderliche Trägheitsmomente bei Schnittkraftermittlung beachten!

Bild 6.34

6.3 Bogenbrücken

Bild 6.35 Bogenreihe mit oder ohne Gelenke

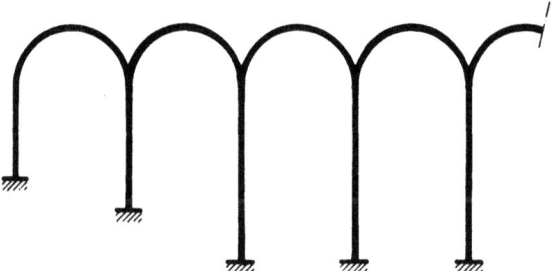

Bild 6.36 Bogenreihe auf hohen Pfeilern, alles eingespannt (alte Viadukte)

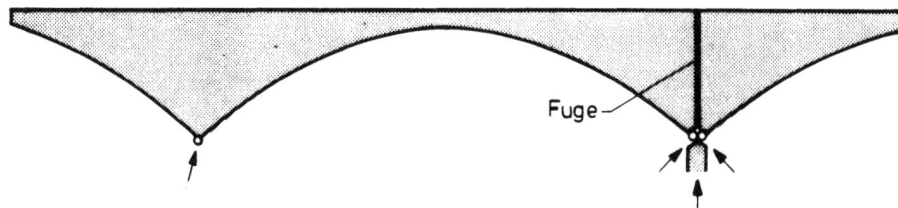

Bild 6.37 Bogenscheiben, dünnwandige Scheiben in Bogenform, meist gelenkig gelagert, Flügelwand angehängt, durch Fuge von Nachbarbogen getrennt

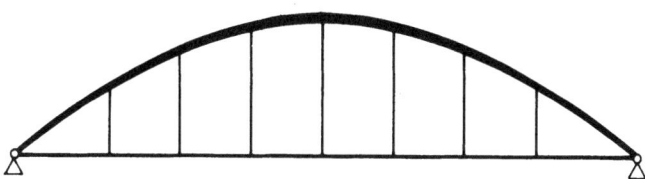

Bild 6.38 Bogen über der Fahrbahn, Bogen mit Zugband. Fahrbahn mit vertikalen Hängern angehängt. In der Regel Kämpfergelenke. Das ganze wie ein Balken gelagert, also Bogenschub ganz vom Zugband aufgenommen

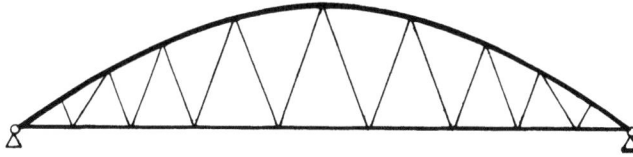

Bild 6.39 Bogen mit schrägen Hängern unterschiedlicher Anordnung - mit oder ohne Zugband - die Hänger vermindern durch Fachwerkwirkung die Biegemomente des Bogens, der Bogen kann schlanker sein.

6.3.2 Bogenformen

Die massive, hinterfüllte Gewölbeplatte mit Stirnwänden (Bild 6.40), kommt heute kaum noch vor, weil ihre Herstellung zu teuer ist. Solche Gewölbe sind andererseits als Durchlässe für Wege und Bäche besonders unter hohen Dämmen, also mit hoher Erdauflast, technisch sehr geeignet.

Bild 6.40
Kleiner Gewölbedurchlaß

Bogenbrücken mit geschlossenen Stirnflächen (Bild 6.41) werden am besten als Bogenscheiben mit Kämpfergelenken entworfen, geeignet für Spannweiten von 20 bis etwa 40 m bei $l : f$ = 3 bis 8. Die Scheibe wird am Auflager so dick gemacht, daß keine Rippe für den "Querrahmen" nötig ist. Fahrbahnplatte spannt von Scheibe zu Scheibe - evtl. mit Querträgern, einfachste Schalung - wenig Stahlverbrauch. Flügel am Brückenende werden angehängt, sie vermindern den Bogenschub.

Beispiele: Leinebrücke bei Gümmer [1], S. 444, Neckarbrücke Obertürkheim [1], S. 446.

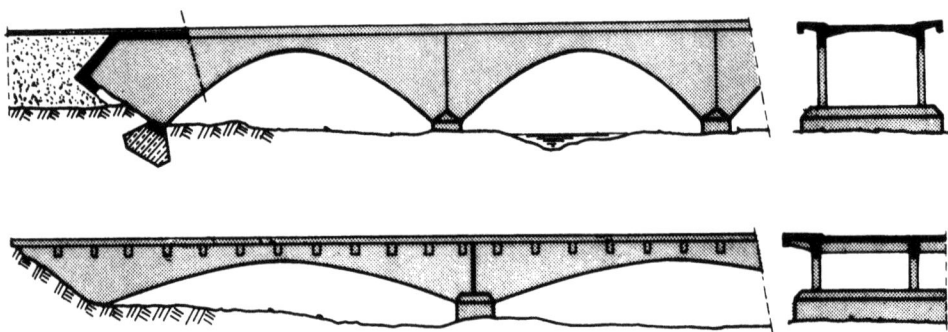

Bild 6.41 Bogenscheibenbrücken mit hohem und flachem Bogen

Für Spannweiten über etwa 50 m ist die von dem Schweizer Ingenieur A. Maillart entwickelte Form des Dreigelenkbogens (Bild 6.42) besonders sparsam. Der Bogen beginnt am Kämpfer als Platte, im Viertelspunkt weist er für die dort großen Biegemomente ⌴-Querschnitt auf und im Scheitel vereint sich das Gewölbe mit der Fahrbahnplatte (Beispiel Donaubrücke Leipheim [1], S. 385, Spannweite 85 m).

Für alle größeren Spannweiten werden die Bogen aufgelöst in schlanke Gewölbeplatten oder Bogenrippen, meist Kastenprofile, mit "aufgeständerter" Fahrbahn (Bild 6.43 bis 6.46). Die Aufständerung kann aus Querwänden oder Stützen bestehen. Der Abstand der Ständer sollte eigentlich klein gewählt werden in Relation zur Bogenspannweite, z.B. 1/9 bis 1/13, damit die Ständerlasten keine zu große Abweichung der Stützlinie von einer stetig gekrümmten Bogenachse ergeben. Polygonartig (aus geraden Strecken) zusammengesetzte Bogenformen sehen in der Regel schlecht aus. Die neueren Bogenbrücken zeigen dennoch zunehmend größere Ständerabstände, teilweise bedingt durch das Bauverfahren, wenn z.B. die Fahrbahn mit vorgefertigten Balken hergestellt wird.

6.3 Bogenbrücken

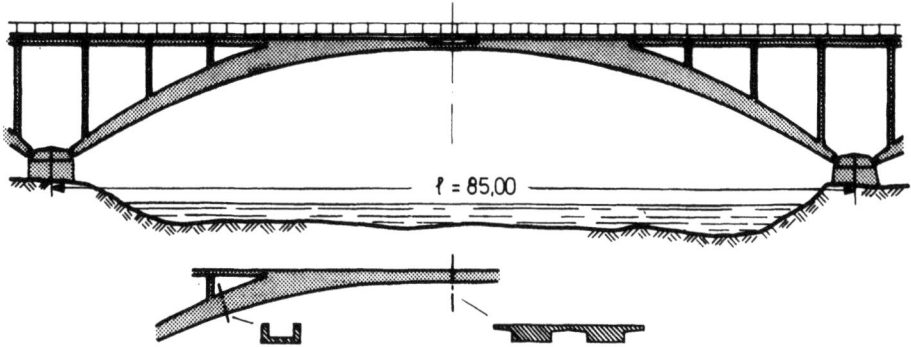

Bild 6.42   Maillart-Dreigelenkbogen. Schnitte am Scheitel, in $\ell/4$ und am Kämpfer

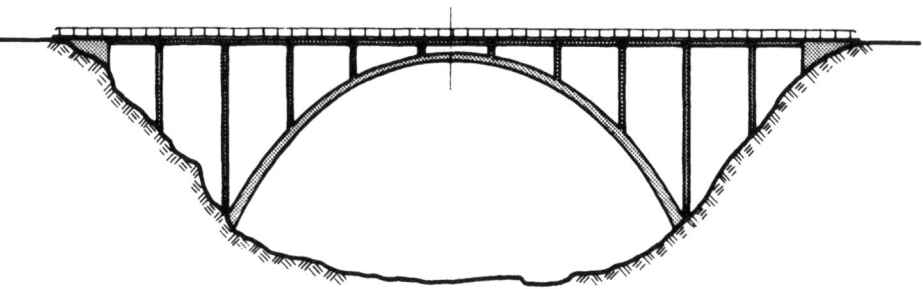

Bild 6.43   Hohe Bogenbrücke mit Aufständerung im Scheitel

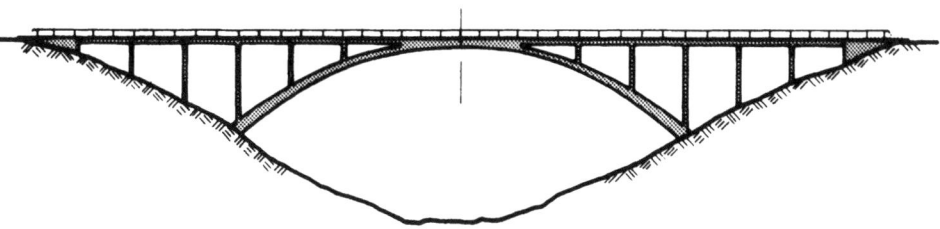

Bild 6.44   Flache Bogenbrücke, Bogen im Scheitel mit Fahrbahntafel verschmolzen

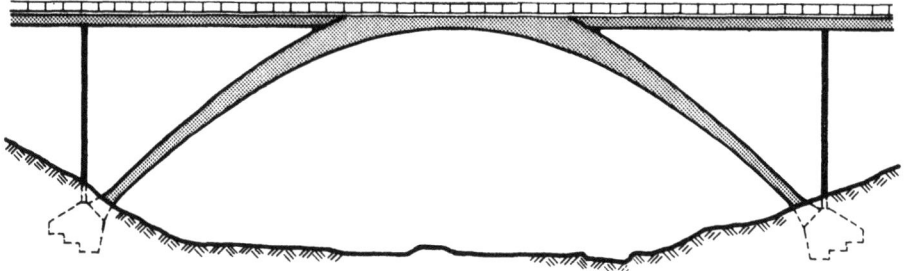

Bild 6.45   Freier Bogen, Fahrbahn vom Kämpfer bis fast zum Scheitel freigespannt. Beispiel Glemstalbrücke bei Schwieberdingen (Württ.)

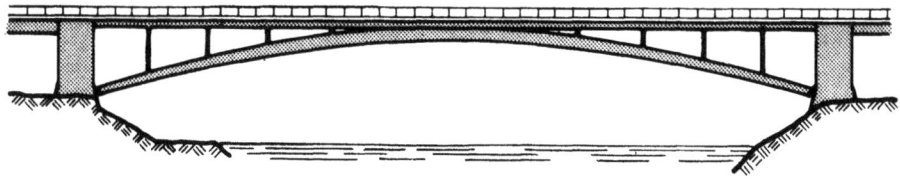

Bild 6.46   Flache Zweigelenk-Bogenbrücke. Beispiel Neckarbrücke Heilbronn[1]

Wenn zur Aufständerung Stützen gewählt werden, sollte ihre Zahl im Querschnitt klein gehalten werden (zwei bis höchstens 4). Bei breiten Brücken geben Querwände ein ruhigeres Bild.

Man kann den Bogen im Scheitel mit der Fahrbahnplatte vereinigen oder frei unter ihr durchführen. Die Vereinigung ist bei flachen Bogen sinnvoll (kein Verlust an Pfeilhöhe), die Trennung kann bei hohen Bogen gut aussehen, bringt jedoch technisch keine Vorteile. Die Rahmenwirkung zwischen Bogen, Fahrbahn und kurzen Scheitelständern kann sogar Schwierigkeiten bereiten, eventuell helfen Betongelenke an den Scheitelständern.

Die Aufständerung sollte außerhalb des Bogens weitergeführt werden, verstärkte Pfeiler am Kämpfer sind unnötig, wenn die Fahrbahntafel fugenlos als Windträger bis zum Widerlager geführt wird. Die Dicke der Stützen sollte mit ihrer Höhe zunehmen.

Eine beliebte Form für Fußgängerbrücken ist der flache Bogen mit stützenfreier Abzweigung der Gehwegplatte (Bilder 6.47 und 6.48).

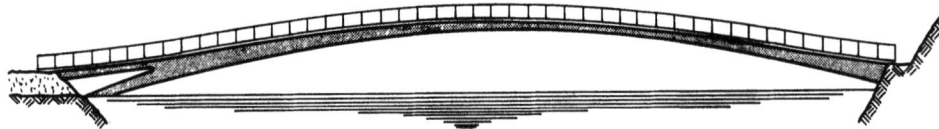

Bild 6.47 Fußgängerbrücke über die Enz bei Mühlacker, $l \approx 38$ m

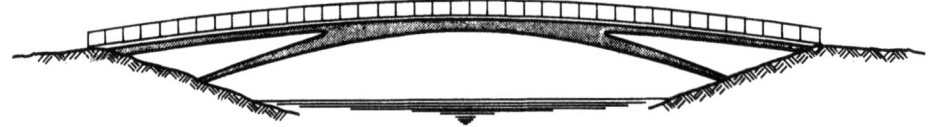

Bild 6.48 Fußgängerbrücke über die Rems in Waiblingen

Im Flachland können Kanäle oder Flüsse mit besonders kleiner Bauhöhe überquert werden, wenn die schlanke Fahrbahntafel an zwei Bogenrippen angehängt wird (Bild 6.49 und 6.50). Bei gutem Baugrund kann der Bogen direkt gegründet werden, bei schlechtem Baugrund wird die Fahrbahntafel als vorgespanntes Zugband ausgebildet, das den Bogenschub aufnimmt.

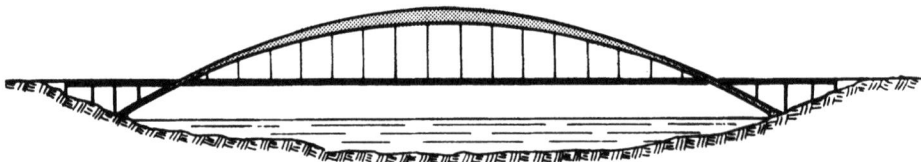

Bild 6.49 Weitgespannte Sichelbogenbrücke für große Spannweiten von 80 bis 200 m, angehängte Fahrbahn (nach Seine-Brücke La Roche-Guyon von N. Esquillan)

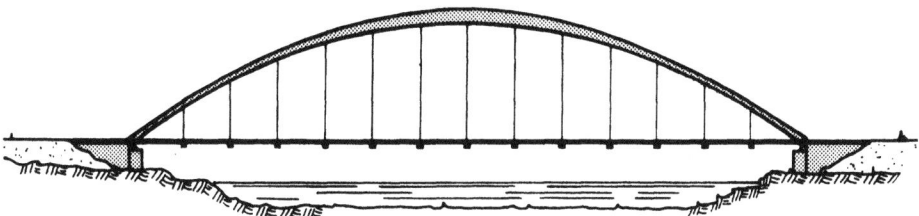

Bild 6.50 Sichelbogen mit Fahrbahntafel als Zugband

6.4 Hängebrücken

Die klassische Hängebrücke mit parabelförmigen Kabeln und vertikalen Hängern ist für Massivbrücken ungeeignet und deshalb auch nur selten angewandt worden. Die in sich verankerte Hängebrücke mit geneigten Hängern (Fachwerkwirkung) ist für leichte Verkehrslasten, z.B. Fußgänger, reizvoll.

6.5 Schrägkabelbrücken

Die Fahrbahn wird mit schrägen, geneigten Kabeln (evtl. auch Seilen) an Pylonen aufgehängt. Verwendet man nur wenige Schrägkabel mit großen Abständen der Aufhängepunkte, dann ist die Brücke als Balkenbrücke mit Zwischenstützen (Aufhängepunkte) zu betrachten und der Balken muß eine den Stützweiten entsprechende Bauhöhe und Biegesteifigkeit haben. Die Entwicklung ging jedoch aus gewichtigen Gründen zu vielen Kabeln mit entsprechend kleinen Abständen der Aufhängepunkte (Bild 6.51), dann ist die Brücke mehr als Auslegerbrücke zu betrachten, bei

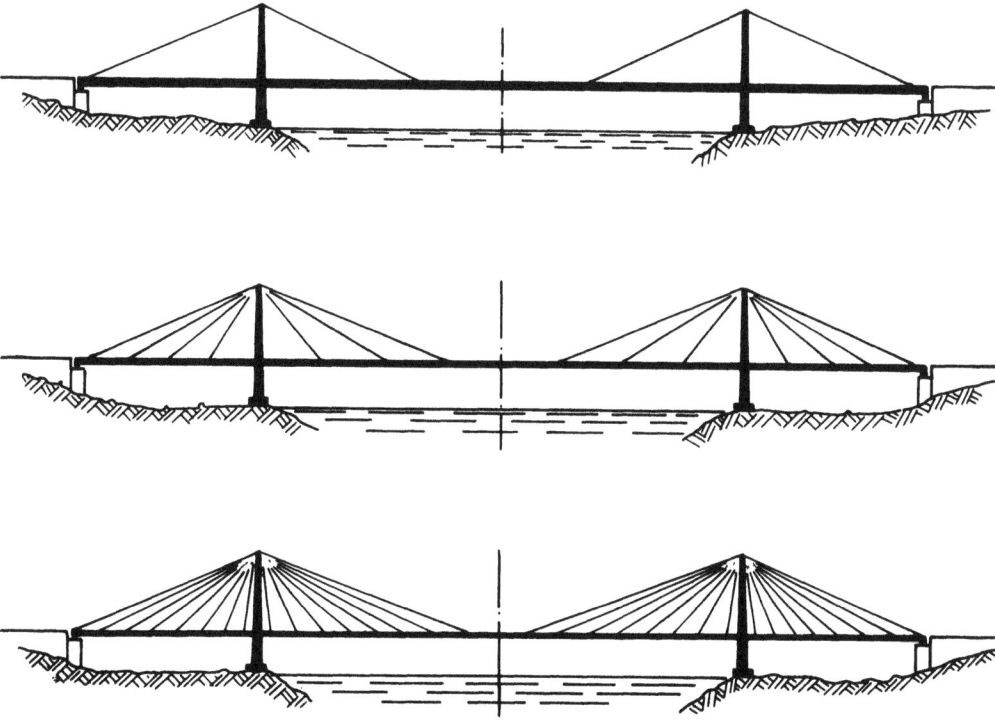

Bild 6.51 Schrägkabelbrücken mit Fächer-Anordnung der Kabel.
Je mehr Kabel, umso schlanker der Balken. Beispiel: Columbia-River Brücke, Pasco, Wash. USA

der die Fahrbahntafel den Untergurt (Druckgurt) bildet, während die
Schrägkabel als Ausleger-Zuggurte die Lasten an die Pylonentürme abtragen, die je nach dem Verhältnis der Hauptöffnung zur Seitenöffnung
mehr oder weniger stark rückverankert sein müssen. Die Fahrbahntafel kann dann in Längsrichtung eine sehr kleine Bauhöhe erhalten, die
jedoch die Knicksicherheit des Druckgurtes im durch Verkehrslasten
verformten Zustand gewährleisten muß, wobei die Verformung und die
Kräfte je mit Teilsicherheitsfaktoren belegt werden müssen.

Die Schrägkabel können in der Ansicht fächer- oder harfenartig, als Bü-
schel strahlenförmig oder parallel angeordnet werden (Bild 6.52). Die
Fächerform ist technisch wirkungsvoller und sparsamer als die Harfen-
form, die jedoch bei wenigen Kabeln besseres Aussehen ergibt (keine
Überschneidungen in der Schrägansicht, vgl. Düsseldorfer Rheinbrücken).
Man kann natürlich auch Anordnungen der Kabel zwischen Fächer und
Harfe wählen (Bild 6.53).

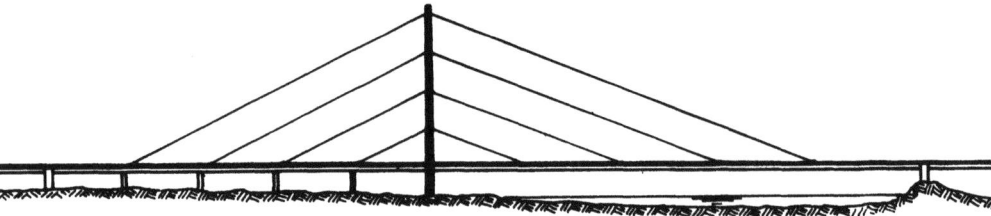

Bild 6.52   Schrägkabelbrücke mit Harfen-Anordnung der Kabel.
Beispiel: Kniebrücke Düsseldorf

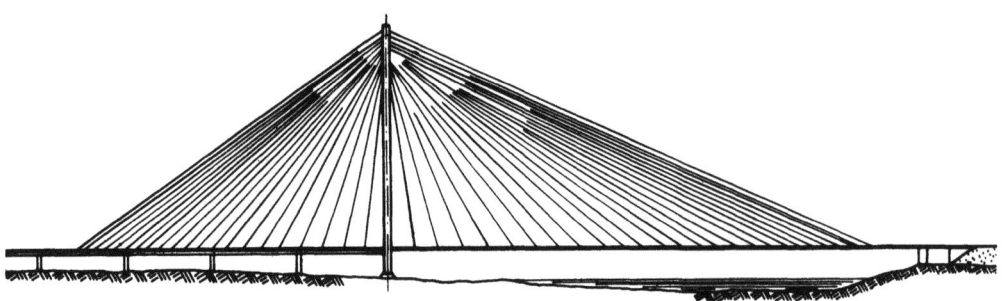

Bild 6.53   Kabelanordnung zwischen Fächer- und Harfenform erleichtert die Verankerung am Pylonenkopf

Zur Vereinfachung der Verankerungen im Pylon oben werden die fächer-
förmigen Kabel heute nicht mehr auf einen Punkt (Sattel) zugeführt, sondern untereinander verankert.

Im Querschnitt können die Kabel in e in e r Ebene mit Aufhängungen in
der Brückenachse angeordnet werden - dies bedingt einen torsionssteifen
Hohlkastenträger zur Aufnahme einseitiger Verkehrslasten (Bild 6.54 a).

In der Regel werden zwei Kabelebenen gewählt, wobei die Aufhängungen
an die Ränder der Fahrbahntafel außerhalb der Geländer gelegt werden
(Bild 6.54 b und c). Bei großen Verhältniswerten ℓ: b = Spannweite zu
Brückenbreite können A-förmige Pylone ästhetische und technische Vorteile bieten.

6.5 Schrägkabelbrücken

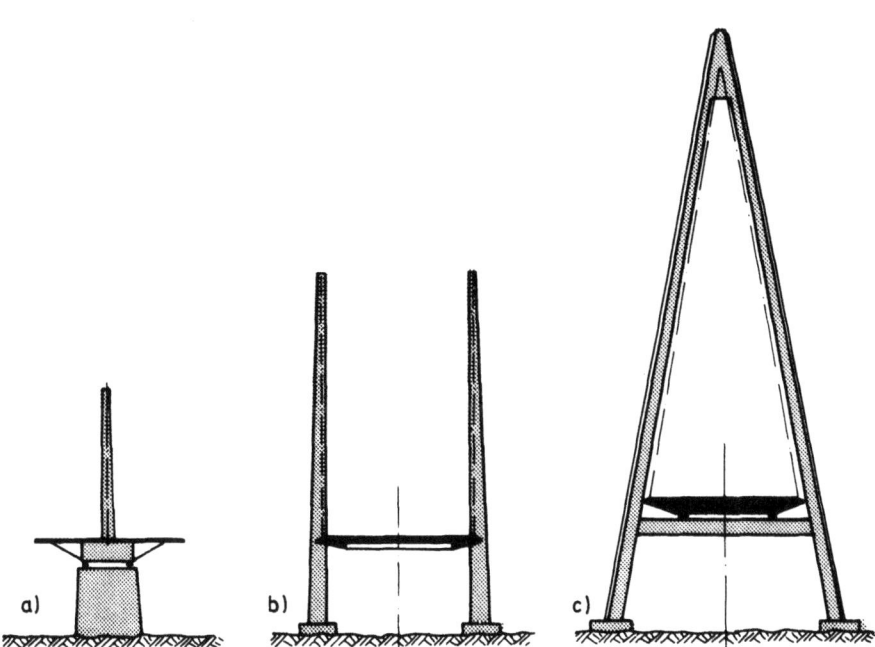

Bild 6.54 Die drei Möglichkeiten für Pylone der Schrägkabelbrücken

Schrägkabelbrücken haben sich für große Spannweiten als technisch besonders geeignet und auch als wirtschaftlich erwiesen. Sie können im Freivorbau ohne Gerüste für Spannweiten bis rund 700 m für Straßenverkehr, bis rund 500 m für Eisenbahnverkehr aus Spannbeton gebaut werden, wenn die speziell für diese Brücken entwickelten Paralleldrahtkabel mit HIAM-Ankern (Anker mit hoher Ermüdungsfestigkeit = High Amplitude) zur Anwendung gelangen, die bis zu 20 000 kN Tragfähigkeit aufweisen. Die parallelen hochfesten Drähte werden schon im Werk in ein dickwandiges Polyaethylen (PE)-Rohr eingelegt, die Hohlräume werden nach Belastung durch Eigengewicht mit Zementmörtel ausgepreßt. Damit ist von der Fabrik weg ein zuverlässiger Korrosionsschutz über Jahrzehnte gewährleistet. Die Kabel werden grundsätzlich auswechselbar verankert, was für solche Brücken in der Regel verlangt wird. Weiteres zu diesem für die Zukunft bedeutungsvollen Brückensystem siehe Schrifttum [13 bis 15].

7. Bauverfahren

Die Bauverfahren haben starken Einfluß auf die Wahl des Brückenquerschnittes und werden deshalb vor der Besprechung der Querschnittsausbildung der Brücken beschrieben.

7.1 Bauverfahren mit Ortbeton

7.1.1 Schalung auf ortsfesten Lehrgerüsten

Das älteste Verfahren ist die Herstellung von Schalungsformen auf Lehrgerüsten, in die der Beton am Ort "gegossen" oder eingebracht wird.

Einfache Lehrgerüste mit Stützen in ziemlich engen Abständen wurden früher aus Holz gezimmert. Für Bogenbrücken sind z.T beachtliche Zimmermanns-Konstruktionen errichtet worden, die für sich betrachtet schon große Leistungen waren. Die Kunst, große Holz-Lehrgerüste zu bauen, wurde zuletzt noch einmal von H. Bay in Band 2 des Mörsch-Buches "Brücken" [1] 1968 beschrieben.

Lehrgerüste werden heute meist mit stählernem Gerät hergestellt. Entwurf, Berechnung, Erstellung und Abbau werden in der Regel Spezialfirmen übertragen (Hünnebeck, Mannesmann, Peine). Die Werbeschriften enthalten Angaben über die technischen Möglichkeiten der Gerüstart, Tragfähigkeit der Stützen, Spannweiten der Träger, Verbindungsmittel usw.. Für den verantwortlichen Ingenieur ist es wichtig, die Sicherheit der entworfenen Gerüste und die Sorgfalt der Ausführung zuverlässig zu prüfen, insbesondere die Stabilität knickgefährdeter Bauteile, weil das Versagen eines Gerüstteiles unter den schweren Frischbetonlasten zu katastrophalen Unfällen führt, wie sie leider fast jedes Jahr vorkommen.

Lehrgerüste müssen zuverlässig gegründet und für ihre Verformungen überhöht werden. Dabei ist die Zusammendrückung von Fugen zu beachten, die am besten durch Mörtelbettung vermieden wird. Das Absenken des Lehrgerüstes nach dem Erhärten des Betons muß z.B. durch Anordnung von Spindeln, Sandtöpfen oder dergl. so vorbereitet werden, daß die Brücke nicht schädlich beansprucht wird.

Auf die Darstellung von Lehrgerüsten wird hier verzichtet.

7.1.2 Schalung auf fahrbaren Lehrgerüsten

Fahrbare Lehrgerüste lohnen sich, wenn mehr als drei Brückenfelder mit gleichem Querschnitt herzustellen sind. Man betoniert dann je ein Brückenfeld, bei Durchlaufträgern bis zum Momenten-Nullpunkt des nächsten Feldes, senkt die Schalung samt Rüstung nach dem Vorspannen des fertigen Feldes ab und fährt sie in das nächste Feld (Bild 7.1).

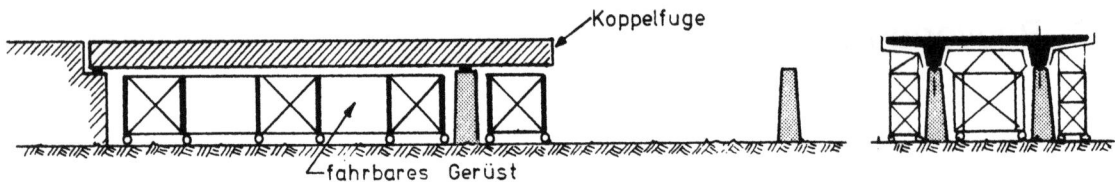
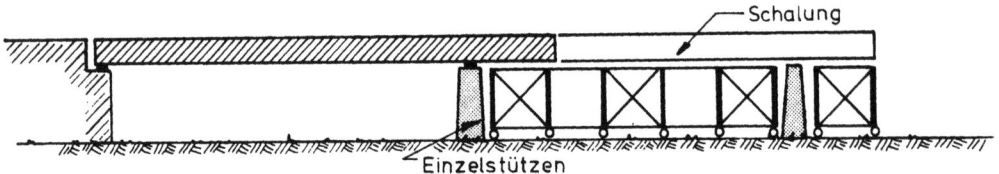

Bild 7.1 Herstellung auf fahrbarem Lehrgerüst mit Schalung für je ein Feld. Koppelfuge etwa in $\ell/5$

Dieses Verfahren ist nur sinnvoll, wenn das Gelände einigermaßen eben und der Boden tragfähig ist und die Brücke nicht hoch über dem Gelände liegt.

Für lange Brücken in unebenem Gelände oder für "Hangbrücken" (entlang Gebirgshängen wie an der Brenner-Autobahn oder Krahnenberg im Rheintal bei Andernach) mit Spannweiten bis etwa 50 m wurden freitragende stählerne Rüstträger entwickelt, die von Feld zu Feld gefahren werden können (Bild 7.2). Zum Vorfahren erhalten die Rüstträger vorn und hinten Verlängerungen aus leichtem Fachwerk (Krahnenberg-Lösung von Polensky und Zöllner), die über stählerne Querträger hinwegrollen, die an den Brückenstützen angeschraubt sind und vom auskragenden Fachwerkträger aus mit Kran montiert werden [15].

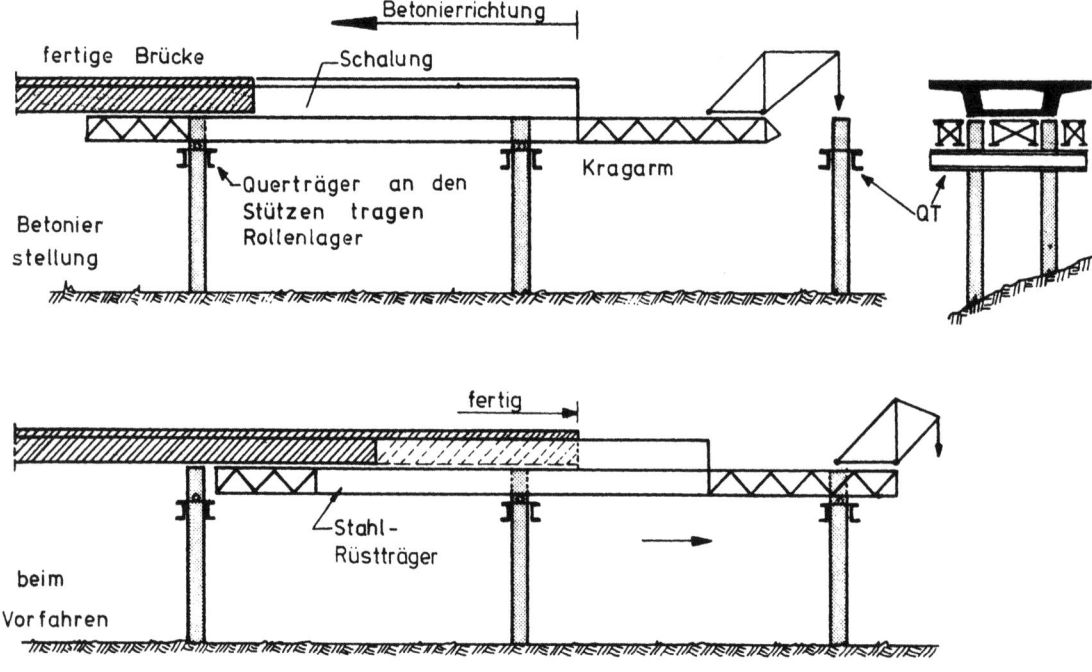

Bild 7.2 Feldweise Herstellung mit Vorschubrüstung, fahrbar auf Rollen auf Querträgern, die an den Stützen befestigt sind.

7.1 Bauverfahren mit Ortbeton

Die Schalungen werden mit Spindeln oder hydraulisch vom erhärteten Beton gelöst, Schalungsteile im Stützenbereich werden abgeklappt, um vorfahren zu können.

Bei einem anderen Verfahren ("Rechenschieberprinzip") werden getrennte Stahlkastenträger zum Vorfahren benützt, die in der Brückenachse angeordnet sind und in einer Lücke der Pfeiler lagern (Bild 7.3). Sie fahren in das nächste Feld vor, dann werden die äußeren Rüstträger an Kranwagen angehängt und vorgefahren, wobei der vordere Kranwagen auf dem Vorfahrträger, der hintere auf der fertigen Brücke läuft.

Es gibt noch weitere Varianten dieser freitragenden Lehrgerüste - es genügt hier, das Prinzip zu kennen, für dessen Anwendung die Brückenträger und ihre Spannglieder so entworfen werden müssen, daß etwa im Fünftelpunkt der Spannweite, $x = \ell/5$ eine Koppelfuge möglich ist, in der die Spannglieder mit Koppelankern gestoßen werden.

Bild 7.3 Abschnittsweise Herstellung nach dem "Rechenschieberprinzip"

7.1.3 Betonieren auf Lehrgerüsten

Lehrgerüste werden meist sparsam bemessen, ihre Tragfähigkeit wird ausgenützt, entsprechend verformen sie sich stark unter den schweren Betonlasten. Der erhärtende Beton ist aber sehr empfindlich gegen solche Verformungen und reißt leicht. Daher sind folgende Maßnahmen nötig:

1. Vorausberechnung der Verformungen und entsprechende Überhöhung der Stahlträger selbst oder Auffütterung der Schalung.

2. Einteilung des Betoniervorganges in Abschnitte, so daß die Verformungen der Lehrgerüstteile abgeschlossen sind, bevor der Beton zu erstarren beginnt. Verwendung von Verzögerern in der Betonmischung, um den Erstarrungsbeginn des Betons im erforderlichen Maß zu verzögern, dabei voraussichtliche Lufttemperatur beachten!

3. Schließen von Fugen zwischen Betonierabschnitten oder Anschließen an bereits erhärtete Abschnitte stets erst nach Verformung des Lehrgerüstteiles, das den neuen Abschnitt trägt (Bild 7.4).

4. Starke Sonnenbestrahlung hoher Stahlstützen vermeiden wegen Temperaturdehnungen.

5. Ständige Kontrolle des Lehrgerüstes und seiner Gründungen hinsichtlich Setzungen oder anderer Verformungen während des Betonierens.

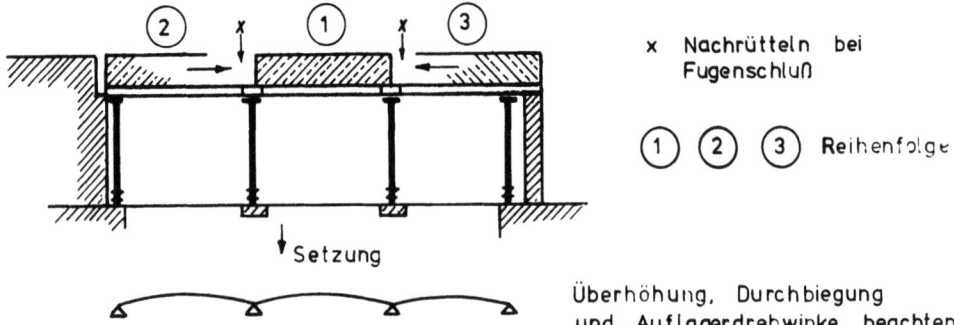

Bild 7.4 Betonieren auf Lehrgerüst: Betonierfolge um schädliche Wirkungen der Durchbiegungen und Auflagerdrehwinkel der Stahlträger und der Setzungen der Fundamente der Gerüststützen zu vermeiden.

7.1.4 Der Freivorbau mit Ortbeton

Der von U. Finsterwalder (Dywidag) entwickelte Freivorbau mit Ortbeton (free cantilevering, cast in situ) hat sich als ein fruchtbares und vielseitig anwendbares Verfahren zur Herstellung großer Spannweiten erwiesen. Es wurde zunächst zum Bau großer Flußbrücken (Rheinbrücke Worms, 1951) in Form frei auskragender Kastenträger mit veränderlicher Bauhöhe angewandt. Später lernte man rasch die Fuge zwischen den Kragarmen in $\ell/2$ zu vermeiden und biegesteife Kontinuität herzustellen. Das Verfahren wurde bald auch für den Bau mehrfeldriger parallelgurtiger Balkenbrücken ergänzt.

Das Prinzip ist einfach (Bild 7.5). Auf auskragender Rüstung + Schalung wird etwa alle 3 Tage ein 3 - 5 m langer Abschnitt betoniert. Die Spannglieder liegen in der oberen Platte, sie werden in dem Umfang eingefädelt und an der Betonierfuge gespannt, wie sie zur Aufnahme des Kragmomentes gebraucht werden. Der Kragarm wird in der Regel durch gleichzeitigen Vorbau der Nachbaröffnung balanciert (Bild 7.6). Eine sichere Einspannung der Kragarme im Ausgangspfeiler oder mit Hilfsstützen in dessen Fundament ist zur Stabilität des Bauvorganges nötig. Spannweiten bis 240 m (Hamana, Japan) wurden damit bewältigt. Rheinbrücke Bendorf hielt mit 205 m lange den Rekord [17].

Für parallelgurtige Balken kann das Kragmoment des Freivorbaues mit Schrägkabeln (Kabel auch aus mehreren dicken Stahlstäben) aufgenommen werden, die über Hilfsstützen zum benachbarten Pfeiler des fertigen Brückenteiles abgespannt werden (Freivorbau der Lahntalbrücke Limburg und Ambachtalbrücke bei Burg/Dill, durch Wayss & Freytag [18] Bild 7.7).

7.1 Bauverfahren mit Ortbeton

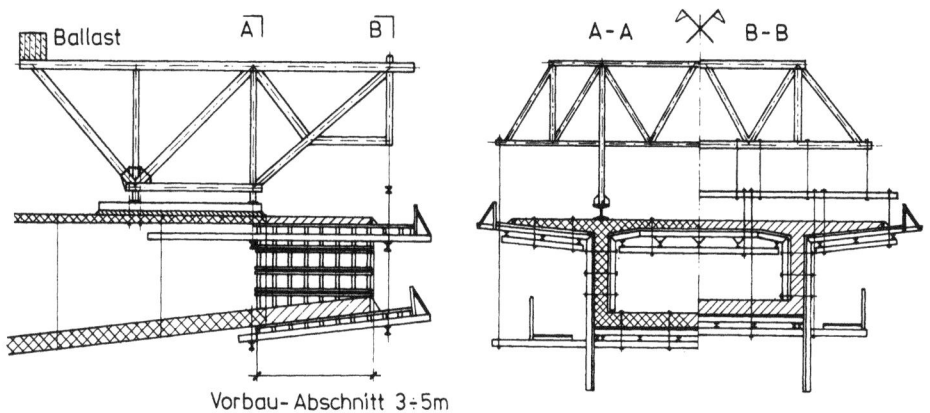

Bild 7.5 Freivorbau mit fahrbaren, auskragenden Rüstträgern + Schalung = Schalwagen

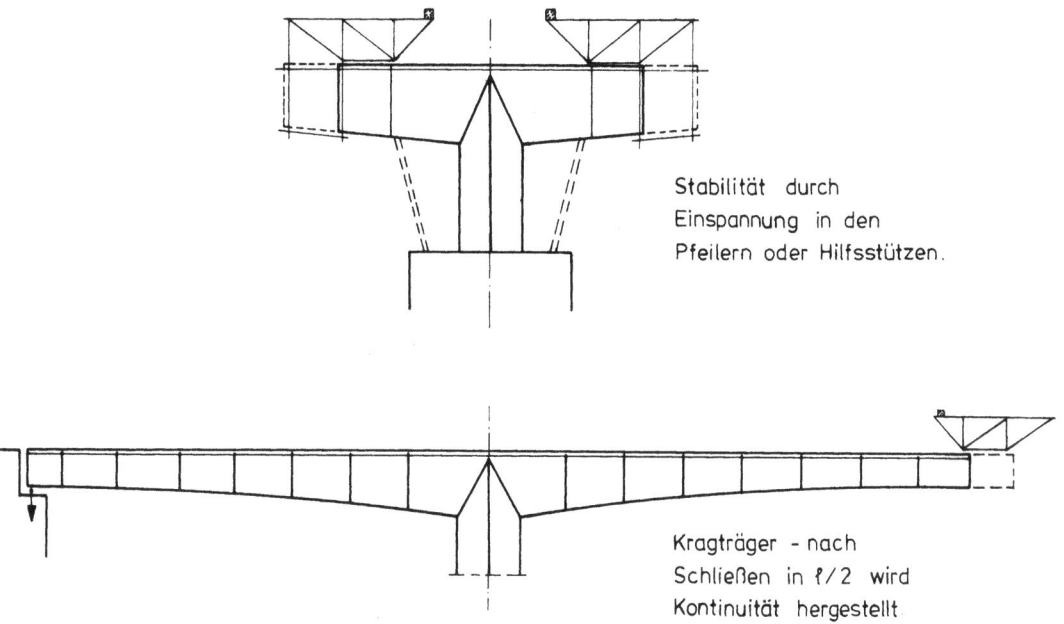

Bild 7.6 Stabilisierung der Kragträger: oben durch Einspannung in den Pfeiler oder mit Hilfsstützen, unten durch Verankerung in Endlager der kurzen Seitenöffnung

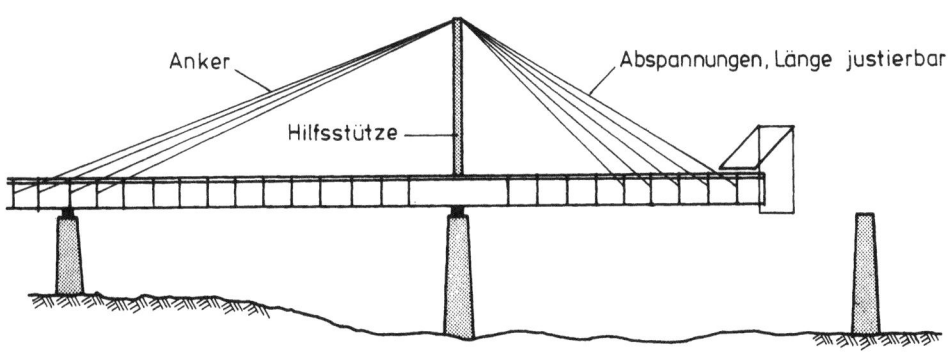

Bild 7.7 Freivorbau mit Schrägkabeln über Hilfsstütze

Freivorbau mit Rüstträgern

Mit Hilfe von Stahlträgern, die über der Brückentafel liegen und eine Länge von etwa 1,6 · Spannweite haben, kann man vom Pfeiler aus Schalwagen nach beiden Seiten symmetrisch vorfahren und Abschnitte von 8 bis 10 m Länge betonieren, die so vorgespannt werden, daß sie als Kragarme frei tragen. Der Stahlträger wird vorgefahren, nachdem im neuen Feld die Mitte erreicht und der Balken im vorhergehenden Feld geschlossen ist. Danach kann vom nächsten Pfeiler aus wieder symmetrisch nach beiden Seiten in Abschnitten vorgebaut werden. Die Stabilität der Kragarme besorgt der Stahlträger durch geeignete Verbindungen. (Erste Anwendung Siegtalbrücke Eisersfeld, ℓ = 105 m, Polensky u. Zöllner, Wittfoth [19]).

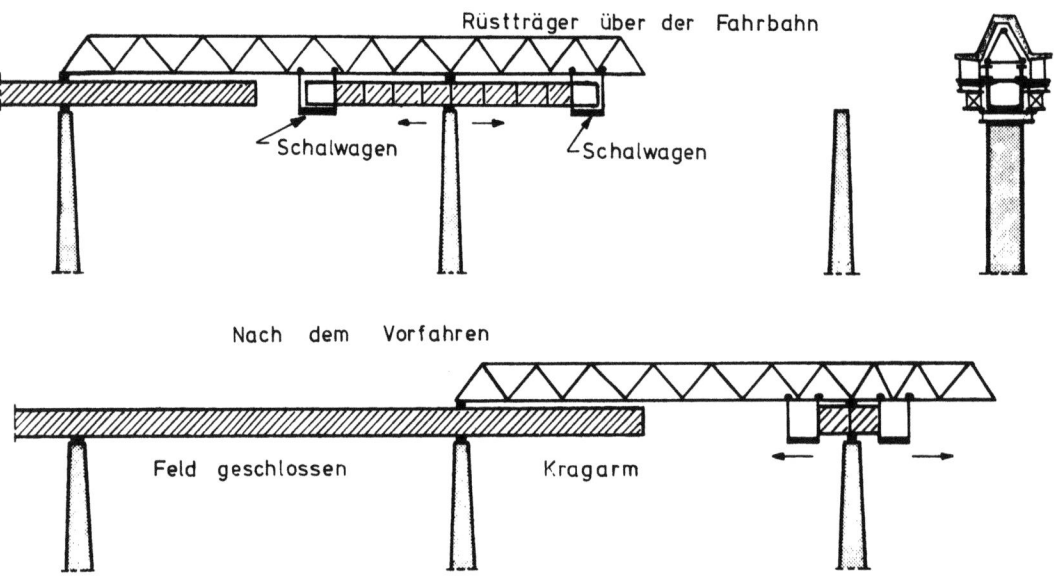

Bild 7.8 Fachwerk-Rüstträger über der Brücke zum Vorfahren des Schalwagens und zur Stabilisierung der Kragarme, die auf schlanken hohen Pfeilern lagern.

Bei Großbrücken der Jahre 1975 - 78 (Eschachtalbrücke bei Rottweil und Kochertalbrücke bei Schwäbisch Hall) wird der Stahlkastenträger über der Fahrbahn nur für Transport und zur Stabilisierung des Freivorbaues nach beiden Seiten benützt, die Vorbaurüstung + Schalung fährt unter dem fertigen Brückenteil hängend auf einer Stahlschiene unter der auskragenden Fahrbahnplatte.

Der Freivorbau mit Ortbeton kann auch zum Vorbau von Schrägkabelbrücken benützt werden.

Der große Vorteil des Freivorbaues mit Ortbeton ist die Möglichkeit über die Betonierfuge hinweg Längsbewehrung zur Rissebeschränkung einbauen zu können, so daß beschränkte oder teilweise Vorspannung möglich ist. Die Fuge kann auch schiefe Druckstreben (Schub, Torsion) und Querkräfte in der Fahrbahnplatte einwandfrei übertragen, wenn sie rauh abgeschalt oder mechanisch aufgerauht wird und der alte und neue Beton sich so "verzahnen" können.

Sorgfalt muß auf die möglichst genaue Vorausberechnung der Verformungen durch Last und Kriechen verwendet werden, damit beim auskragenden Vorbau richtig überhöht wird. Dabei sind die Temperaturen zu beachten.

7.2 Bauverfahren mit Fertigteilen

7.2.1 Fertigteile über die ganze Spannweite

Die Herstellung von Brücken mit Fertigteilen (prefabricated or precast elements) ist wirtschaftlich, sobald Brücken mit vielen gleichen Öffnungen oder viele gleiche Brücken nach Typen-Entwürfen zu bauen sind und geeignete Hebezeuge, Transportmittel und -Wege zu Verfügung stehen oder bei dem Objekt amortisiert werden können.

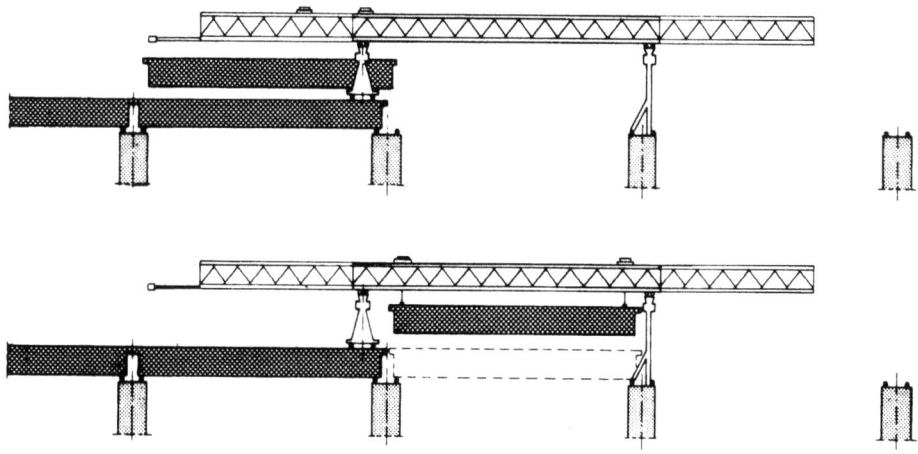

Bild 7.9

Die ganze Brückenbreite von 10 m umfassende Rippenplatten wurden bei der 38 km langen Brücke über den Lake Pontchartrain, La. USA mit 17 m Spannweite vorgefertigt [1], S. 213.

Die Regel ist jedoch die Unterteilung der Brückenbreite in Längsstreifen (bei Platten) oder in Längs-Hauptträger, die mit Ortbetonfugen verbunden und quer zusammengespannt werden. Zur Verminderung des Montagegewichtes kann die Fahrbahnplatte im Fertigteil ganz oder teilweise weggelassen und mit Ortbeton hergestellt werden. Diese Bauart wurde schon 1947 in Frankreich angewandt [1], S. 125. Die verschiedenen Querschnittsarten werden in Kap. 8 besprochen.

Die Fertigung kann im Werk mit Spannbettvorspannung oder mit Spanngliedern üblicher Art stattfinden. Bei großen Brücken lohnt sich die Errichtung einer Feldfabrik an der Brückenbaustelle. Damit sind schon Träger mit $\ell = 53,1$ m Spannweite, 200 t schwer vorgefertigt und mit Stahl-Fachwerkträgern verlegt worden, die von Feld zu Feld vorgefahren werden (Pfädchensgrabenbrücke, Philipp Holzmann AG [20]).

Seit etwa 1970 wurden mit dem "Bau System Schreck" wirtschaftliche Vorteile dadurch erzielt, daß die Einzelträger mit $\bot$-Querschnitt in frei tragender, heizbarer Stahlschalung an ihrem endgültigen Ort hergestellt werden. Die Bewehrung mit Spanngliedern wird auf einer längs fahrbaren, ebenfalls frei tragenden Arbeitsbühne seitlich hergestellt. Zum seitlichen Versetzen der Schalungsträger und Arbeitsbühnen dienen zwei Hubportale auf den Pfeilern. Täglich wird ein Träger betoniert und teil-vorgespannt.

Die Fahrbahnplatte wird auf fahrbarer Schalung im dahinter liegenden Feld betoniert. Eine Voraussetzung sind breite Hammerkopfpfeiler, deren schöne Gestaltung bekanntlich schwierig ist. Schrifttum [21].

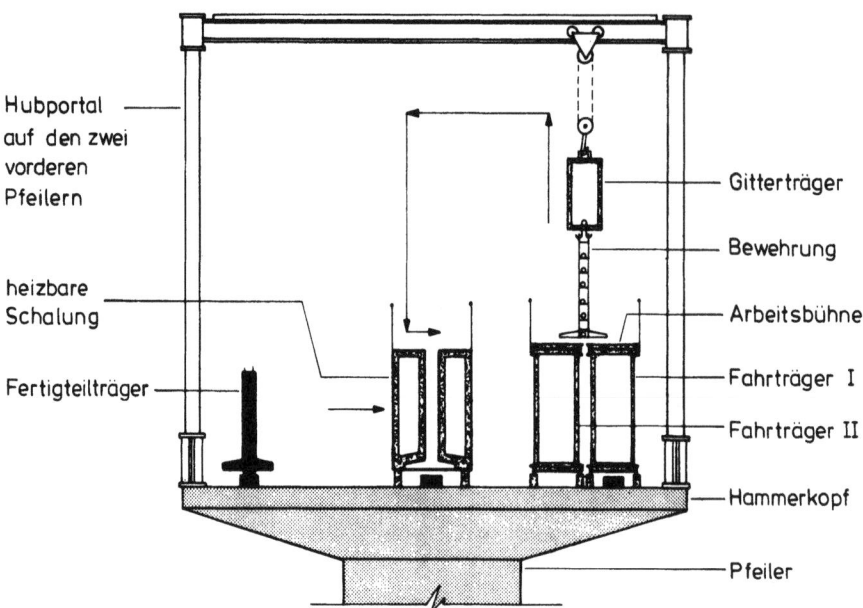

Bild 7.10 Bau System Schreck: Längsträger werden in einer verfahrbaren Schalung an ihrem endgültigen Ort hergestellt.

7.2.2 Segment-Fertigteile

Das Unterteilen der Brückenträger in Querrichtung haben französische Ingenieure schon sehr früh angewandt, so bei den Marnebrücken Esbly ab 1946 ([1] S. 272). Die ersten Kastenträgerbrücken wurden ab 1952 aus vorgefertigten Segmenten gebaut (Seine Brücke Choisy-le-Roi, Paris). Die Bauweise (segmental construction) hat dann mit sehr langen Brücken einen beachtlichen Siegeszug durch die ganze Welt angetreten. Beispiele: Oléron-Brücke, Frankreich 2 862 m lang (Bild 7.11); Brücke über Châteaux Chillon, Genfer See 2 147 m lang; Oosterschelde Brücke Holland 5 km lang; Brücke Rio-Niteroi, Brasilien 8 km lang, Spannweite 80 m. Eine Übersicht gab Jean Muller, Paris, 1975 in [22].

Die Segmente werden 3 bis 8 m lang gewählt, je nach verfügbaren oder wirtschaftlich vertretbaren Transport- und Hebevorrichtungen. Bei Oosterschelde war Wassertransport möglich, was die Wahl langer Stücke mit bis 275 t Gewicht begünstigte. Die Segmentstücke werden in der Regel an Stahl-Fachwerkträgern angehängt oder auf solche Träger aufgelegt, bis sie mit eingefädelten Spanngliedern längs zusammengespannt werden können und so ihre eigene Tragfähigkeit erhalten. Man kann jedoch auch von Pfeilern aus Kragarme nach beiden Seiten bauen, wie im Bild 7.8 für Ortbeton gezeigt. Die Stahlträger werden dann leichter, weil sie nur je ein Segmentstück beim Transport zur Einbaustelle zu tragen haben. Bei leistungsfähiger Feldfabrik kann ein rascher Baufortschritt erzielt werden.

Das Problem dieses Bauverfahrens sind die Fugen. In der Regel wird auf eine die Fugen kreuzende Längsbewehrung verzichtet, weil diese schon bei der Herstellung der Fertigteile lästig wäre und ihre Übergreifungsstöße eine mit Ortbeton zu schließende Fugenbreite von rund 500 mm bedingen würden (bei Oosterschelde so ausgeführt). Verzichtet man auf die Längsbewehrung, dann muß die Längsvorspannung so stark bemessen

7.2 Bauverfahren mit Fertigteilen

Bild 7.11 Oléron Brücke, fahrbarer Fachwerkträger zum Versetzen der Segment-Fertigteile während des Vorfahrens zum nächsten Pfeiler

werden, daß die Momente bei voller Gebrauchslast (Eigengewicht + max. Verkehrslast) einschließlich der Zwangsmomente aus ΔT (wenigstens $\Delta T = 15$, besser 20 K) noch keine Zugspannung in den Fugen erzeugen. Zum Teil wird sogar verlangt, daß bei diesen Bedingungen noch 0,5 bis 1,0 MPa Druckspannung als Reserve verbleiben. Der erforderliche Vorspanngrad wird damit um 20 % bis 30 % größer als bei Vorbau mit Ortbeton und durchgehender Längsbewehrung. Als Nachteil kommt hinzu, daß die in üblicher Weise (Annahme vollen Verbundes!) berechnete Bruchsicherheit in Wirklichkeit nicht erreicht wird, weil der durch Zementinjektion hergestellte Verbund der Spannglieder mangelhaft ist, so daß beim Übergang zu Zustand II nur wenige, von Anfang an klaffende Risse entstehen, die die Höhe der Biegedruckzone und damit die Traglast verringern. Diese Nachteile haben dazu geführt, daß diese Bauweise in der BRD fast keinen Eingang fand, zudem der Vorbau mit Ortbeton in der Regel auch billiger ist.

Verzichtet man auf durchgehende Längsbewehrung, dann können die Segmente dicht oder knirsch aneinandergefügt werden, wenn bei der Fertigung das Segment n als Fugenschalung für das Segment (n + 1) benützt wird (match casting). Da die Fugenflächen nach dem Aushärten der Segmente, wegen unvermeidbarer unterschiedlicher Formänderungen (Ursachen Temperatur, Schwinden, ungleiche Lagerung) dennoch nicht exakt passen, werden die Fugenflächen kurz vor dem Zusammenfügen mit einer Paste bestrichen, für die lange Zeit Araldid (ein Epoxyharz der CIBA) verwendet wurde, das jedoch bei hohen Temperaturen weich wird. Besser eignet sich eine Zementpaste aus Ardurit X 7 G. Die Fuge kann schon vor dem Erhärten der Zementpaste hohe Druckspannun-

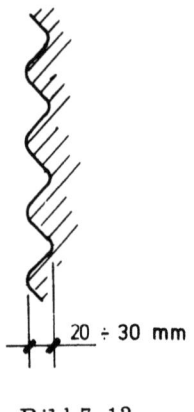

Bild 7.12

gen durch Vorspannung ausgesetzt werden, überschüssige Paste wird dabei seitlich ausgequetscht. Zur Übertragung des schiefen Druckes infolge Schub und Torsion werden die Fugenflächen der Stege und Fahrbahnplatten mit einem sägezahnartigen Profil gemäß Bild 7.12 horizontal, die Fugenflächen der Bodenplatten von Kastenträgern vertikal profiliert. Die Anordnung einzelner Dübelnocken ist ungeeignet, weil dort örtlich Spannungsspitzen entstehen müßten.

Man beachte, daß die schiefen Hauptdruckspannungen bei Durchlaufträgern auch bei Spannbetonträgern in Stützennähe 45° und steiler geneigt sein können.

Wichtig ist ferner, daß beim Fügen die Hüllrohre der später einzufädelnden Spannglieder genau passen und die Stoßstellen gut gedichtet sind, so daß keine Fugenpaste eindringen kann.

7.3 Das Taktschiebeverfahren

Das Taktschiebeverfahren vereint die Vorteile der Fabrikfertigung (Betonieren von Teilen in ortsfester Schalung, ständige Wiederholung gleicher Arbeiten in Takten, wettergeschützter Arbeitsplatz, kurze Transportwege der Baustoffe) mit denen des Ortbetons (monolithisches Tragwerk ohne schwache Fugen, keine schweren Hebezeuge).

Hinter dem Widerlager werden 10 bis 30 m lange ($l/4$ bis $l/2$) Teilstücke des Balkenüberbaues in ortsfester Schalung betoniert, nach dem Erhärten längs zentrisch für die Bauzustände vorgespannt, ausgeschalt und dann mit hydraulischen Pressen auf Teflon-Gleitlagern in Richtung Brücke verschoben (Bilder 7.13 - 7.15). Am vordersten Teilstück wird ein stählerner Vorbauschnabel befestigt, um die Kragmomente bis zum Erreichen des ersten Pfeilers und der weiteren Pfeiler zu vermindern (Bild 7.13). Die folgenden Teilstücke werden jeweils direkt an das letzte anbetoniert, die Längsbewehrung geht natürlich an der Arbeitsfuge durch. Wenn alle Teile hergestellt sind und die Brücke in ihrer endgültigen Lage ist, werden die für volle Gebrauchslast nötigen weiteren Spannglieder vorgespannt.
Bild 7.16 zeigt an einer kleinen Brücke die Einrichtungen des Verfahrens in einem Luftbild.

Das Verfahren eignet sich für Brücken von wenigstens rd. 150 m Länge mit mindestens 3 Feldern. Die Spannweiten können zwischen 30 und 140 m liegen, sollten jedoch nicht zu unterschiedlich sein. Bei Schlankheiten über etwa 16 sind Hilfspfeiler zum Vorschub nötig, einzelne große Kragweiten können auch mit Schrägkabeln abgefangen werden.

Die Brücken müssen im Längsprofil und Grundriß gerade oder gleichmäßig gekrümmt sein. In den oberitalienischen Alpen (Val Restel) wurde eine im Grundriß mit R = 150 m gekrümmte Brücke über eine Schlucht gebaut. Kleine Abweichungen können auf verschiedene Art berücksichtigt werden, unter anderem auch zunehmende Brückenbreite nahe dem Brückenende. In der Regel wird ein Takt pro Woche ausgeführt, zwei Takte pro Woche sind möglich. Die Schalung wird mechanisch (weitgehend hydraulisch) bewegt, die Bewehrung in Schablonen vorgefertigt. Der Lohnaufwand konnte so stark gesenkt werden. Die Gerätekosten sind gering.
Das Verfahren hat sich als sehr wirtschaftlich erwiesen und fand rasche Verbreitung (Entwicklung durch W. Baur, Partner Leonhardt u. Andrä) Schrifttum [23 und 24].

7.3 Das Taktschiebeverfahren

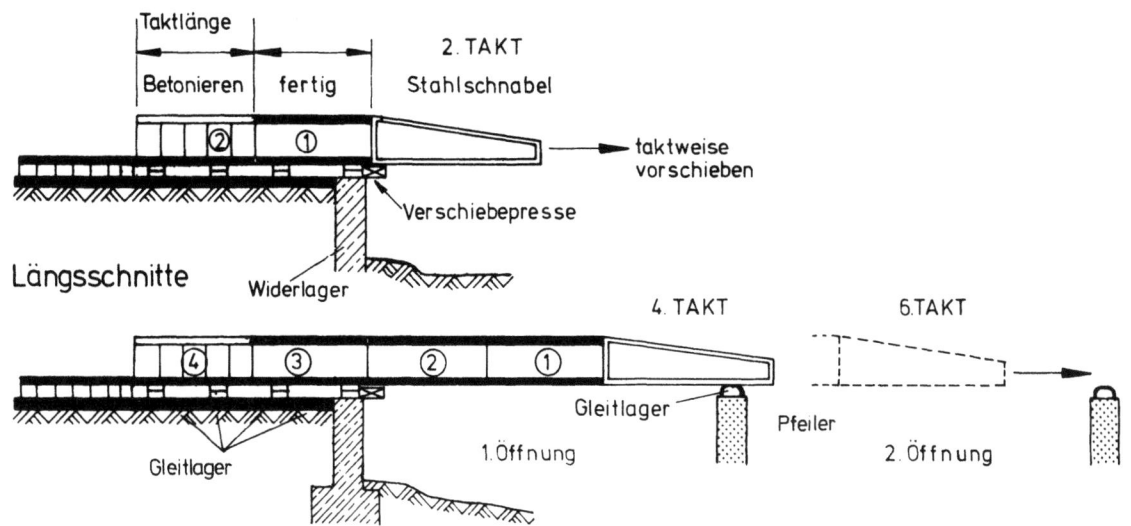

Bild 7.13 Das Prinzip des Taktschiebeverfahrens. Herstellung in Taktlängen hinter dem Widerlager, freikragend taktweise vorschieben von Pfeiler zu Pfeiler

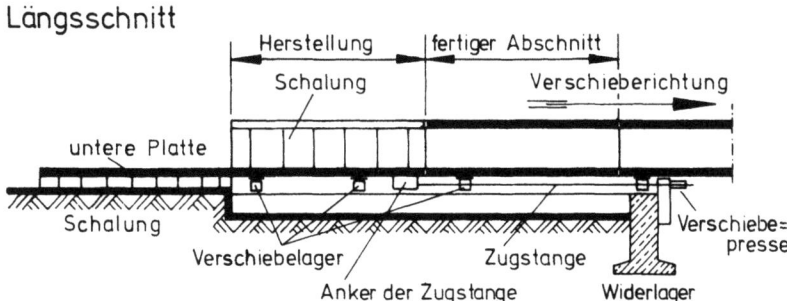

Bild 7.14 Längsschnitt und Querschnitt durch Fertigungseinrichtung

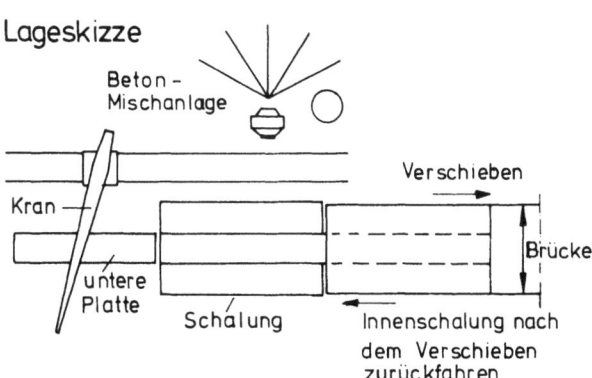

Bild 7.15 Lageskizze der Baustelleneinrichtung

Bild 7.16 Luftbild einer Taktschiebe-Baustelle. Fertigung überdacht, Vorbauschnabel erkennbar

8. Wahl des Querschnittes der Brücken

8.1 Allgemeines

Die Wahl des Querschnittes wird von folgenden Daten beeinflußt:

1. Größe der Spannweite bezogen auf das gewählte statische System.
2. Verfügbare Bauhöhe oder gewünschte Schlankheit ausgedrückt durch $\ell : h$ bzw. bei Kontinuität $\ell_i : h$ mit ℓ_i = genäherter Abstand der M_g-Nullpunkte.
3. Herstellungsverfahren, verfügbare Fachkräfte und Hilfsmittel, Geräte usw.
4. Wirtschaftlichkeit bei gewähltem Herstellungsverfahren. Schlanke Tragwerke erfordern mehr Stahl als weniger schlanke, andererseits ist Auswirkung auf Rampenlänge zu beachten.
5. Verhältnis von $q : g$ = Verkehrslast zu Eigengewicht. Großes $q : g$ bedingt bei Spannbetonbalken zusätzlichen Beton im Zuggurt, z.B. durch Wahl eines I-Profiles oder Kastenträgers.

8.1.1 Platten aus Ortbeton

Die einfache Massivplatte (Bild 8.1) eignet sich für kleine einfeldrige Brücken bis zu Spannweiten von rund 20 m, für mehrfeldrige kontinuierliche Brücken für Spannweiten bis rund 30 m, mit Vouten bis etwa 36 m bei Plattendicken von 250 bis rund 700 mm Dicke.

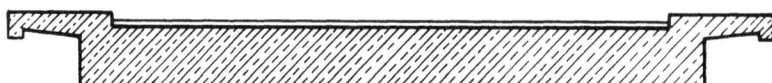

Bild 8.1 Querschnitt - einfache Massivplatte, ohne Quergefälle gezeichnet

Die Massivplatte ist besonders geeignet für s c h i e f w i n k l i g e Brücken oder Brücken mit veränderlicher Breite in Abzweigungsbereichen.

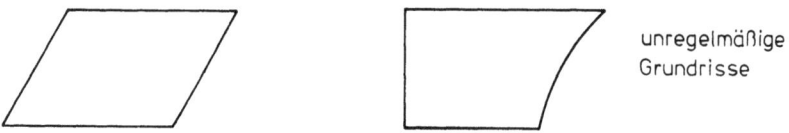

Bei Dachgefälle wird die Unterfläche am besten horizontal gewählt. Bei einseitigem Quergefälle ergibt die hierzu parallele Unterfläche gleiche Plattendicke und damit über die Breite gleiche Bewehrung und gleiche Spannglieder.

Die Massivplatte ist auch für kleine Rahmenbrücken oder für gewölbte Durchlässe geeignet, wobei die Stiele ebenfalls als Massivplatte ausgebildet werden.

<u>Die Schlankheiten</u> l/h, bzw. l_i/h können wie folgt gewählt werden:

für Stahlbeton	15 bis 22	bei Brückenklassen 60 bis 30
für Spannbeton	18 bis 30	
für Stahlbeton	20 bis 25	bei Brückenklassen 16 und darunter
für Spannbeton	26 bis 36	

wobei die höheren Werte für die größeren Spannweiten und damit für kleinere q : g gelten.

Kommt man mit h = 700 mm nicht mehr aus, dann lohnt sich meist die Wahl einer H o h l p l a t t e mit verlorenen Hohlkörperschalungen in Form von Rohren oder rechteckigen Profilen zur Gewichtsminderung (Bild 8.2). Die Hohlkörper müssen gegen Aufschwimmen beim Betonieren nach unten verankert werden.

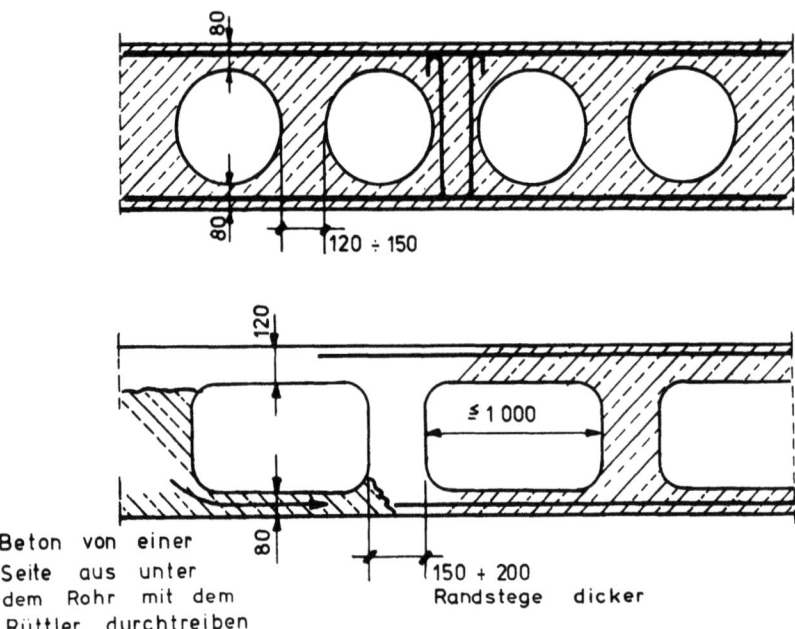

Beton von einer
Seite aus unter
dem Rohr mit dem
Rüttler durchtreiben

150 + 200
Randstege dicker

Bild 8.2 Abmessungsregeln für Hohlplatten

Die Mindestdicken des Betons, über, zwischen und unter den Rohren, sind in Bild 8.2 eingetragen. Die Stege müssen mit Bügeln bewehrt werden. Als Querbewehrung genügt je eine Lage oben und unten. Über Auflagern und je in $l/2$, bei sehr schlanken Brücken in $l/3$ müssen die Rohre unterbrochen und Querträger mit einer Dicke von etwa h/2 angeordnet werden.

Die R i p p e n - oder K a s s e t t e n p l a t t e , die im Hochbau oft angewandt wird und die mit leicht auszuschalenden z.B. Gfk-Schalkörpern hergestellt wird, eignet sich natürlich auch für Brückenplatten, wenn im wesentlichen positive M auftreten (Bild 8.3).

Zur Steigerung eines schlanken Aussehens können Platten im Querschnitt vorteilhaft wie folgt geformt werden (Bilder 8.4).

8.1 Allgemeines

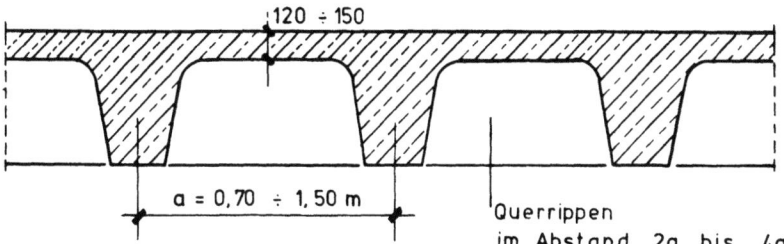

Bild 8.3 Abmessungsregeln für Rippenplatten

für Gehwegbrücken

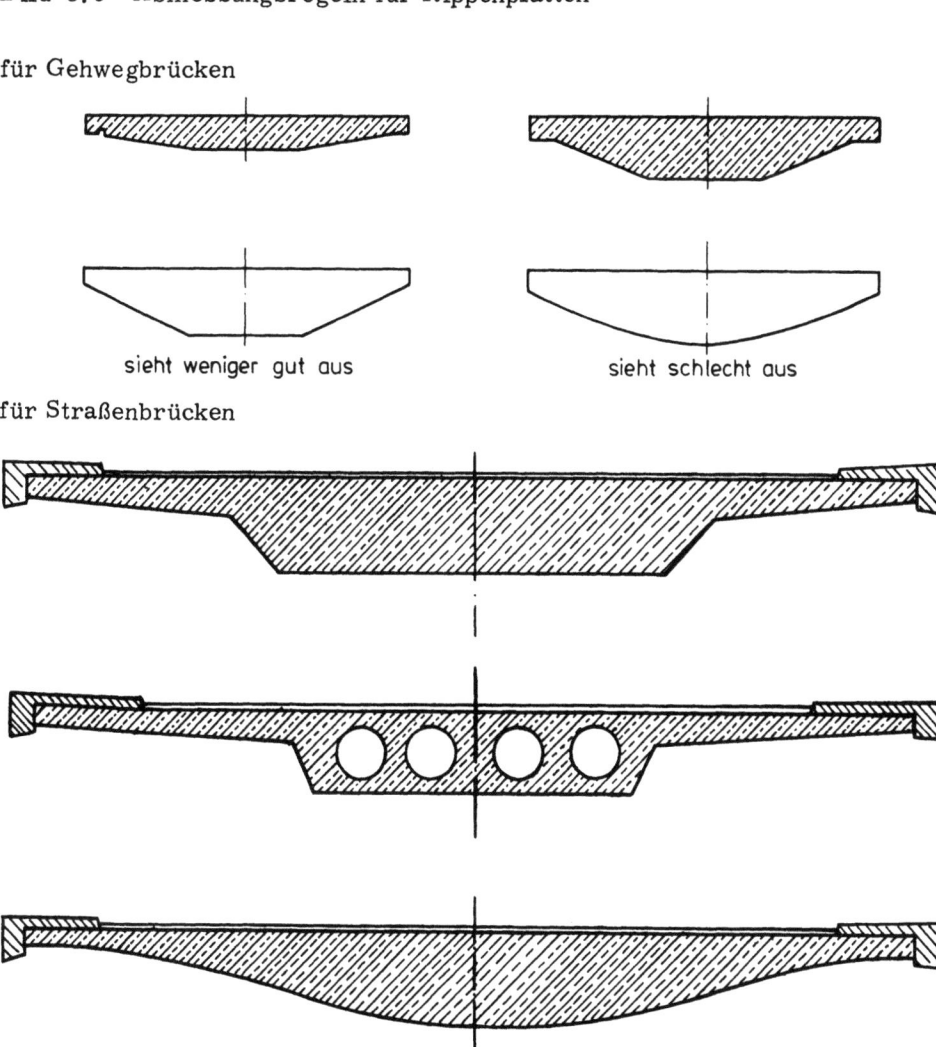

für Straßenbrücken

Bild 8.4 Möglichkeiten zur Steigerung eines schlanken Aussehens von Plattenbrücken

8.1.2 Platten aus Fertigteilen

Platten können auch aus Fertigteilen in Form schmaler Längsstreifen hergestellt werden, die "Mann an Mann" verlegt werden, wobei genügend breite Fugen vorgesehen werden sollten, in denen steifer Mörtel gut verdichtet werden kann (Bild 8.5). Vergießen mit flüssigem Mörtel setzt Sonderzement voraus, der kein Wasser absondert. Die Fertigteile sollten wenigstens in Auflagernähe und in $\ell/2$ oder $\ell/3$ quer zusammengespannt werden, damit die Plattenwirkung (Querverteilung von Lasten) erhalten bleibt. Die Fertigteilstreifen werden zur Gewichtsminderung gern mit Hohlräumen hergestellt, was im Werk mit ziehbarer Schalung möglich ist.

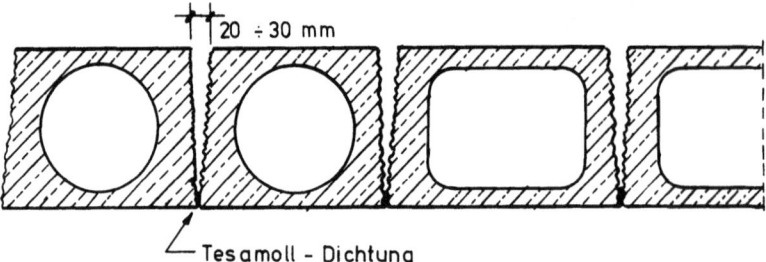

Bild 8.5 Hohlplatten, zusammengesetzt aus vorgefertigten Balken

In USA werden Hohlplatten aus ziemlich dünnwandigen, genormten Kastenprofilen gemäß Bild 8.6 a im Spannbett hergestellt. In der Fuge weisen sie einen "shear key" auf, eine dübelartige Nut, die zur Querkraftübertragung zwischen den Kastenträgern dienen soll. Wesentlich ist auch hier die Quervorspannung mind. in $\ell/2$.

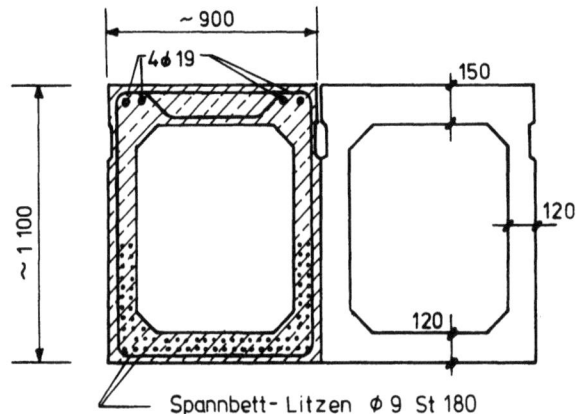

Bild 8.6 a In USA übliche Hohlbalken, im Spannbett vorgespannt

Schließlich können ⊥-Träger dicht nebeneinander verlegt und mit Ortbeton verfüllt werden, um eine Plattenbrücke ohne Schalung und Rüstung zu bauen (Bild 8.6 b).

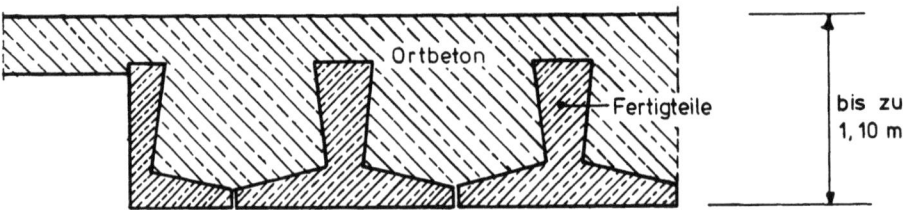

Bild 8.6 b Im Spannbett hergestellte ⊥-Balken, mit Ortbeton zu Massivplatte ergänzt

8.2 Plattenbalken aus Ortbeton

Der Plattenbalken ist eine für Stahlbeton und teilweise Vorspannung sehr geeignete Querschnittsform, besonders wenn positive Biegemomente aufzunehmen sind. Die obere Platte bildet die Brückenfahrbahn und den Druckgurt des Hauptträgers, der Zuggurt wird unten im Steg konzentriert untergebracht. Die Stegdicke richtet sich im wesentlichen nach dem erforderlichen Raumbedarf für den Zuggurt, sofern der Zuggurt nicht durch einen Flansch verbreitert wird (Bild 8.7). Im Hinblick auf Querkraft-Schub sind dünne Stege dicken Stegen vorzuziehen, weil die erforderliche Schubbewehrung von der Stegdicke unabhängig ist und bei dünnen Stegen kleinere Schubrißbreiten ergibt. Natürlich muß die Stegdicke den schiefen Hauptdruckspannungen genügen.

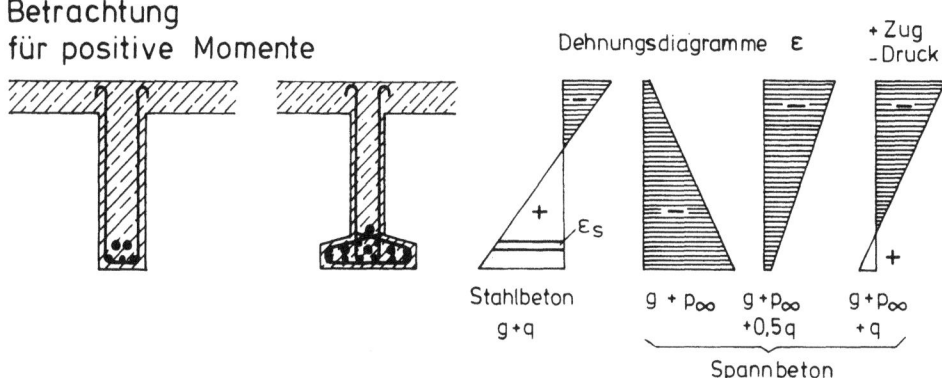

Bild 8.7 Bei Plattenbalken ist für Feldmomente darauf zu achten, daß die Vorspannung im Zuggurt für $g+p_\infty$ keine zu hohen Druckspannungen ergibt

Bei Spannbetonbrücken kann die Zuggurtbreite auch dadurch bedingt sein, daß z.B. noch für halbe Verkehrslast Druckreserve im vorgedrückten Zuggurt verbleiben soll oder daß die Druckspannungen im vorgedrückten Zuggurt unter Eigengewicht allein nicht zu hoch sein sollen, um ein Hochwölben des Balkens (negative Durchbiegung) durch Kriechen zu vermeiden, wie es bei vielen anfänglichen Spannbetonbrücken beobachtet wurde, deren aufgewölbte Fahrbahnen begradigt werden mußten.

Die Brückenplattenbalken, die mit der Fahrbahnplatte stets oben eine große Druckplatte und damit eine hoch liegende Schwerlinie haben, können negative Momente nur beschränkt aufnehmen. Will man den Steg aus Fertigungsgründen nicht verdicken oder mit einem unteren Druckflansch versehen, dann kann man seine Druck-Tragfähigkeit durch "Panzerung" mit Druckbewehrung (gut umschnüren) steigern (Bild 8.8).

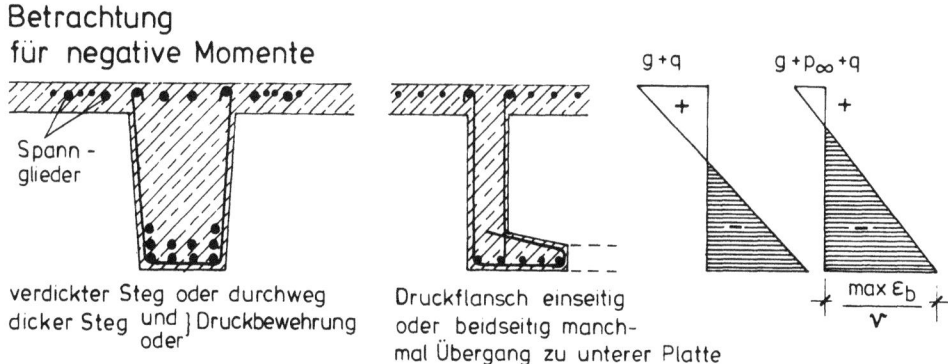

Bild 8.8 Bei Durchlaufträgern ist der Untergurt des Plattenbalkens durch zu hohen Druck gefährdet. Teilweise Vorspannung und Druckbewehrung sind Abhilfen

Typische Brückenquerschnitte mit Plattenbalken

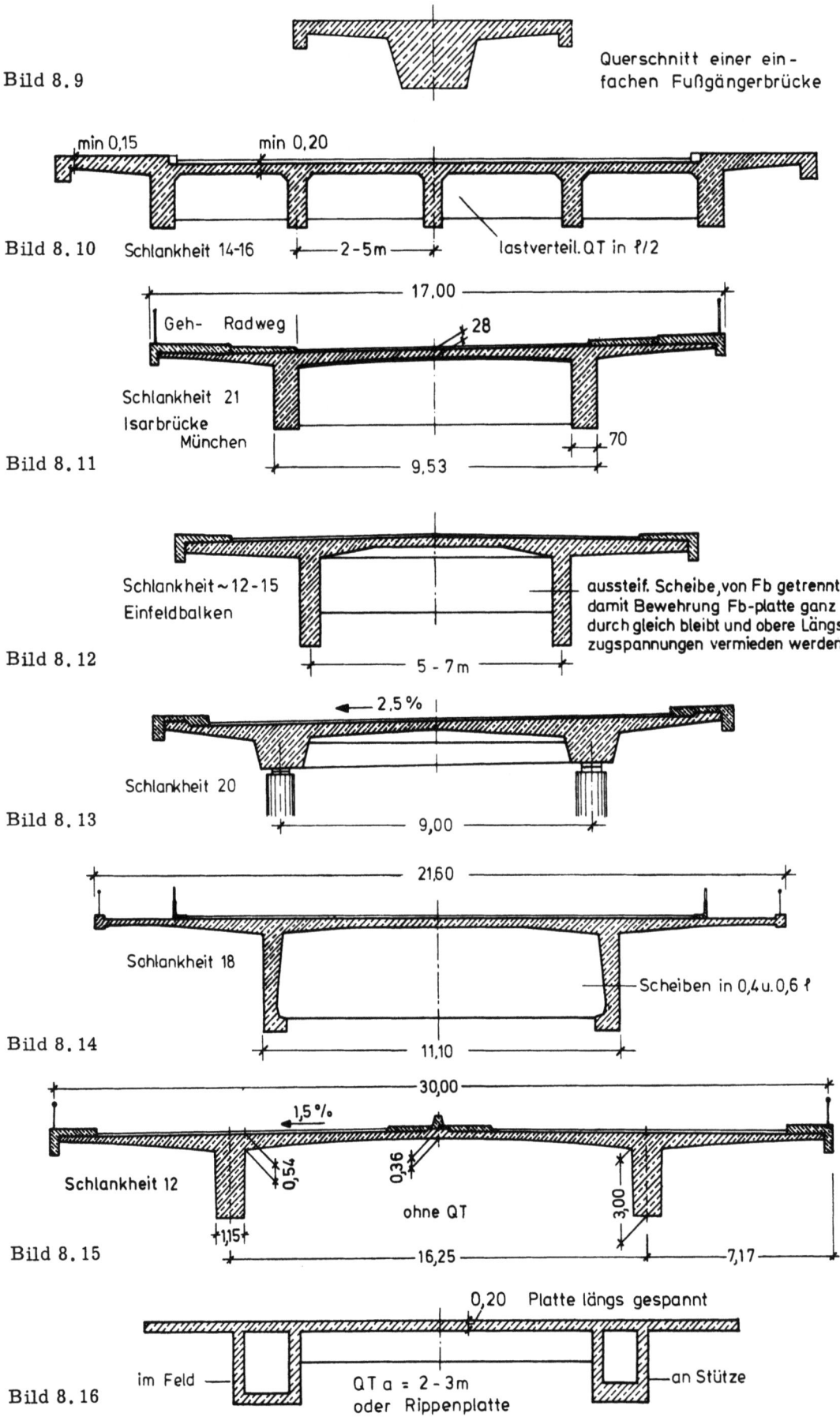

Bild 8.9 — Querschnitt einer einfachen Fußgängerbrücke

Bild 8.10 — Schlankheit 14-16, 2-5m, lastverteil. QT in ℓ/2, min 0,15, min 0,20

Bild 8.11 — Schlankheit 21, Isarbrücke München

Bild 8.12 — Schlankheit ~12-15, Einfeldbalken, 5-7m, aussteif. Scheibe, von Fb getrennt, damit Bewehrung Fb-platte ganz durch gleich bleibt und obere Längszugspannungen vermieden werden

Bild 8.13 — Schlankheit 20

Bild 8.14 — Schlankheit 18, Scheiben in 0,4 u. 0,6 ℓ

Bild 8.15 — Schlankheit 12, ohne QT

Bild 8.16 — Platte längs gespannt, im Feld, an Stütze, QT a = 2-3m oder Rippenplatte

8.2 Plattenbalken aus Ortbeton

Der glatte Steg ohne Flansch wird für Ortbeton wegen der einfacheren Schalung und Bewehrung natürlich bevorzugt. Flansche lohnen sich in der Regel erst bei mehr als 2 m Trägerhöhe.

Der einzelne Steg kann auch zum schmalen Hohlkasten werden, der sich negativen M besser anpassen läßt (Bild 8.16).

Für Autobahnen werden häufig 2 Brücken nebeneinander gesetzt mit trennender Fuge im Mittelstreifen.

Als Schlankheiten kann empfohlen werden (ℓ_i : h):

	Stahlbeton	Spannbeton
Steg ohne Flansche	8 - 12	10 - 18
Stege mit Flansch oder verdickte Stege	10 - 14	12 - 24

Die Spannweiten reichen von ~15 m bis ~70 m (Rheinbrücke Emmerich Vorlandbrücken, Bild 8.14).

Querträger

Bei 3 und mehr Stegen sind lastverteilende Querträger - am besten 1 Stück in $\ell/2$, bei schlanken Stegen 2 Stück in $\ell/3$ anzuordnen.

Bei nur zwei Stegen genügen dünne Querscheiben nahe $\ell/3$, um die Stege gegen Verdrehen zu sichern.

An den Lagern sind Q T zur Ableitung der Windkräfte und der Torsionsmomente nötig. Sie können mit genügend dicker Fahrbahnplatte auch durch Rahmenwirkung (Stege = Rahmenstiele, Fahrbahnplatte = Rahmenriegel) ersetzt werden, wie dies bei der Neckartalbrücke Neckarsulm geschehen ist, Bild 8.15 wo ein längs fahrbares Gerüst Q T nicht erlaubte (Homberg).

8.3 Umgekehrte Plattenbalken – Trogbrücken aus Ortbeton

Trogbrücken haben außen an den Rändern der Fahrbahnen oder Gehwege über diese herausragende Hauptträger, zwischen denen die Fahrbahntafel quer gespannt ist (Bilder 8.17 bis 8.20).

Vorteil: Sehr kleine Bauhöhe über Verkehrsprofilen, nur abhängig von Querspannweite

Nachteile: Plumpes Aussehen, wenn nicht Gehwege außerhalb der Hauptträger angeordnet werden (Bild 8.20)

Kleine Biegedruckzone der Hauptträger für positive M

Beengendes Gefühl für Autofahrer bei Überfahrt, besonders wenn Hauptträger mehr als rund 0,70 m über Fahrbahn hochragen.

Nur für schmale Brücken geeignet.

Typische Querschnitte für Trogbrücken

Fußgängerbrücke

Schlankheit bis ~25

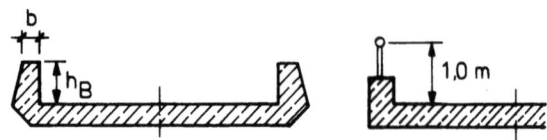

Bild 8.17   Wenn Brüstungshöhe und obere Breite $h_B + b \geq 1{,}2\,m$, kein Geländerholm nötig.

Feldwegbrücke

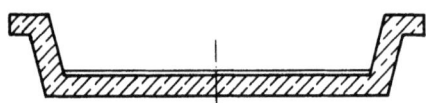

Bild 8.18

Landstraße

Schlankheit bis ~20

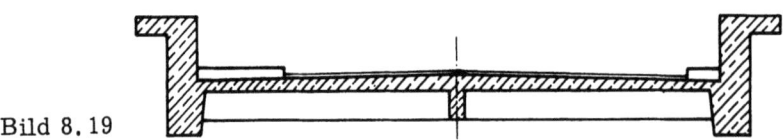

Bild 8.19

Stadt-Nebenstr.

Schlankheit bis ~18

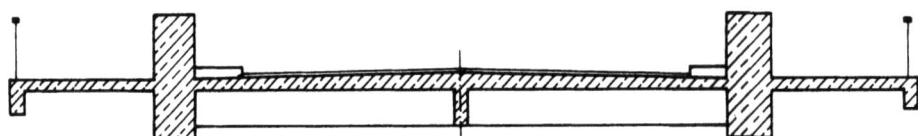

Bild 8.20   Trogbrücke für städtische Straße mit Gehweg außerhalb des Hauptträgers. Höhe h_B des HT über Fahrbahn sollte 1,0 m nicht überschreiten. Schlankheit bis ~18

Bei Eisenbahnbrücken sind Trogquerschnitte beliebt, weil das Schotterbett ohnehin einen Trog brauchen kann und das Wagenprofil über Gleis liegende Hauptträger erlaubt (Bild 8.21).

Eisenbahnbrücke

Zwei Varianten

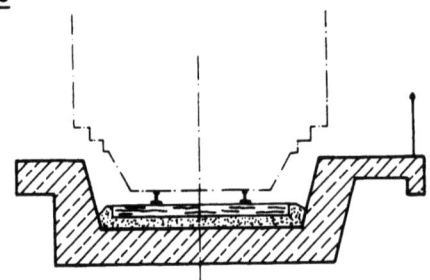

Bild 8.21   Trogbrücke für Eisenbahn

8.4 Plattenbalken aus Fertigteilen

In der Regel werden die Hauptträger für die ganze Spannweite vorgefertigt und vorgespannt. Im Querschnitt gibt es drei Möglichkeiten zur Bildung der Fahrbahnplatte:

1. Querschnitt mit breiten oberen Plattenstreifen, schmale Ortbetonfuge, Querbewehrung nur Schlaufenstoß, Quervorspannung (Bild 8.22). Bei Straßentransport ist die Elementbreite auf 3,4 m beschränkt!

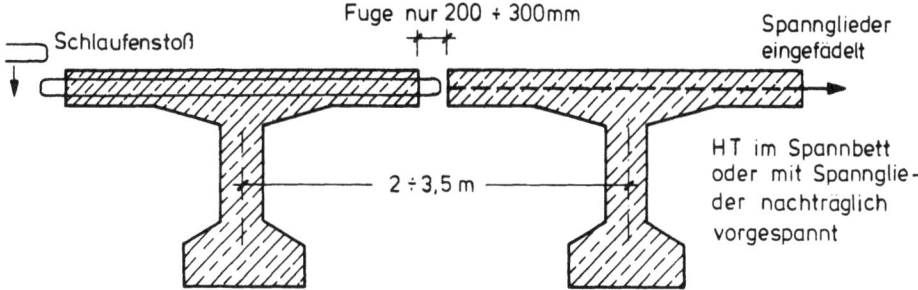

Bild 8.22 Vorgefertigte Träger mit breitem oberen Flansch

2. Querschnitt mit schmalem oberen Plattenstreifen und breitem Ortbetonstreifen dazwischen (Bild 8.23).

   Die Entwicklung ging auf immer größere HT-Abstände. Um dennoch das Montagegewicht der Träger niedrig zu halten, wurde der Ortbetonstreifen verbreitert. Montagegewichte der Träger bis 180 t, Grenzen der Spannweiten bei ~ 54 m.

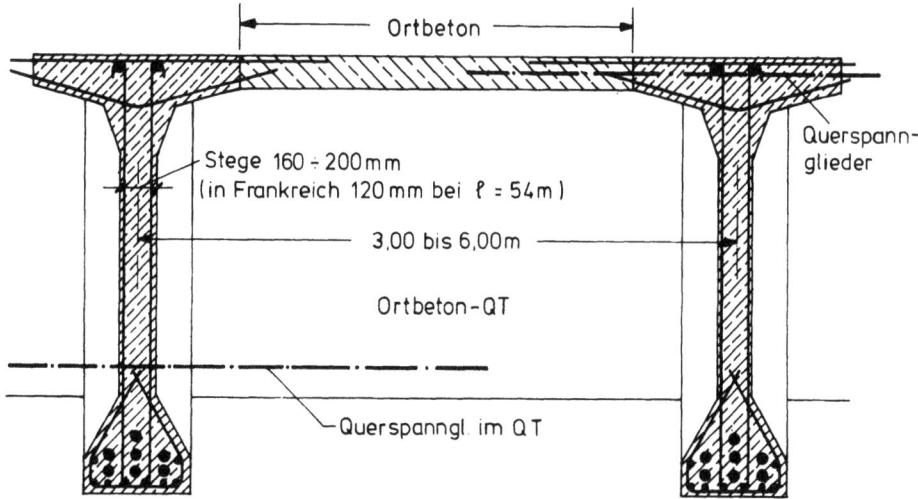

Bild 8.23 Vorgefertigte Träger mit schmalem oberen Flansch (französische Bauart)

3. Querschnitt mit schmalem Obergurt und Ortbetonplatte durchgehend (Mischbauweise) (Bild 8.24) Grenzen wie oben.

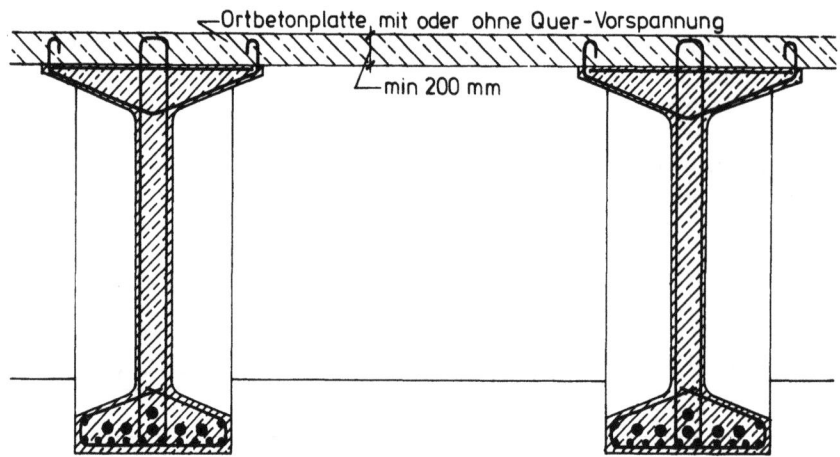

Bild 8.24   Vorgefertigte Träger mit Flansch-Ansatz für durchgehende Ortbeton-Fahrbahnplatte

Bei den Querschnitten (Bild 8.22 bis 8.24) muß davor gewarnt werden, die Spannungen im vorgedrückten Zuggurt für g+p (Eigengewicht + Vorspannung) zu hoch zu wählen, weil sich die Balken sonst durch Kriechen aufwölben, nach oben krümmen, und bei mehrfeldrigen Brücken eine "Girlanden"-Fahrbahn bilden, die in mehreren Fällen korrigiert werden mußte. Deshalb besser teilweise Vorspannung wählen.

Querschnitt aus Fertigteilen mit anbetonierter Schalungsplatte für die durchgehende Ortbetonplatte (Mischbauweise) gezeigt am Sawoe-System (Bild 8.25), [Beton- u. Stahlbetonbau 1977, Heft 12].

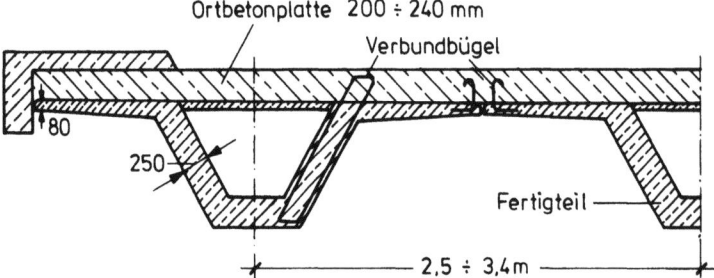

Bild 8.25   V-förmige Träger mit anbetonierter bzw. eingesetzter, dünner Platte als verlorene Schalung für die Ortbetonplatte

Die Mischbauweise = durchgehende Ortbetonplatte mit Ortbetonquerträgern erleichtert die Herstellung der Kontinuität für mehrfeldrige Brücken. Kontinuität bei Fertigteilbrücken siehe Kap. 12.5 .

8.5   Hohlkastenträger aus Ortbeton

Kastenträger lassen sich vielartigen Bedingungen anpassen. Sie sind für Spannbeton-Durchlaufträger besonders geeignet, weil stets Ober- und Untergurt mit reichlicher Breite vorhanden ist und die Dicke der Gurtplatten den HT-Momenten im Hinblick auf Druck im Gurt und auf Unterbringung der Zuggurt-Glieder (Spannglieder oder/und schlaffe Bewehrung) angepaßt werden kann.

8.5 Hohlkastenträger aus Ortbeton

Ein beachtliches Beispiel einer schlaff bewehrten Kastenträgerbrücke, die Rhône-Brücke Aproz (Wallis) mit ℓ = 52 m ist in [1], S. 169 beschrieben.

Kastenträger eignen sich für veränderliche Brückenbreite, weil sich die Kragweite der Platte dank der Einspannung in den Kasten stark verändern läßt und auch die Stegabstände vergrößert werden können.

Kastenträger sind torsionssteif und lassen sich deshalb auf Einzelstützen lagern und für gekrümmte Brücken verwenden.

Kastenträger erlauben die größten Schlankheiten, weil sie sehr große Gurtkräfte aufnehmen können.

Kastenträger aus Spannbeton zeigen kleinere Kriechverformungen als Plattenbalken, weil die σ_{g+p}-Spannungen niedriger sind und die Schwerlinie nicht zu einseitig liegt.

All diese Vorteile führten dazu, daß Kastenträger heute für Spannbetonbrücken bevorzugt werden.

Die Entwicklung führte vom mehrzelligen Hohlkasten zum einzelligen Kasten - auch für breite Brücken. Nur bei niedriger Bauhöhe und großer Brückenbreite ist der mehrzellige Kasten geblieben, soweit nicht zwei bis drei einzellige Kasten mit Abstand nebeneinander gelegt wurden.

Typische Kastenträger - Querschnitte für Massivbrücken

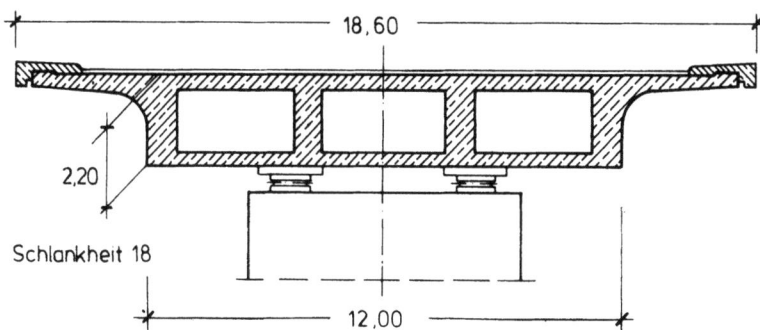

Bild 8.26 Dreizelliger Hohlkasten für vierspurige Straße, Spannweite bis rd. 39 m. Grenze der Schlankheit etwa 30

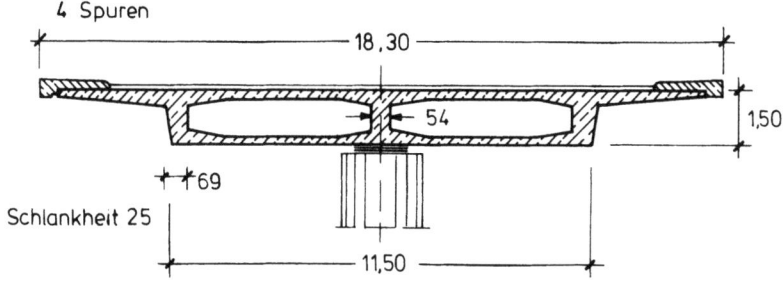

Bild 8.27 Zweizelliger, sehr flacher Hohlkasten für vierspurige Straße, Spannweiten 36 - 38 m

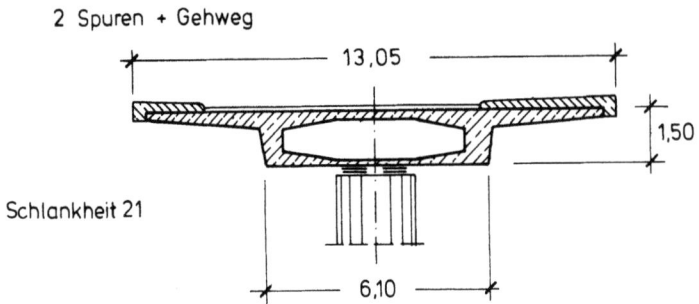

Bild 8.28 Einzelliger Hohlkasten für zweispurige Straße, z.B. für Abzweigung, Spannweiten rd. 32 m

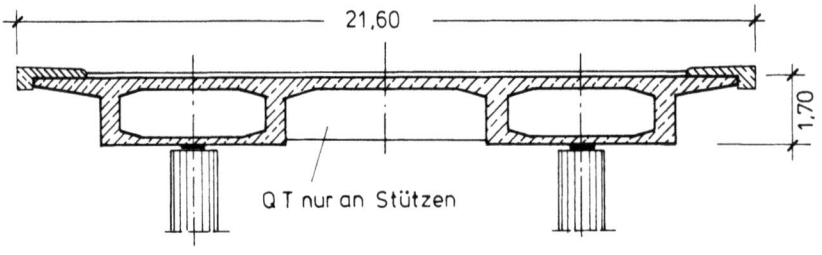

Bild 8.29 Zwei einzellige Hohlkasten für zwei Stützenreihen

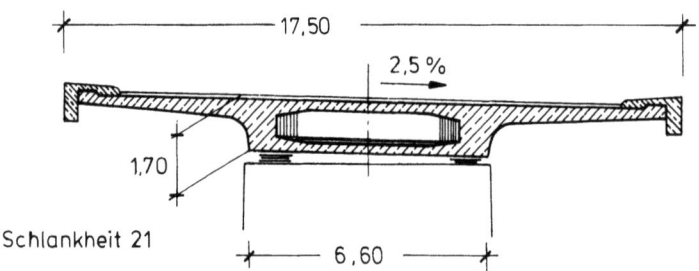

Bild 8.30 Schmaler Hohlkasten mit weit auskragender Platte, am Rand ausgesteift durch hohen Gesimsträger

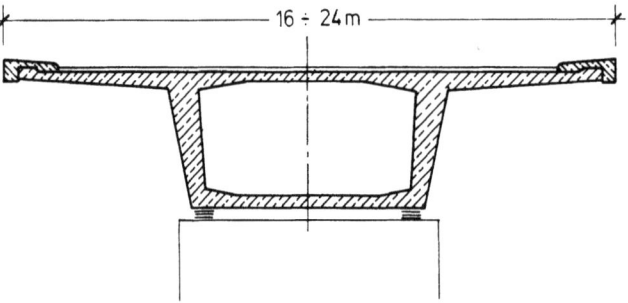

Bild 8.31 Typischer Querschnitt für Taktschiebeverfahren, Spannweiten 40 - 70 m
Schlankheit 12 bis 16 ohne Hilfspfeiler, 16 bis 26 mit Hilfspfeiler in $\ell/2$, geneigter Steg vermindert Spannweite der Bodenplatte und Pfeilerbreite. Variable Stegdicke entspricht dem Verlauf der Querbiegemomente aus Einspannung der Fahrbahnplatte.

8.5 Hohlkastenträger aus Ortbeton

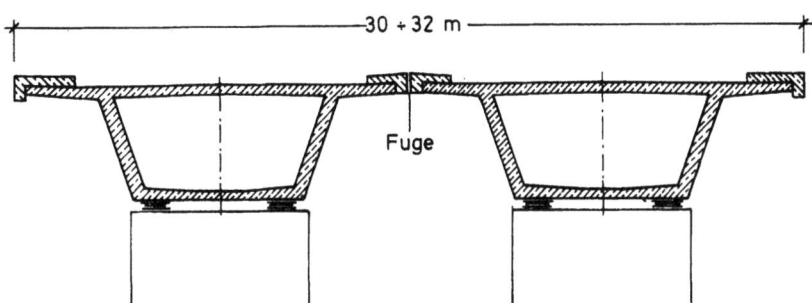

Bild 8.32 Zwei Kastenträger durch Mittelfuge getrennt für Autobahnbrücke. Rüstung und Schalung kann zweimal eingesetzt werden. Nachteilig sind die Doppelpfeiler

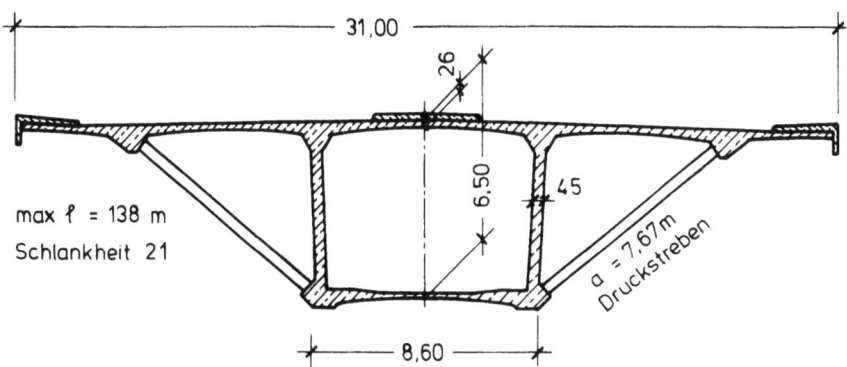

Bild 8.33 Ein schmaler Kastenträger für ganze Autobahnbreite, auskragende Fahrbahn mit Druckstreben gestützt. Nur für große Spannweiten geeignet. (Kochertalbrücke Geislingen 1977 - 79, Entwurf Wayss & Freytag)

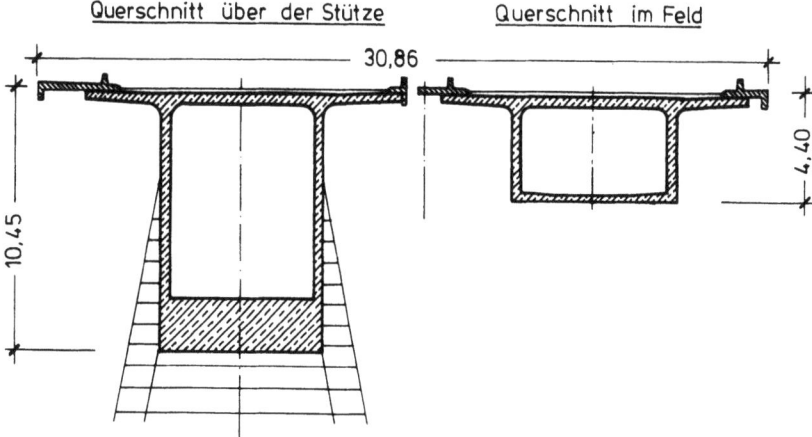

Bild 8.34 Querschnitte der Rheinbrücke Bendorf, max ℓ = 205 m. Zwei Hohlkasten nebeneinander. Stegdicke 370 mm (Entwurf Dywidag)

Querschnitte einiger sehr weit gespannter Balkenbrücken

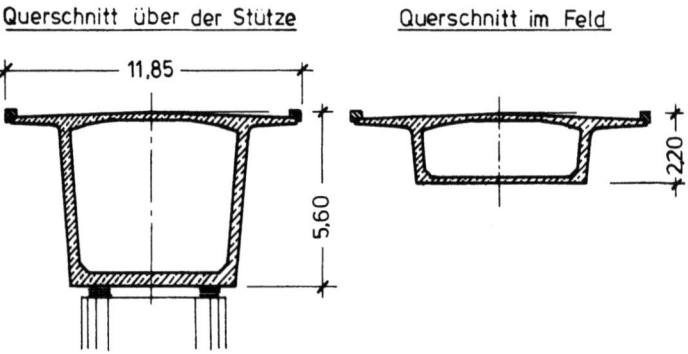

Bild 8.35 Querschnitte der Oosterschelde Brücke Holland,
ℓ = 95 m, Stegdicke 350 mm

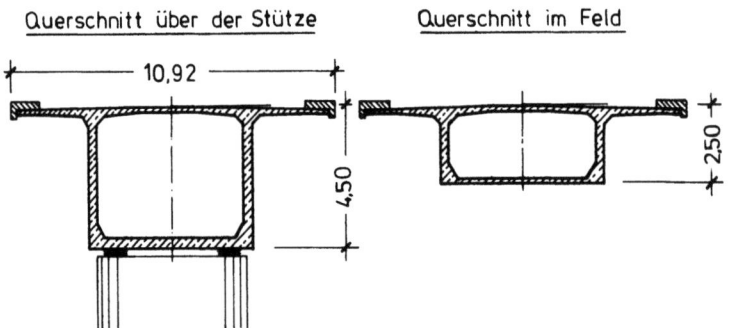

Bild 8.36 Querschnitte der Brücke von Oléron, Frankreich
ℓ = 79 m, Stegdicke 300 mm

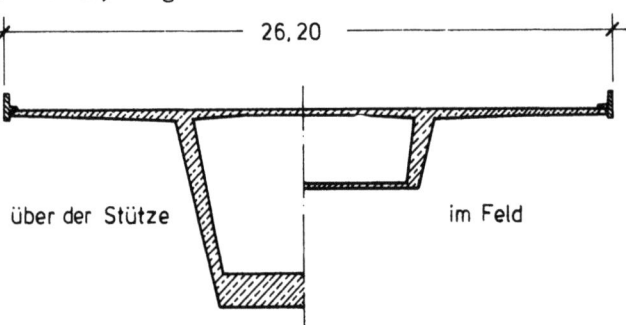

Bild 8.37 Querschnitt der Felsenaubrücke über die Aare in Bern
max ℓ = 144 m (Entwurf Prof. Menn)

Bei städtischen Brücken mit Fußgängerverkehr werden neuerdings die Gehwege gerne weg von dem rauschenden, stinkenden, spritzenden Verkehr unter die auskragende Fahrbahnplatte gelegt (z.B. Stephanbrücke Bremen). Dort können sie attraktiv ausgebildet und sogar "möbliert" werden. Voraussetzung ist natürlich eine mindestens 3 m hohe Kastenträgerbrücke (Bild 8.38).

8.5 Hohlkastenträger aus Ortbeton

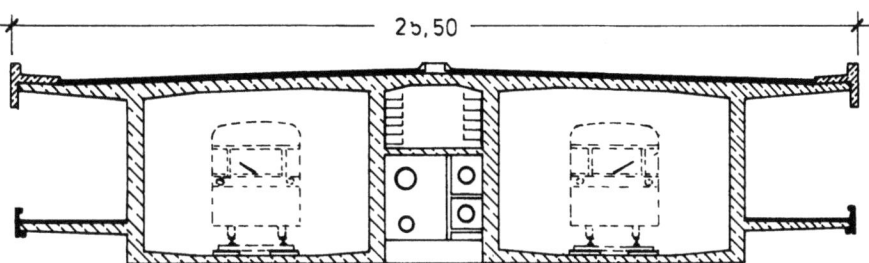

Bild 8.38 Querschnitt neue Reichsbrücke Wien nach Wettbewerb 1977, Schnellbahn in Hohlkasten, Leitungen in offenem Schlitz (wegen Gas). Gehwege geschützt unter auskragender Fahrbahn

Grenzwerte der Kastenträger für Brücken

Schlankheiten 30 bis 40 je nach Verkehrslast zu Eigengewicht.

Stegdicken ohne Spannglieder 250 mm oder d/15

Stegdicken mit Haupt-Spanngliedern 200 + Σ Hüllrohre mm

Dicke der unteren Kastenplatte ohne Vouten-Anschluß mindestens 120 mm, besser 150 mm oder $\ell/30$, mit Vouten-Anschluß gelten die gleichen Werte zwischen den Voutenenden mit Vouten nach untenstehenden Bedingungen.

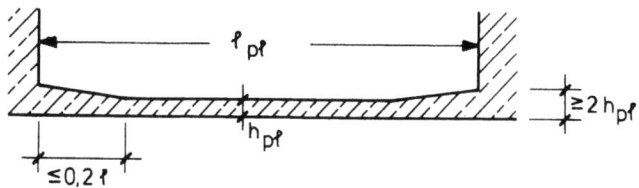

Bei $\ell/h > 30$ aber < 40 muß die untere Platte in Druckbereichen mit vorgefertigten Querrippen im Abstand a = ℓ_{pl} ausgesteift werden.

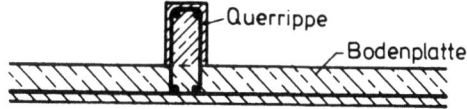

Querträger oder Querschotte oder Querrahmen in Kastenträgern werden in der Regel nur an Auflagern angeordnet. Sie können auch dort entfallen, wenn die für negative M verdickte Bodenplatte zusammen mit örtlich verdickten Stegen oder ohnehin genügend dicken Stegen so viel Rahmensteifigkeit des Querschnittes (Querschnitt als geschlossener Rahmen) ergeben, daß die Verzerrung der Querschnittsform sehr klein bleibt und die Torsionsmomente über Rahmenwirkung an die Lager abgegeben werden können. Diese Lösung ist nötig, wenn im Hohlkasten z.B. eine U-Bahn fahren soll (Nusletalbrücke Prag oder Neue Reichsbrücke Wien). Querträger werden oft nachträglich einbetoniert, damit die innere Kastenschalung ohne Hindernis längs transportiert werden kann.

8.6 Kastenträger aus Fertigteilen

Vorgefertigte Kastenträger auf die Länge der Spannweite können je nach verfügbaren Hebezeugen bis etwa l = 20 m verwendet werden. Die Bundesbahn hat Typenbrücken für Eisenbahnlasten aus 1,5 m breiten Kasten entwickelt, die in Nachtpausen eingesetzt werden können.

Für größere Spannweiten werden Querschnitte wie in Bild 8.30 bis 8.37 in Querrichtung in Segmente unterteilt und zusammengespannt, besonders geartete Querschnitte der Kastenträger für Vorfertigung gibt es bisher nicht.

8.7 Querschnitte für aufgehängte Fahrbahntafeln

Bei Bogenbrücken über der Fahrbahn und bei Schrägkabelbrücken braucht man in der Regel keine große Eigen-Biegesteifigkeit der angehängten Fahrbahntafel in Längsrichtung, so daß die Querschnitte sehr einfach gehalten werden können, sofern die Aufhängung an den Rändern außen angreift. Bei Schrägkabelbrücken sind die Längsdruckkräfte aus den Kabeln zu beachten, die eventuell eine Verstärkung der Platte nötig machen.

In solchen Brücken wird die Fahrbahnplatte zweckmäßig längs über Querträger in engem Abstand (2 bis 4 m) gespannt. Die Querträger werden mit einem lastverteilenden Längsträger etwa in $l/2$ und mit Randlängsträgern zusammengefaßt, damit Schwerstlasten gut verteilt werden. Einen typischen Querschnitt einer modernen Schrägkabelbrücke zeigt Bild 8.39.

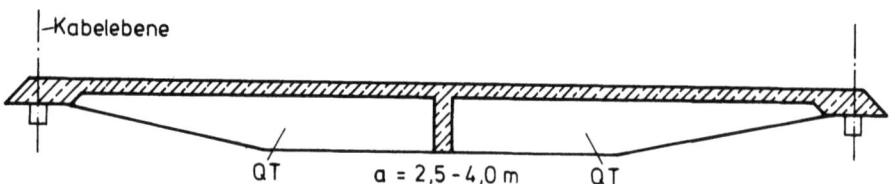

Bild 8.39 Querschnitt für eine an den Rändern aufgehängte Fahrbahn einer Schrägkabelbrücke mit vielen Kabeln nach letztem Entwicklungsstand (Leonhardt) Spannweiten bis ~ 500 m

8.8 Querschnitte für Eisenbahnbrücken

Querschnitte für Eisenbahnbrücken wird in nächster Auflage nach Vorlage neuer Typenpläne der Bundesbahn ergänzt.

9. Randausbildung der Brücken

9.1 Gesims, Leitplanken, Schrammbord

Die Ausbildung der Geländer, Leitplanken, Schrammborde und der Gesimse, kurz die Randausbildung, hat in den vergangenen 20 Jahren manche Wandlung durchgemacht, vor allem was die Ansichten über die Schutz-Leiteinrichtungen und Schrammbordhöhen anbelangt.

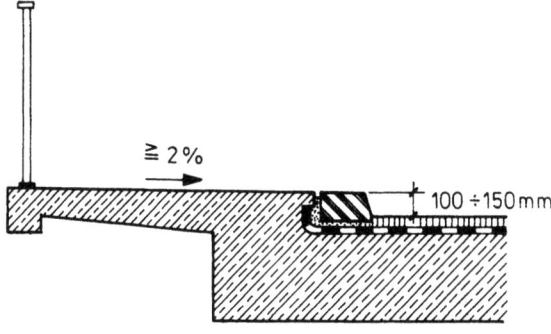

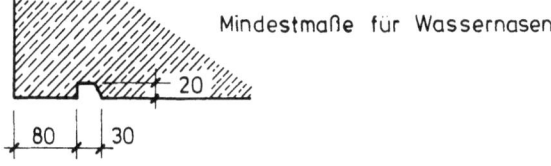

Bild 9.1 Alte, jedoch einfache und billige Lösung. Mindestmaße für Wassernasen

Die billige alte Lösung mit Gehweg ohne Belag, direkt mit dem Tragwerk verbunden und am Ort betoniert, das hochgezogene Dichtungsende mit einem Granitschrammbord abgedeckt, kann man nur noch an Brücken mit geringem und langsamen Verkehr verantworten. Die Betonfläche des Gehweges muß gegen Tausalz durch Epoxid-Anstrich geschützt werden. Es ist schwierig, beim direkten Anbetonieren des Gesimses stetig verlaufende Gesimslinien zu erhalten, weil sich Schalung und Rüstung unterschiedlich verformen. Deshalb wurde es zur Regel, das Gesims erst nach dem Ausrüsten der Brücke zu betonieren und es mit einer Kappe zu verbinden, die bis zum Schrammbord reicht. Damit konnte die Fahrbahnplatte und die Dichtung bis zum Rand eben durchgeführt werden, was für die Quervorspannung wichtig ist (Bild 9.2).

Die Kappe wird ohne Querfugen ausgeführt, dafür längs oben mit mindestens ⌀ 10, e = 100 mm, Betondeckung 35 mm und unten mit mindestens ⌀ 10, e = 200 mm zur Beschränkung der Rißbreite auf 0,1 mm bewehrt. Rißursache ist im wesentlichen Zwang aus Temperaturdifferenzen und

Schwinden. Für die Verankerung der Kappe genügen Schlaufenanker am Gesims ⌀ 10, e = 200 mm.

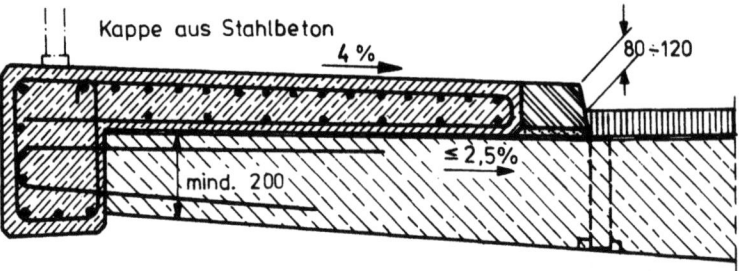

Bild 9.2 a Heutige Lösung mit Gehwegkappe und Gesims nach Fertigstellung des Tragwerkes aufbetoniert

Bei Brücken für Nebenstraßen oder Feldwege o h n e Gehweg dient der Schrammbord nur dem Schutz der Geländer gegen Anfahren, er sollte deshalb höher, aber nur 0,5 m breit sein (Bild 9.2 b). Die normale Kappe führt dabei zu hohen Gesimsen (rund 500 mm), die bei kleinen Spannweiten unschön aussehen können. Man kann dann die Kappe nach Bild 9.2 c aufsetzen und mit Tellerankern befestigen.

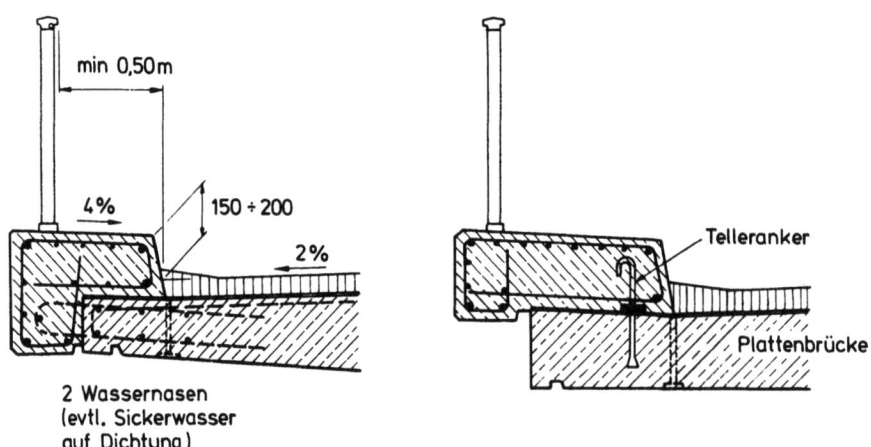

Bild 9.2 b Schmaler, hoher Schrammbord für Nebenstraßen ohne Gehweg und ohne Leiteinrichtung

Bild 9.2 c Lösung zur Verminderund der Gesimshöhe

Ab 1958 war eine Zeitlang eine Betonleitschwelle gemäß Bild 9.3 und eine Stufe in der Fahrbahnplatte und Dichtung vorgeschrieben. Beides hat sich nicht bewährt. Die unnachgiebige Betonschwelle verschlimmert die Unfallfolgen abirrender Fahrzeuge.

Heute wird die Distanz-Stahlleitplanke auf Brücken durchgeführt, deren Pfosten Sollbruchstellen unten aufweisen, so daß die Brückenkappe bei Unfällen in der Regel nicht beschädigt wird. Die Kappenbetonplatte wird in der Nähe der Leitplankenpfosten mit Tellerankern gegen Abheben gesichert.

9.1 Gesims, Leitplanke, Schrammbord

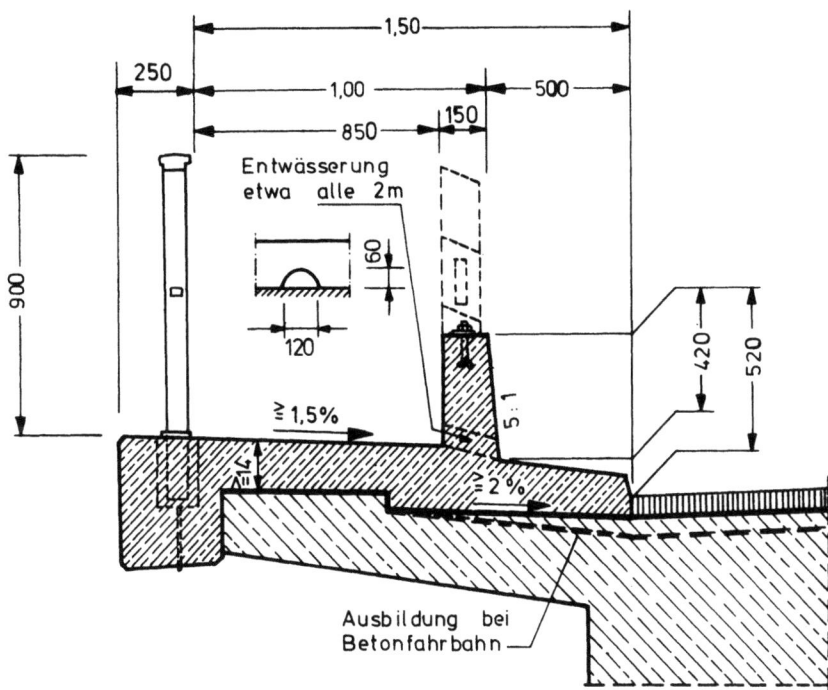

Bild 9.3 Zeitweilig vorgeschriebene Betonleitschwelle - heute verboten wegen Erhöhung der Unfallfolgen

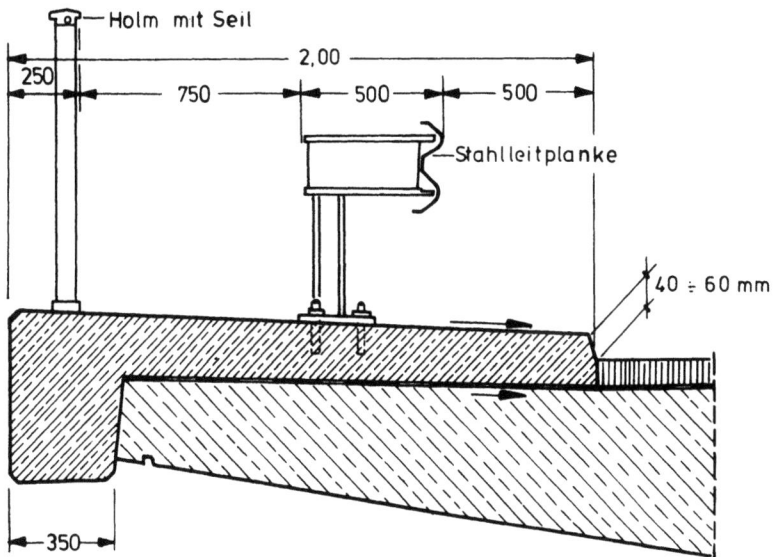

Bild 9.4 Zur Zeit gültige Regelausführung für Stahlleitplanken, Schrammbord und Geländer auf Stahlbetonkappen

Die Ankerbolzen können nach Herstellung der Dichtung in gebohrte Löcher eingeklebt werden, wenn sichergestellt ist, daß mit dem Bohrloch keine Hauptbewehrung und besonders keine Spannglieder beschädigt werden (Bild 9.5 a). Besteht diese Gefahr, dann werden die Anker mit oberer Stahlplatte, bindig mit OK Beton, direkt einbetoniert. In der Stahlplatte ist ein mit einer Kunststoffkappe geschütztes Gewindeloch, in das der Ankerbolzen mit Tellerplatte eingeschraubt wird. Die Tellerplatte wird mit einer Mutter dichtend auf die Dichtung aufgepreßt (Bild 9.5 b).

9. Randausbildung der Brücken

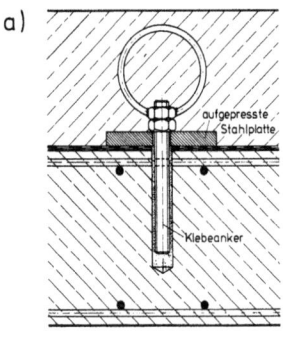 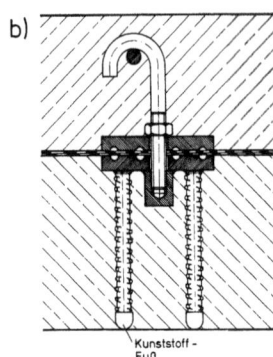

Bild 9.5 Verankerung der Kappe mit Tellerankern und des Pfostens der Leitplanke
a) gebohrte Klebeanker   b) einbetonierte Ankerplatte

Die Schrammborde sollten so niedrig wie möglich bemessen und etwa mit 45° abgeschrägt werden, damit sie abirrenden Fahrzeugen keinen harten Seitenschlag geben. Leiteinrichtungen sollen nachgiebig sein, damit die schadenverursachenden Kräfte klein werden. Bekanntlich wird die kinetische Energie bewegter Massen durch Kraft · Weg vernichtet. Kein Verformungsweg (z.B. Betonleitschwelle) bedeutet unendlich große Zerstörungskraft. Die Stahlleitplanke wirkt nicht optimal, sie vermindert bei Unfällen schwere Verletzungen und Schäden nicht ausreichend, sie konnte wiederholt nicht verhindern, daß Fahrzeuge mit hohem Schwerpunkt von Brücken abstürzten. Daher sollten bessere und sicherere Randausbildungen besonders bei Talbrücken gebaut werden. Das Bild 9.6 soll dazu Anregung sein. Der gezeichnete Seilschutz wurde vom Verfasser mehrfach vorgeschlagen, er wurde in Japan mit gutem Erfolg verwirklicht [25].

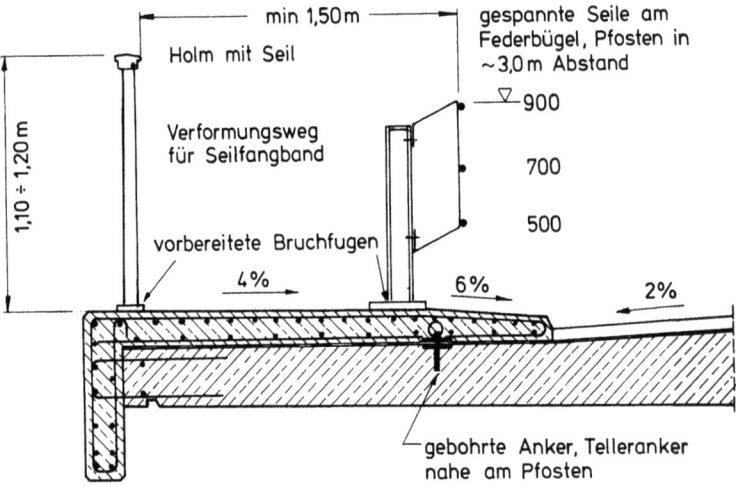

Bild 9.6 Leiteinrichtung mit federnd gehaltenem Seilband (3 - 4 Seile) und großem Verformungsweg (Energievernichtung) bis zum Seil im Geländerholm, das genügend hoch liegt, um Absturz des Fahrzeuges zu verhindern. Bruchfuge unten am Geländerpfosten, damit Pfosten sich nicht biegt und Holmseil nach unten bewegt. (Vorschlag Leonhardt seit 1968)

Auf städtischen Brücken mit Gehwegen sollte entlang dem Seilschutz noch ein Spritzschutz etwa 0,7 m hoch angebracht werden.

9.2 Geländer

Geländer an Gehwegen 0,9 bis 1,0 m hoch, an Autostraßen 1,0 bis 1,2 m (Talbrücken!) hoch, geben nicht nur Schutz, sondern beeinflußen das Brückenbild wesentlich, müssen daher gut geformt sein.

An Fußgängerbrücken tragen feingliedrige Stabgeländer zum leichten Aussehen der Brücke bei. Bei Autobahnbrücken erlauben Stabgeländer dem Autofahrer die Sicht auf den Fluß oder das Tal. Gleiche lotrechte Stäbe in gleichem Abstand ergeben für den Fahrenden freie Sicht unter dem Holm.

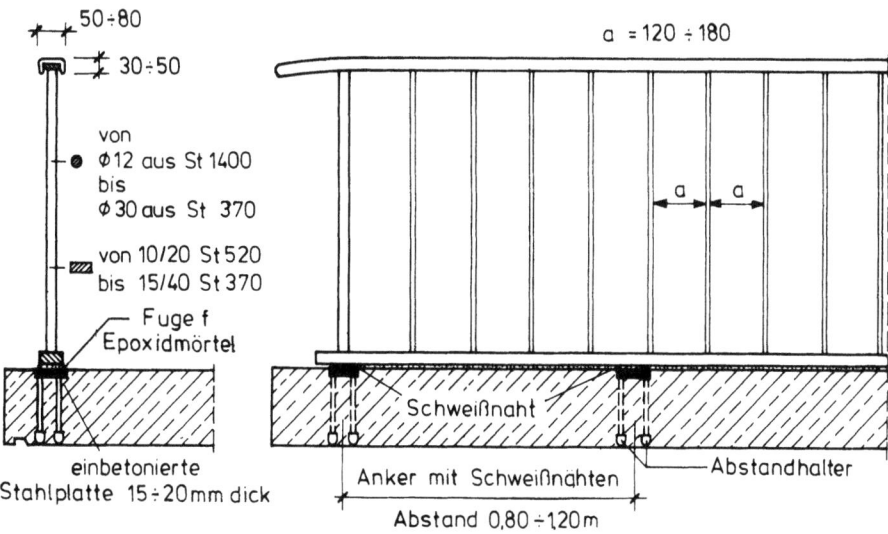
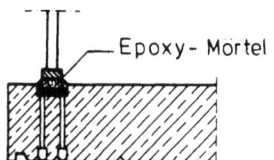

Bild 9.7 Geländer an Gehwegen mit durchgehend gleichen lotrechten Stäben. Befestigung an einbetonierten Stahlplatten

Das Geländer wird am besten an direkt einbetonierten Stahlplatten angeschweißt (Bild 9.7). Beim Ausrichten des Geländers ergibt sich eine unterschiedlich dicke Fuge (f), die mit Futter an der Schweißstelle ausgeglichen wird. Zum besseren Korrosionsschutz kann die Stahlankerplatte auch versenkt und nach dem Schweißen mit Epoxymörtel abgedeckt werden.

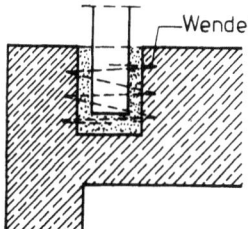

Das "Eingießen" von Geländerpfosten in Aussparungen ist problematisch, am Loch entstehen gern Risse, Wasser dringt in die Vergußfuge, Korrosion beginnt. Man kann solchen Schäden mit einer Kappe aus Epoxy-Mörtel vorbeugen.

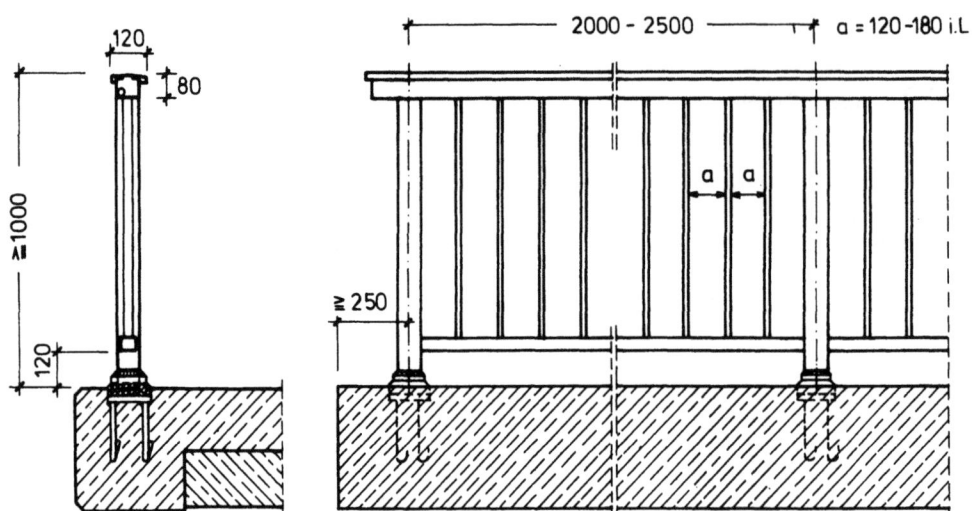

Bild 9.8 Pfostengeländer mit vertikalen Füllstäben für Straßenbrücken, Seil im Geländerholm

Bild 9.8 zeigt ein Pfostengeländer mit Füllstäben, wie es oft an Gehwegen von Straßenbrücken ausgeführt wird. Im Holm ist ein Seil eingebaut, um abirrende Fahrzeuge aufzufangen, was allerdings nur gelingt, wenn die Pfosten unten eine vorbereitete Bruchfuge haben. Einbetonierte Pfosten biegen sich nach außen, das Seil geht dabei nach unten [25].

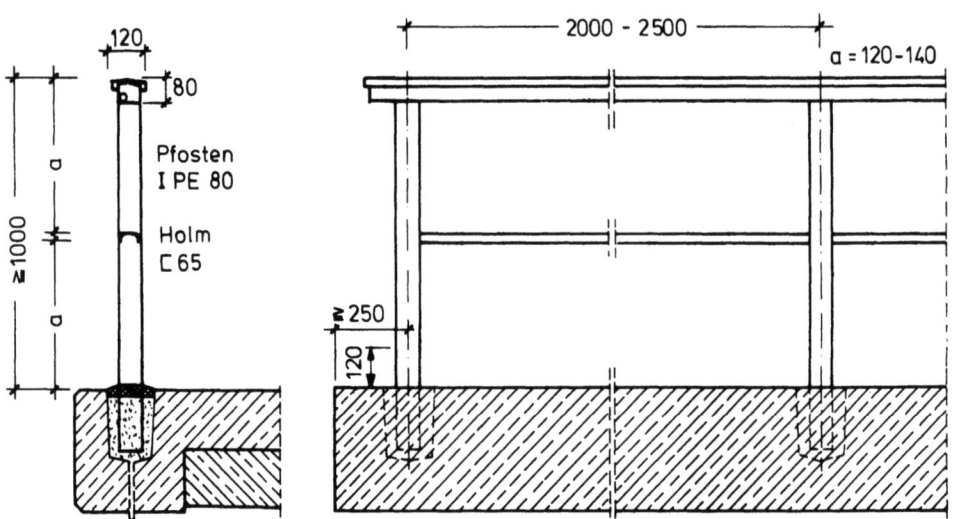

Bild 9.9 Autobahngeländer aus Aluminium mit Knieholm

Bild 9.9 zeigt ein Autobahngeländer aus Aluminium mit Knieholm, das keinen Korrosionsschutz erfordert und als wartungsfrei gilt. Der Pfostenabstand kann 1,7 bis 2,5 m groß gewählt werden. Der Knieholm genügt, wenn kein öffentlicher Gehweg zu schützen ist.

9.3 Windschutz

Auf hoch über Gelände liegenden Brücken kann Querwind die Fahrzeuge gefährden, besonders wenn man von einem Einschnitt oder Tunnel auf eine Talbrücke oder aus einer Häuserschlucht auf einer Hochstraße in freies Gelände fährt. Bei Hochbrücken im Flachland können Pylone von Hänge- oder Schrägkabelbrücken zur Gefahr werden.

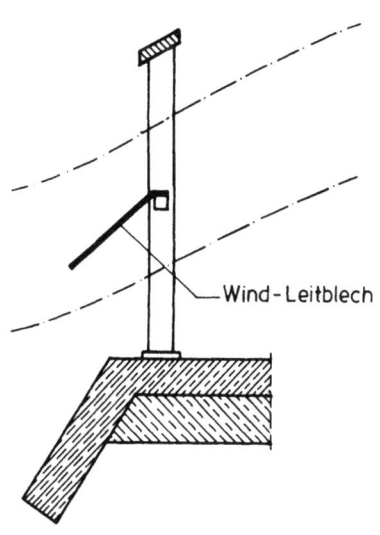

Schutzmaßnahmen sind noch nicht ausgereift und müssen von Fall zu Fall erarbeitet werden. In der Regel genügt es, am Geländer etwa die halbe Geländerfläche zu schließen. Die beste Form hängt auch von der Querschnittsform der Brücke, der Trägerhöhe usw. ab. Auch geneigte Gesimsflächen können schon helfen, den Windstrom wegzulenken.

An Pylonen hat sich eine Reihe vertikaler Windbremsstäbe, rund 2 m hoch, bewährt, deren Abstände zum Pylon hin stetig kleiner werden.

Bild 9.10 Windschutz durch Neigung einer hohen Gesimsfläche (1 bis 1,2 m) und einem geneigten Leitblech am Knieholm

9.4 Lärmschutz

Seit Jahren verlangt die Bevölkerung mit Recht besseren Schutz gegen Verkehrslärm, der nach Vornorm DIN 18005 vom Mai 1971 begrenzt ist. Mehr und mehr wird Lärmschutz in Siedlungsgebieten gesetzlich vorgeschrieben. Dies betrifft dann auch Brücken.

Auf Brücken kann der Lärm der Fahrzeuge (Motor- und Rollgeräusche) nur durch schallabsorbierende, schallschluckende Wände entlang den Straßenrändern erreicht werden, die wenigstens 3,5 m hoch sein müssen. Die städtische Brückenstraße wird zum Kanal, die Brücke von außen zu einem etwa 5 m hohen Wand-Band. Beides ist in ästhetischer Hinsicht kaum erträglich und damit unmenschlich. In Siedlungsgebieten gehört der Verkehr an Kreuzungen deshalb nicht auf Brücken, sondern in tiefe Einschnitte oder Tunnel.

In Düsseldorf wird eine Lärmschutz-Brücke gebaut, die F. Tamms als Berater durch Gliederung und farbliche Behandlung der Wand (Keramik-Platten) erträglich zu machen versucht (siehe F. Tamms: Verkehrsarchitektur [64]) Bild 9.11. Die Seitenwände werden hier als Tragwerk benützt (breite Trogbrücke), so daß große Spannweiten (40 bis 60 m) möglich werden, was das plumpe Aussehen solcher Bauwerke mildert.

9. Randausbildung der Brücken

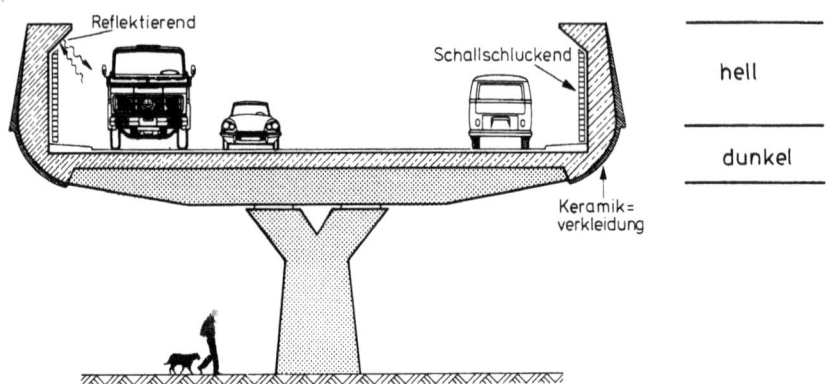

Bild 9.11 Lärmschutz an städtischer Hochstraße (Düsseldorf-Benrath)
3,5 m hohe schallschluckende Seitenwände. Trog tragend ausgenützt.

9.5 Mittelstreifen

Auch Mittelstreifen erhalten in der Regel eine Kappe mit darauf befestigter Leitplanke. Die Kappe wird mit Tellerankern befestigt und wie in Bild 9.4 und 9.6 bewehrt. Regelformen:

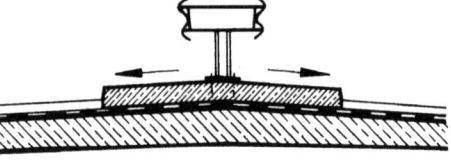

Bild 9.12 Mittelstreifenkappe für Brücke ohne Längsfuge

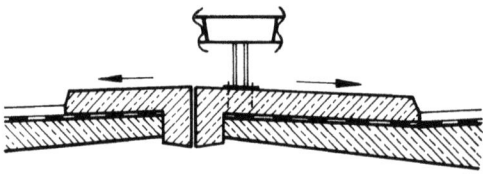

Bild 9.13 Mittelstreifenkappe für Brücke mit Längsfuge

In Kurven ergeben sich je nach Trassierung unterschiedliche Höhen der Fahrbahnränder, die am besten mit Längsfuge ausgeglichen werden. Beispiel:

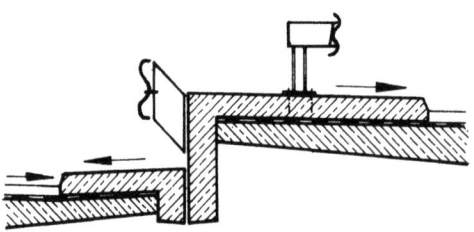

Bild 9.14 Staffelung am Mittelstreifen zur Befestigung der Distanzleitplanke benützt

10. Stützung der Brücken

10.1 Funktionelle Anforderungen

Die Stützung der Brücken hat folgende Funktionen zu erfüllen:

1. die **Lasten** aus Eigengewicht, Verkehr, Sonderlasten usw. auf die Gründungskörper zu übertragen;

2. bei statisch unbestimmter Lagerung des Tragwerkes **Zwangs-Auflagerkräfte** aus Vorspannung, Temperaturdifferenzen oder dergl. auf die Gründungen zu übertragen;

3. **horizontale** Komponenten der **Auflagerkräfte**, verursacht durch Wind, Bremsen der Fahrzeuge, Lagerreibung, Zwang, Erdbeben usw., auf die Gründungskörper zu übertragen;

4. **Längenänderungen** der Überbauten (Brückentragwerk) und Pfeiler infolge von Temperatur, Vorspannung, Schwinden und Kriechen des Betons usw. zwanglos oder mit nachweisbaren und aufnehmbaren Zwangskräften zu ermöglichen.

5. **Verformungen** der Über- und Unterbau-Tragwerke wie Durchbiegung der HT mit entsprechenden Auflager-Drehwinkeln, Verdrehung bei Torsion, Setzung oder Verdrehung der Gründungskörper (Stützensenkungen) ohne Zwang oder mit nachweis- und aufnehmbaren Zwangskräften zu ermöglichen;

6. die Stützung muß **sicher und dauerhaft** sein und sie soll einfach und wirtschaftlich herstellbar sein;

7. die Stützung ist meist ein wesentliches Element der schönheitlichen Wirkung der Brücke und muß daher **ansprechend** proportioniert und **gestaltet** sein.

10.2 Stützungs- und Lagerungsarten

Zur Erfüllung der vielartigen Funktionen stehen vielerlei Stützungs- und Lagerungsarten zur Verfügung. (Die Lager selbst werden in Kapitel 16 behandelt).

1. <u>Feste, homogene Verbindung</u> des Überbaues mit Widerlagerwänden, Pfeilerwänden, Stützen oder direkt mit Fundamentkörpern (Bogenbrücke!) (Bild 10.1)

Zeichen

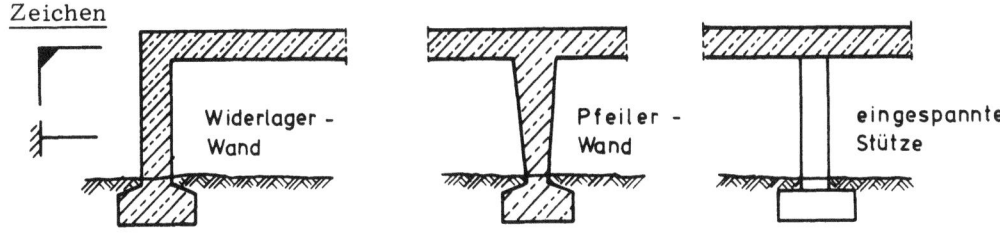

2. **Gelenkige Linien-Lagerung** auf im Fundament eingespannter Wand, Pfeiler oder dergl.

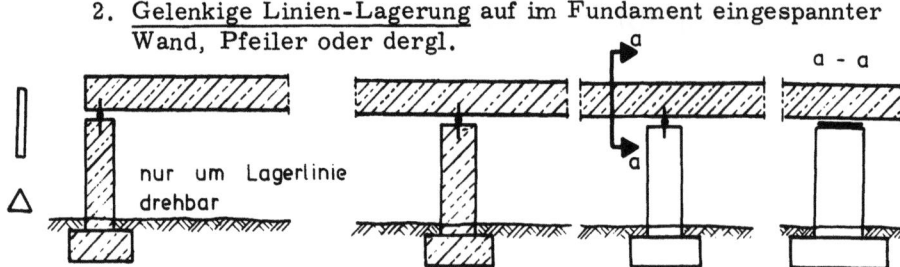

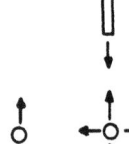

3. **Allseitig drehbare Gelenklagerung**, theoretisch Kugelkappen- oder Punktlagerung, auch Punktkipplager genannt, hat nur Sinn, wenn die Durchbiegungen des Überbaues längs und quer groß sind und Drehfreiheit nötig machen.

4. **Linienlagerung mit freier oder begrenzter Beweglichkeit quer zur Linie**, z.B. Rollenlager oder Linien-Gleitlager.

5. **Linienlager mit freier oder begrenzter Beweglichkeit in Linienrichtung**.

6. **Punktlager** mit Beweglichkeit in einer Richtung oder allseitig beweglich.

7. **Federgelenk**, mit Drehwiderstand gelenkig. Drehrichtung einseitig oder allseitig, Drehwiderstand (Federzahl) konstant oder variabel.

8. **Federlager**, gepufferte Lager, Beweglichkeit durch Federelemente elastisch gebremst und begrenzt, wie Stoßdämpfer wirkend, für Erdbeben-Lagerung geeignet.

10.3 Widerlager

Das Widerlager schließt den Erddamm gegen die Brückenöffnung ab und trägt das Ende des Brückenüberbaues. Seine konstruktive Form hängt von der Höhe des Erddammes, der Bauhöhe, der Auflagerlast und der Größe der auszugleichenden Längenänderungen des Überbaues ab.

10.3.1 Das Widerlager für kleine Brücken

Das Widerlager für kleine Brücken besteht aus einer Stahlbetonwand, die im oberen Teil die Auflagerbank bildet, auf der z.B. die Platte direkt aufliegt (Bild 10.3).

Bis zu Spannweiten von l = 15 m, bei schmalen Fundamenten und nicht zu steifem Baugrund bis zu l = 25 m, können feste Linienlager als Betongelenk auf beiden Widerlagerwänden gemacht werden. Längenänderungen des Überbaues werden durch Drehung der Widerlagerwände und Verformung der Erdschüttung ausgeglichen. Die Auflagerwand wird oben quer gegen Spaltzug aus Linienlast und längs als Scheibe bewehrt (siehe [O], Teil 2, S. 56); unterhalb h_o = 0,7 b ist keine Bewehrung nötig, wenn die Stützlinie aus Erddruck, Auflagerlast A_g und H_o im Kern der Wider-

10.3 Widerlager

lagerwand bleibt (Bild 10.4). In der Regel wird jedoch Bewehrung zur Rissebeschränkung eingelegt, die im wesentlichen horizontal zu legen ist, z.B. ∅ 10, e = 100 mm, vertikal ∅ 12, e = 300 mm. Die Wand kann dann auf große Längen fugenlos gebaut werden. Wände mit mehr als 12 m Länge spannt man am besten längs mit σ_b = 0,3 MPa Druck leicht vor, um Trennrisse zu vermeiden. Rechts und links des Betongelenkstreifens liegen weiche Platten, die oben eine dichte Haut haben, damit keine Zementmilch eindringt. Sie müssen Auflagerdrehwinkel, beim Vorspannen ⤴), bei Belastung ⤵) ermöglichen. Die Fläche hinter dem Gelenk soll zur Dammseite und damit zur Sickerschicht geneigt sein, damit kein Wasser eindringt.

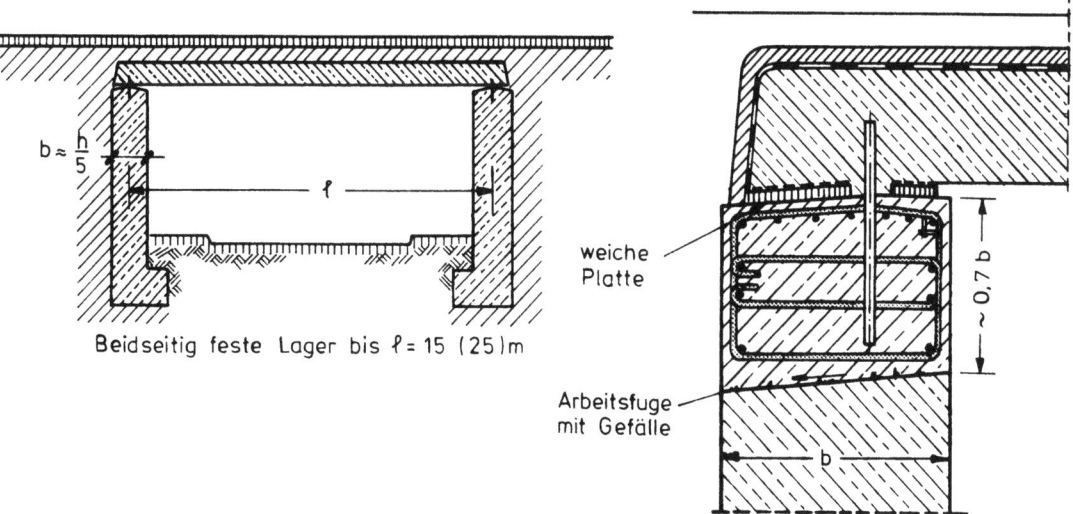

Bild 10.3 Widerlager für kleine Brücken, rechts Auflagerbank und Betongelenk-Linienlager bei beidseitig festem Lager

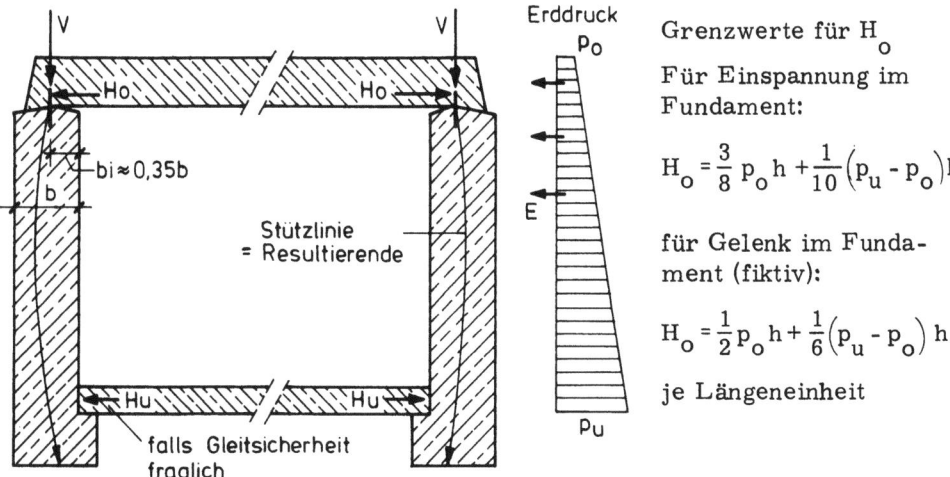

Grenzwerte für H_o

Für Einspannung im Fundament:

$$H_o = \frac{3}{8} p_o h + \frac{1}{10}(p_u - p_o) h$$

für Gelenk im Fundament (fiktiv):

$$H_o = \frac{1}{2} p_o h + \frac{1}{6}(p_u - p_o) h$$

je Längeneinheit

Bild 10.4 Verlauf der Resultierenden aus V und E in der Widerlagerwand bei beidseitig festem Lager

Beidseitig festes Lager ergibt Reaktion H_o aus Erddruck, deren Größe vom Einspanngrad der Widerlagerwand im Baugrund abhängt (Bild 10.4). Man strebt schmale Fundamente mit kleinem Einspanngrad an. Durch $+\Delta T$, Erwärmung im Sommer und entsprechendem $+\Delta \ell$ der Platte kann der Erddruck oben anwachsen und H_o vergrößern. Daher sollte man den oberen Grenzwert von H_o für die Bemessung ansetzen.

Bei Durchlässen mit hoher Überschüttung muß die Widerlagerwand auch in ihrer Längsbeanspruchung durch ungleiche Erdauflast untersucht werden (Bild 10.5). Erdlast und Bodenpressung ergeben Biegemomente in Widerlagerwand, die am besten mit mäßiger Vorspannung aufgenommen werden. Man kann jedoch große M auch durch Anordnung von Querfugen vermeiden.

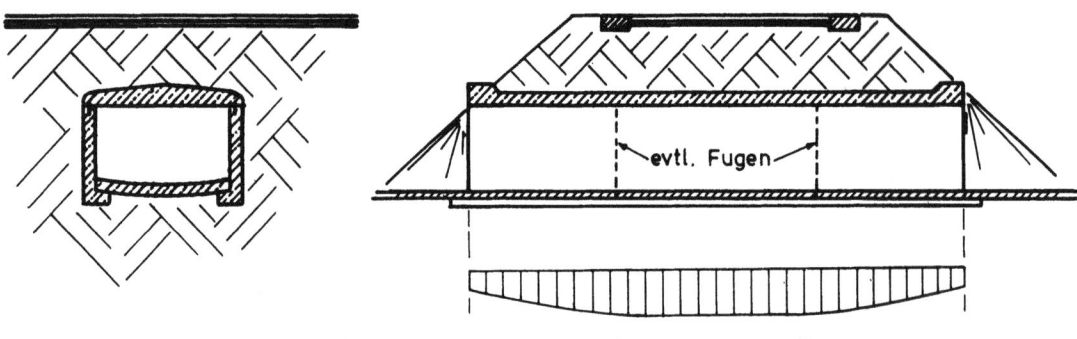

Bild 10.5 Bei Durchlässen unter Dämmen Längsbiegung beachten

Bei Spannweiten > 15 (25) m kann die Brückentafel nur auf einer Seite fest gelagert werden, auf der anderen Seite ist ein drehbares, horizontal bewegliches Lager nötig, für das heute in der Regel ein Elastomere Lager, am besten ein Gummi-Schicht-Lager, verwendet wird (Bild 10.6).

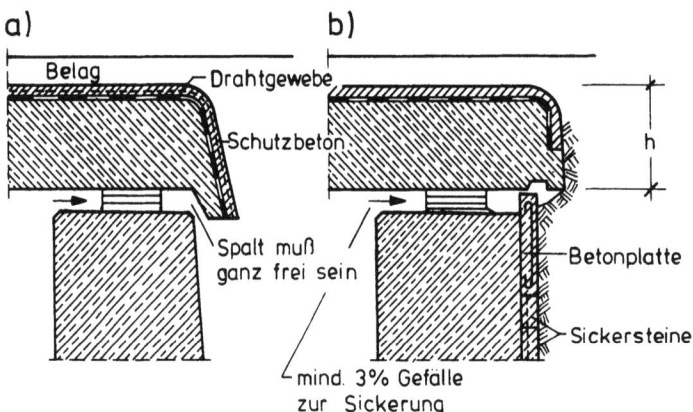

Bild 10.6 Abschluß einer dünnen Platte am beweglichen Lager. Lösung b) besser als a). Platte schiebt gegen Erdfüllung, Ausgleich durch bitum. Splitt-Keil. Nur für kleine Brücken in Landstraßen

Die Brückenplatte ändert ihre Länge, die Stirnfläche bewegt sich also gegen die Hinterfüllung, wo ein verformbarer Keil aus bituminiertem Splitt den Ausgleich geben kann. Der Fahrbahnbelag wird dort nicht eben bleiben. Deshalb muß bei h > 0,5 m und generell bei Schnellstraßen eine Kammerwand vorgesehen werden, die die Hinterfüllung vom beweglichen Überbau trennt und die Anordnung einer Bitumenfuge (bei $\Delta \ell \leq 20$ mm) oder eines stählernen Fahrbahnüberganges erlaubt (Bild 10.7 a). Die Oberfläche der Auflagerbank erhält Gefälle zur Kammerwand, in die Drainrohre einbetoniert sind, damit auf keinen Fall (auch nicht während der Bauzeit) Wasser vorne an der Sichtfläche abfließt. Bei Spannbetonbrücken kann man die Kammerwand als vorgefertigte Platten anschrauben, um die Spannglieder spannen zu können (Bild 10.7 b).

10.3 Widerlager

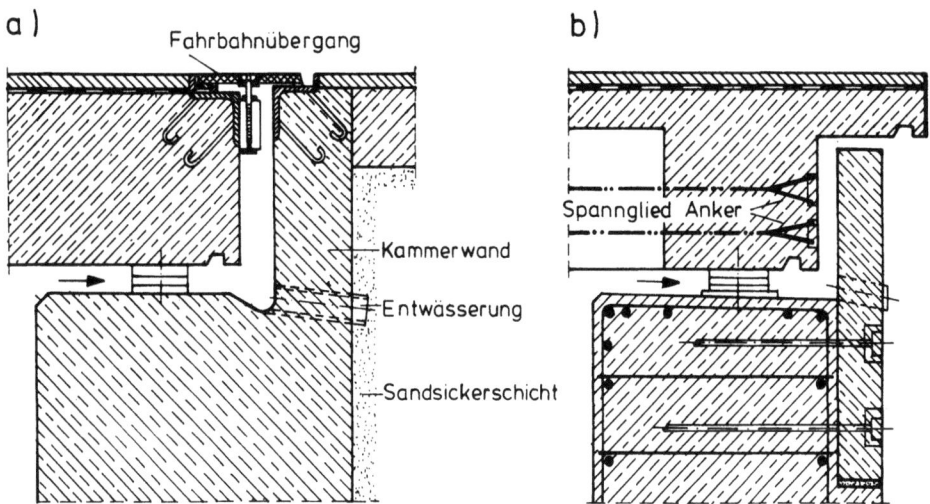

Bild 10.7 Abschluß einer Plattenbrücke am beweglichen Lager mit Kammerwand. a) Kammerwand mit Fahrbahnübergang
b) Kammerwand endet unter überkragender Betonplatte, für kleine Bewegungen geeignet, Ausgleich mit Bitumenfuge. Abschluß für Spannbetonbrücken, nach dem Spannen angeschraubte oder anbetonierte Kammerwand

10.3.2 Die Flügel der Widerlager kleiner Brücken

Die drei Möglichkeiten der Flügelausbildung sind in Bild 10.8 dargestellt und kurz beschrieben. In der Regel werden Parallelflügel wegen ihres

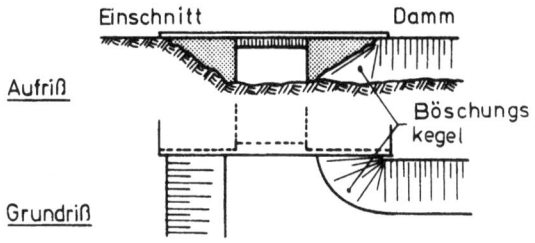

1) <u>Parallelflügel,</u> die den Erdkörper parallel zur Brückenachse abschließen und um die sich ein Böschungskegel legt. Geeignet für Dämme und Einschnitte.

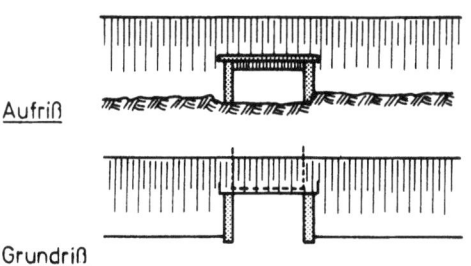

2) <u>Böschungsflügel,</u> die den Dammkörper in Verlängerung der Auflagerwände (mit oder ohne Versetzung gegen diese) begrenzen und deren obere Kante der Dammböschung folgend geneigt ist.

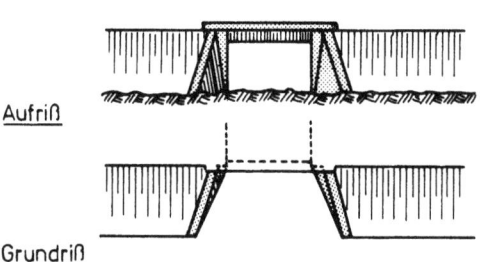

3) <u>Gespreizte Böschungsflügel,</u> die den Damm im Grundriß in schräger gespreizter Richtung abschließen und meist mit geneigter Vorderfläche und gegen die Auflagerwand abgesetzt ausgeführt werden. (Im Aussehen problematisch)

Bild 10.8 Die drei üblichen Arten des Abschlusses von Plattenbrücken am Erdkörper (Damm oder Einschnitt)

besseren Aussehens bevorzugt, obwohl sie teurer sind als Böschungsflügel. Letztere eignen sich bei Durchlässen, wie im Bild gezeigt wird. Die Böschungsneigung soll nicht steiler als 1 : 1,8 besser 1 : 2 sein, damit die Bepflanzung keine Schwierigkeiten macht.

Auf den Parallelflügeln wird in der Regel oben als Abschluß das Gesims des Brückenüberbaues in gleicher Höhe weitergeführt und zwar um 1 bis 2 m über den theoretischen oberen Endpunkt des Böschungskegels hinaus, weil die Böschung dort absackt.

Auf kurzen Brücken wirkt ein normal hohes Geländer, von der oberen Straße aus gesehen, hinter der durchlaufenden Leitplanke komisch. Deshalb sollte dort ein nur 0,6 bis 0,7 m hohes Geländer, das nur aus Holm und Pfosten besteht, gewählt werden. Eine niedrige massive Brüstung ist vorzuziehen (Bild 10.9).

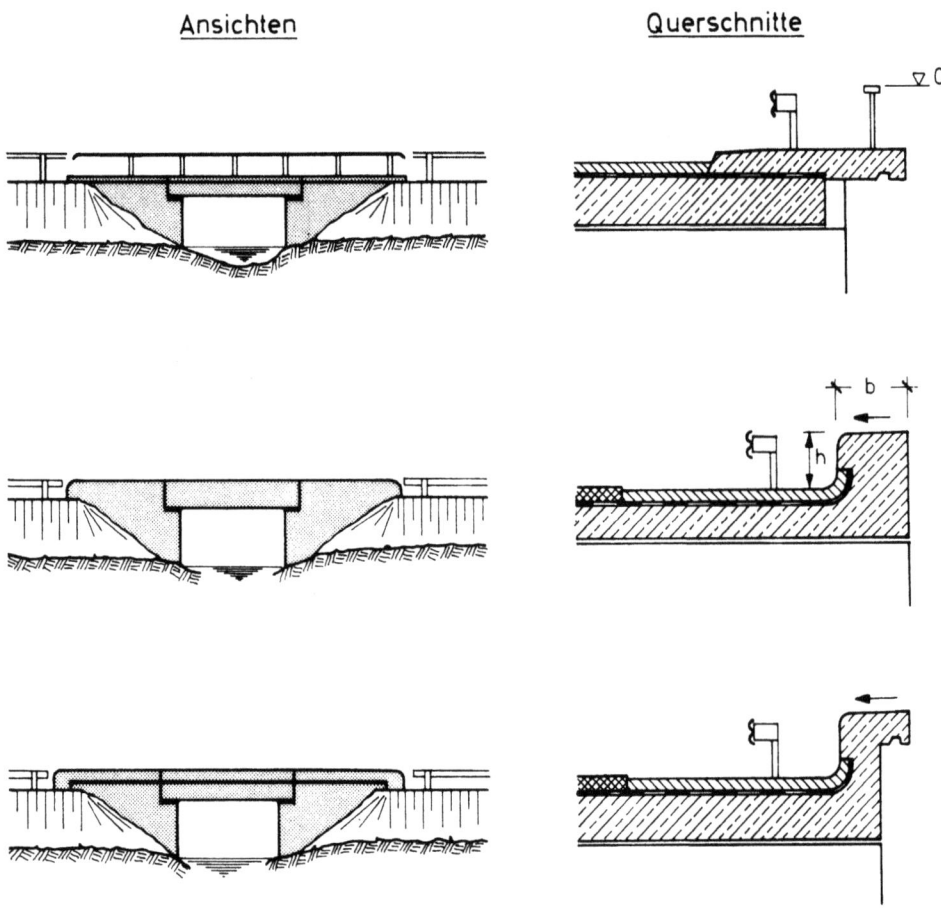

Bild 10.9 Bei kurzen Brücken müssen Geländer oder Brüstung hinter der Leitplanke unauffällig und niedrig sein

Die Flügel werden am besten mit der Widerlagerwand fest verbunden und im äußeren Teil ausgekragt, um an Gründung zu sparen. Der Erddruck wirkt dann auf einen offenen Rahmen (Bild 10.10). Die Hinterfüllung der Widerlager wird schon beim Einbau und später durch die Verkehrslasten stark verdichtet. Sie verspannt sich zwischen den Flügeln abhängig vom Abstand beider Flügel. Man muß daher als Erddruck E_y den 1,5- bis 3-fachen Wert des normalen Erddruckes ansetzen.

Die Rahmenbewehrung ist bevorzugt in der Höhe der Auflagerbank und darunter bis etwa h = b über dem Fundament zu verlegen. Unterhalb diesem h = b vermindert die Einspannung in das Fundament sowohl die Wirkung von E_y als auch die Rahmenbiegung.

10.3 Widerlager

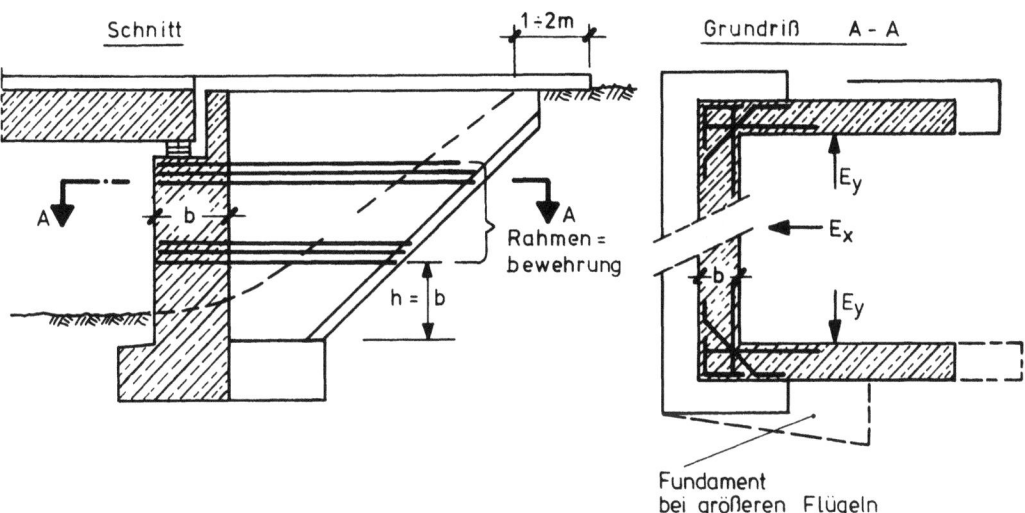

Bild 10.10 Kleine Parallelflügel aus Widerlagerwand auskragend, im Grundriß ein offener Rahmen

Bei größeren Flügeln (h > 5 m) ist es zweckmäßig, das Flügelfundament länger zu machen und nach außen zu verbreitern, damit die Bodenverformung keine Drehung des Flügels nach außen einleitet (Bild 10.10, gestrichelte Linien).

Im Querschnitt ist der Flügel so zu entwerfen, daß oben die ganze Breite des Kappenbetons - auch bei Gehwegen - fest unterstützt ist. Die Dicke des Flügels kann nach unten verkleinert werden, wobei die erdseitige Fläche mit 60° Neigung eingezogen wird, damit die Erdschüttung einwandfrei verdichtet werden kann (Bild 10.11).

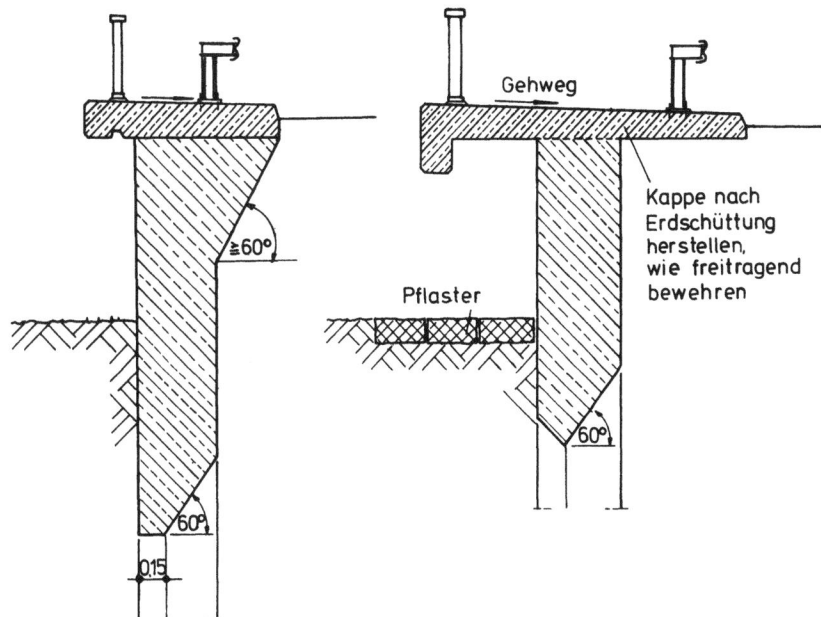

Bild 10.11 Querschnitt durch auskragenden Flügel

Lange Flügel, Flügel auf schlechtem Baugrund oder Flügel, die an Balken mit beidseits festen Lagern oder an Rahmenbrücken anschließen, werden vom Widerlager getrennt, weil entweder die Einspannmomente zu groß oder die Verformungen (Drehbewegungen des Widerlagers) unverträglich würden. Die Fuge wird am besten verzahnt und gedichtet, damit sich kein Absatz in der Flügelwand bildet (Bild 10.12). Als Trennmittel zur Fugenbildung genügt ein Anstrich der Fugenfläche, weil sich die Fuge durch das Schwinden der Baukörper ohnehin öffnet.

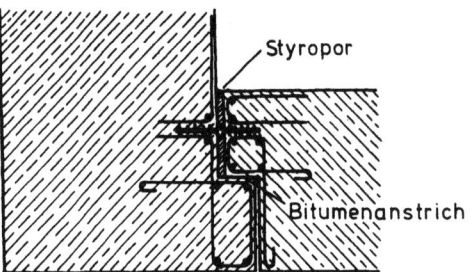

Bild 10.12 Fuge zwischen Widerlagerwand und großem Parallelflügel mit oder ohne Dichtungsband

10.3.3 Das hochgesetzte Sparwiderlager

Den Aufwand für Widerlager und Flügel kann man stark vermindern, indem man die Brücke fast bis zur Dammkrone spannt und dort nur eine flache Auflagerbank mit oder ohne Kammerwand ausbildet. Diese steht auf wenigen Stützpfeilern, die eingeschüttet werden (Bild 10.13).

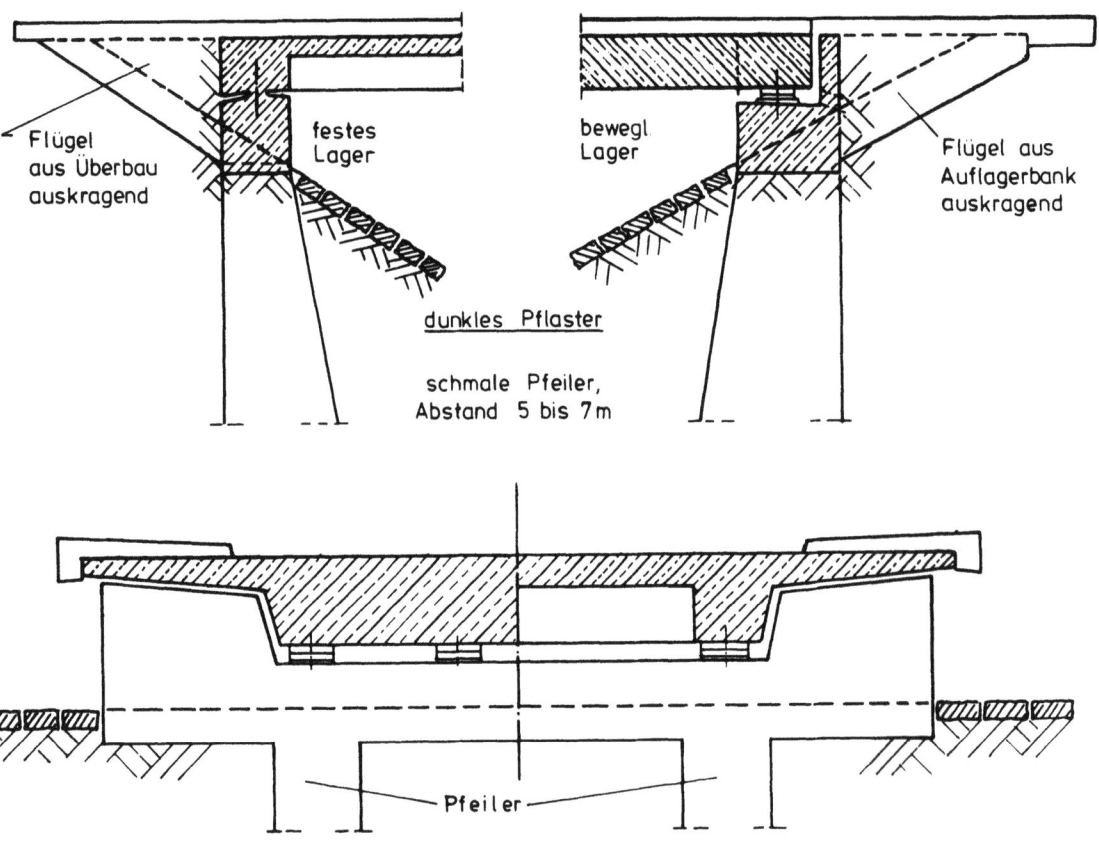

Bild 10.13 Hochgesetzte Widerlager an Böschungskrone, Flügel am Überbau oder an Auflagerbau angehängt

Diese Lösung ist bei Autobahnüberführungen beliebt, weil die Durchsicht offener bleibt, und der Autofahrer sich nicht durch einen schweren Betonklotz nahe der Fahrbahn beengt fühlt. Da auf der Böschungsfläche unter der Brücke kein Gras wachsen kann, wird diese Fläche gepflastert. Man sollte unbedingt dunkles Pflaster wählen, damit sich diese Fläche nicht störend aus dem begrünten Dammkörper abhebt.

10.3 Widerlager

An festen Lagern kann man Flügel und Gehwege fugenlos aus dem Überbau auskragen. An beweglichen Lagern wird der Flügel aus der Auflagerbank ausgekragt.

10.3.4 Widerlager größerer Brücken

Bei Widerlagern mit mehr als 5 m Höhe oder mit hohen Brückenlasten werden die Massen der Widerlager- und Flügelwände durch Wahl kleiner Wanddicken mit Aussteifungsrippen vermindert. Die Zahl der Rippen muß klein bleiben, damit der Schalungsaufwand die Einsparung an Beton nicht aufwiegt (Bild 10.14).

Bei Großbrücken wird Wert darauf gelegt, daß die Lager und Fahrbahnübergänge für die Unterhaltung bequem zugänglich sind. Man bildet dann das Widerlager hohl aus mit einer Treppe zur Auflagerbank und läßt reichlich Abstand zwischen dem Endquerträger des Überbaues und der Kammerwand (Bild 10.15).

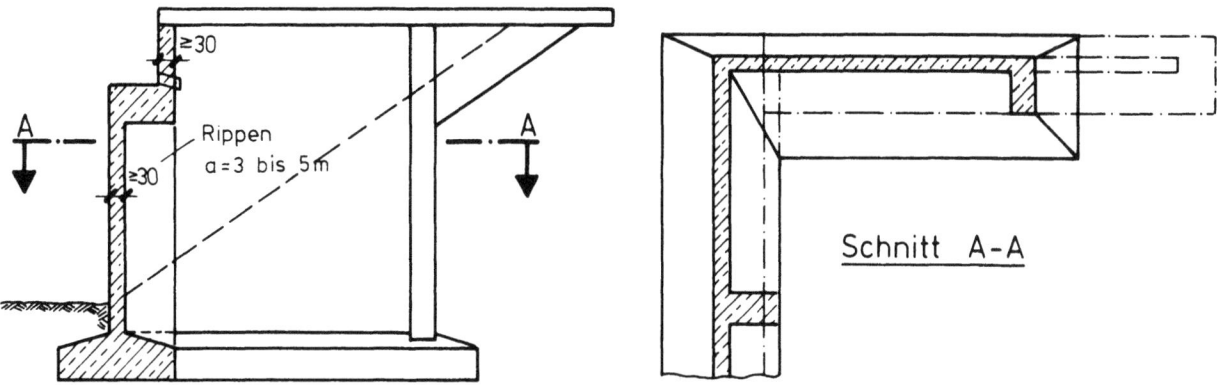

Bild 10.14 Widerlager mit Parallelflügel aus Platten und Rippen,

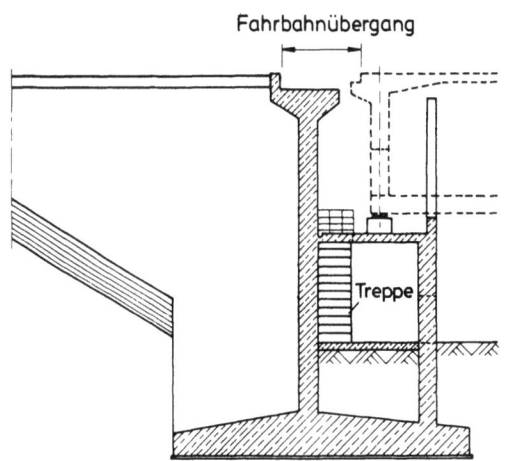

Bild 10.15 Widerlager einer großen Autobahnbrücke (Kochertalbrücke Geislingen) (Hinterfüllung nicht gezeichnet)

Die Hauptträger solcher Brücken haben heute meist nur zwei bis vier Auflager in Querrichtung. Die Widerlagerwände müssen dann als Scheiben (wandartige Träger) betrachtet werden, die die Lagerlasten auf die ganze Widerlagerbreite im Fundament verteilen. Dabei kann man bei Großbrücken die vordere und hintere Widerlagerwand heranziehen, wobei die höhere hintere Wand einen wesentlichen Anteil der Lagerlasten übernimmt (Bild 10.16).

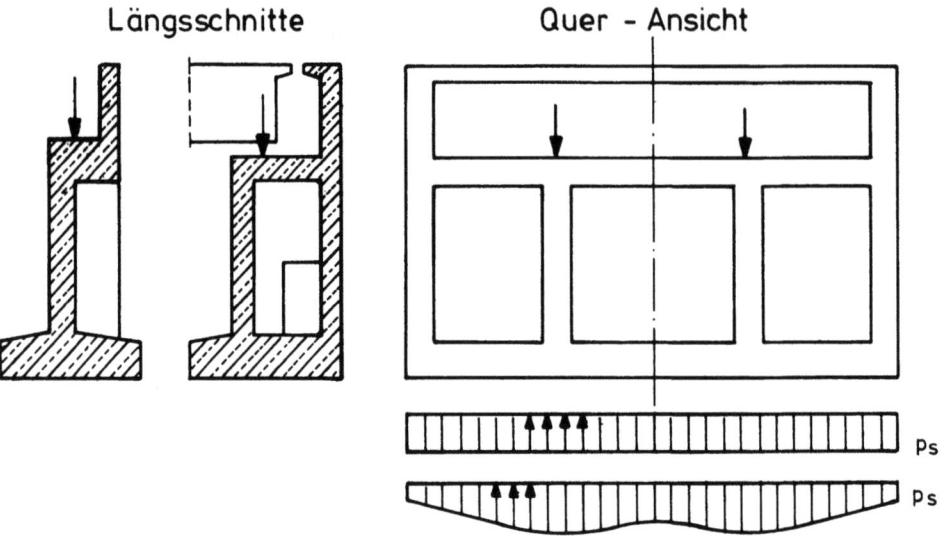

Bild 10.16 Widerlager großer Brücken sind für die Brückenlasten als Scheibenfaltwerke zu berechnen, Kammerwand mitwirkend. Bodenpressungen p_s je nach Steifigkeitsverhältnissen variabel ansetzen!

10.3.5 Entwässerung der Widerlager

Zunächst ist dafür zu sorgen, daß schon im Bauzustand kein Wasser mit Schmutz und Rost von den Flächen der Arbeitsfugen, Auflagerbänke, Flügel usw. an den äußeren Sichtflächen abfließt. Daher alle solche Flächen mit Gefälle zur Rückseite anlegen und Auflagerbänke mit Drainrohren dorthin entwässern. An der fertigen Brücke muß vor allem die Fuge in der Fahrbahn bzw. der Fahrbahnübergang sorgfältig entwässert werden, auch wenn "dichte" Fahrbahnübergänge eingebaut werden. Unter großen Fahrbahnübergängen wird heute meist eine abklappbare Rinne aus Gummigewebe eingebaut, die über ein oder zwei Abfallrohre entwässert werden und die gleichzeitig die Brückenentwässerung aufnehmen.

Ferner ist es nötig, die Hinterfüllung zu entwässern, indem an Widerlager- und Flügel-Rückwänden eine Sickerschicht, bestehend aus Sandfilter und Sickersteinen oder dergl. eingebaut wird (nicht nötig, wenn Füllung ganz aus Sand oder Kiessand besteht). Das Sickerwasser wird unten im Drainrohr gesammelt und durch die Widerlager oder Flügel hindurch zum Vorfluter geleitet (Bild 10.17).

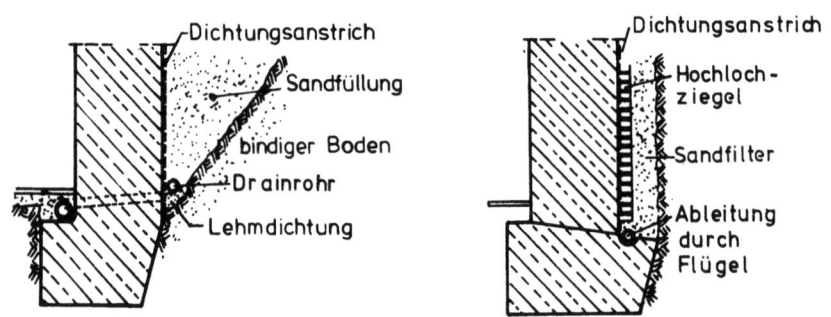

Bild 10.17 Entwässerung des Erdkörpers am Widerlagerrücken mit Sickerschicht, Sandfilter und Drainrohr

10.3 Widerlager

10.3.6 Schlepp-Platten

Die Erdschüttung hinter Widerlagern setzt sich und es entsteht ein Schlagloch, das ausgefüllt werden muß, aber je nach Bodenart oft über Jahre hinweg nicht zur Ruhe kommt. Auch gut verdichtete Dämme setzen sich mehr als die Brückenenden, vor allem, wenn die Widerlager tief gegründet sind, und die Dammlast (meist mind. 100 kN/m^2) auf bindigem Boden liegt. Dadurch entsteht hinter der Brücke gern eine Setzungsmulde, die für schnellen Verkehr lästig ist (Bild 10.18). Diese Mulde kann durch

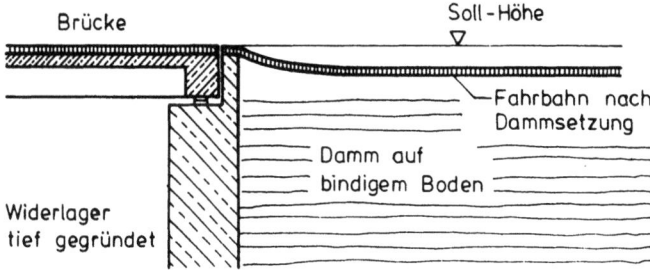

Bild 10.18 Setzungsmulde hinter Brücken durch zeitabhängige Dammsetzung bei bindigen Böden

eine Schlepp-Platte ausgeglichen werden, die am Brückenende fest aufliegt und am anderen Ende die Dammsetzung mitmacht. Die Länge dieser Platte richtet sich nach dem erwarteten Setzungsmaß und den Anforderungen des Verkehrs. Für Autobahnen sollte der Neigungswinkel nicht größer als 1 : 300, sonst 1 : 200 sein, so daß 5 cm Setzung eine 15 m lange Schlepp-Platte bedingen würde. Bei hohen Dämmen kann die Schlepp-Platte zur späteren Korrektur der Nivelette nachstellbar gelagert werden (Bild 10.19).

Bei Talbrücken mit festem Hangboden kann die Schlepp-Platte verhältnismäßig kurz sein, wenn sie nur die Setzungsmulde unmittelbar hinter dem Widerlager auszugleichen hat (Bild 10.20).

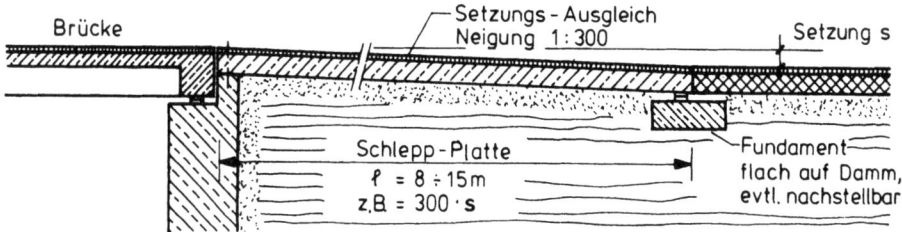

Bild 10.19 Einfache lange Schlepp-Platte zum Ausgleich der Dammsetzung

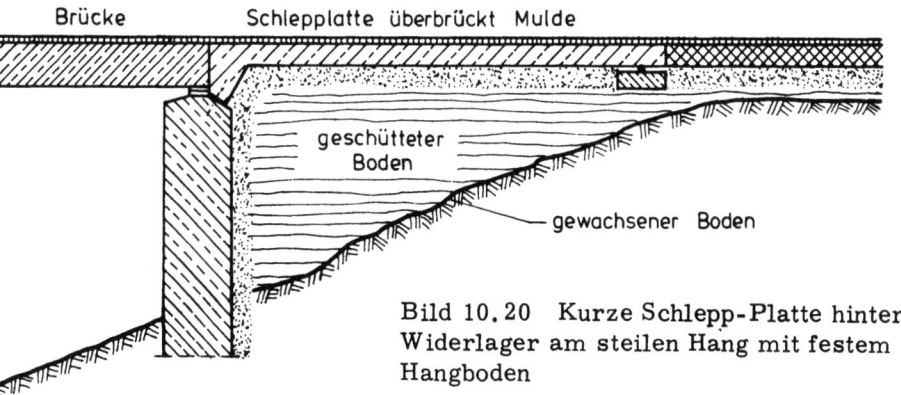

Bild 10.20 Kurze Schlepp-Platte hinter Widerlager am steilen Hang mit festem Hangboden

Bild 10.21 zeigt Möglichkeiten für die Auflagerung der Schlepp-Platte am Widerlager für festes und bewegliches Brückenlager. Im Querschnitt endet die Schlepp-Platte an den Schrammborden (Bild 10.22).

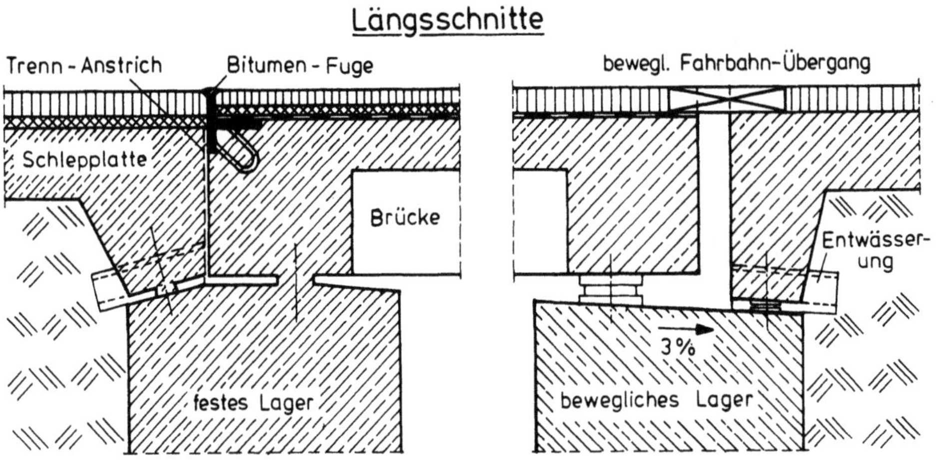

Längsschnitte

Bild 10.21 Lagerung der Schlepp-Platte auf dem Widerlager
links am Brückenende mit festem Lager, rechts am Brückenende mit beweglichem Lager

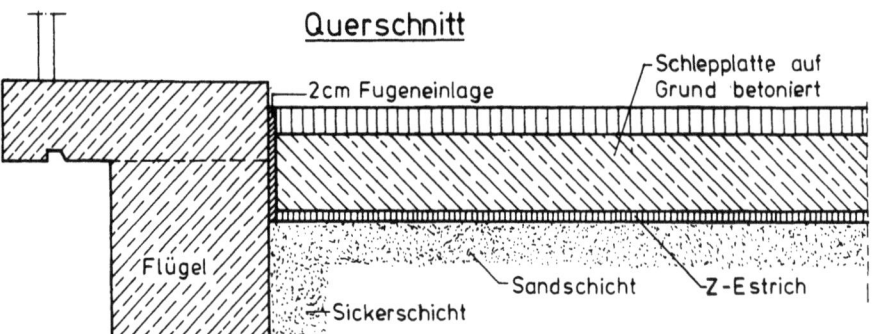

Bild 10.22 Die Schlepp-Platte geht im Querschnitt nur bis zum Schrammbord des fest gegründeten Flügels

Bild 10.23 zeigt eine geneigte Schlepp-Platte, die keilförmig auslaufend überschüttet ist und so den Fahrbahnbelag nicht unterbricht. Diese Lösung eignet sich zum Ausgleich kleiner Setzungen.

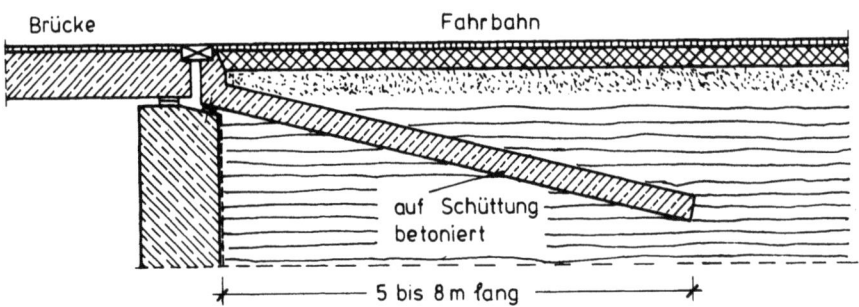

Bild 10.23 Kurze, geneigte Schlepp-Platte zum Ausgleich kleiner Setzungen

10.4 Pfeiler

10.4.1 Wandartige Pfeiler

Wandartige Pfeiler gehen meist über die ganze Breite der Hauptträger (Platte, Plattenbalken, Hohlkasten) durch. Je nach Gestaltungswünschen schließen sie mit dem Rand der Hauptträger ab, (z.B. bei rahmenartiger Verbindung) oder stehen über den Rand über (bei Einzellagern mit hohen Lasten), oder sind sogar gegenüber dem HT-Rand zurückgesetzt (Bild 10.24).

Wandartige Pfeiler werden in Flüssen aus hydraulischen Gründen bevorzugt. Bei Schiffahrt werden sie meist sehr dick (3 - 5 m) und schwer ausgebildet, um gegen Schiffskollision sicher zu sein (z.B. Rheinbrücken). In Flüssen mit Geschiebe erhalten die Pfeiler Naturstein-Vormauerung zum Schutz gegen Erosion (Bild 10.25).

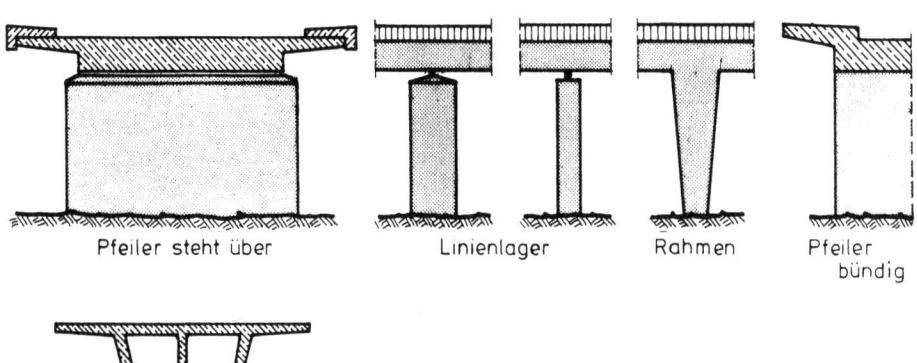

Pfeiler steht über   Linienlager   Rahmen   Pfeiler bündig

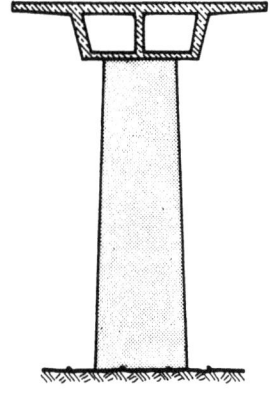

Hoher Pfeiler zurückgesetzt

Bild 10.24 Wandartige Pfeiler - mögliche Formen in der Ansicht in Brückenlängs- und Querrichtung
links - hoher schmaler Talbrückenpfeiler

Bild 10.25 Kräftiger Flußpfeiler mit Anlauf und Natursteinvormauerung

Ob die Pfeiler Anlauf (Neigung der Flächen und Kanten) erhalten, ob der Pfeilerkopf rechtwinklig, dreieckig oder rund abschließt, ist eine Frage der Brückengestaltung. Was das Aussehen anbelangt, so muß vor allem vor zu dünnen Pfeilerwänden gewarnt werden. Bild 10.26 zeigt verschiedene Möglichkeiten der Querschnittsgestaltung.

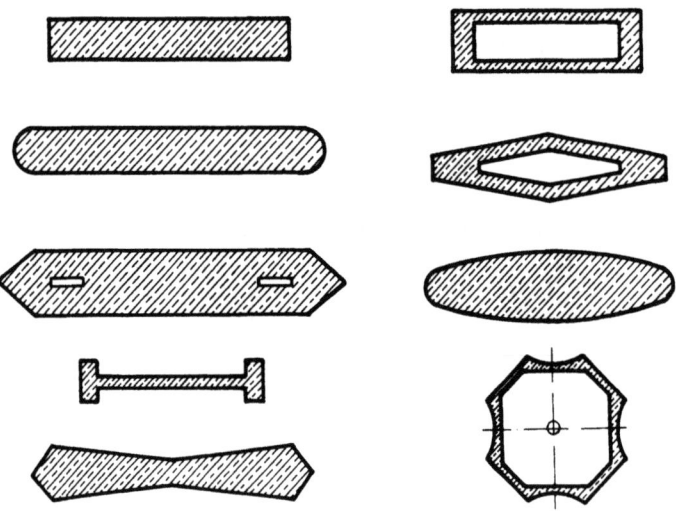

Bild 10.26 Querschnittsformen der Wandpfeiler

Bei breiten Brücken über Flüsse mit starker Strömung und viel Hochwasser hat sich eine Stirnneigung zur Brückenmitte hin zur Verminderung der Kolkwirkung bewährt (Bild 10.27, Ravi-Brücke, Lahore).

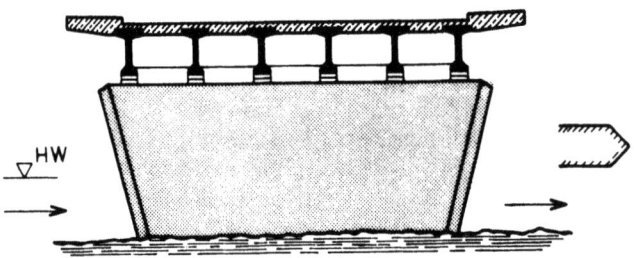

Bild 10.27 Flußpfeiler mit einwärts geneigter Stirn (Ravi-Brücke, Lahore, Entwurf Leonhardt)

Bauarten

Dicke Pfeiler können mit Ausnahme der Auflagerbank unbewehrt aus mörtelarmem Beton ausgeführt werden, vor allem, wenn sie eine Natursteinvormauerung erhalten.

Bewehrte massive Pfeiler müssen unterhalb der Auflagerbank im wesentlichen horizontale Bewehrung der Randzonen erhalten (Stababstand ≦ 150 mm).

Hohlpfeiler sind bei großen Pfeilerhöhen angezeigt. Sie müssen ebenfalls vorwiegend waagrecht eng bewehrt werden, um Risse infolge von Temperatur-Zwangsmomenten fein zu halten. Hohe Pfeiler benötigen natürlich auch eine starke Längsbewehrung (lotrecht), wenn Wind oder andere Horizontalkräfte im Grenzzustand der Traglasten Zug ergeben.

10.4 Pfeiler

10.4.2 Stützenartige Pfeiler

Stützen bieten gegenüber Wandpfeilern viele Vorteile: geringer Materialbedarf, fast freie Durchsicht unter der Brücke, bessere Möglichkeit schiefwinkliger Kreuzungen, leichteres Erscheinungsbild. Sie werden gerne für Hochstraßen und Rampenbrücken benützt.

Die Möglichkeiten der Lagerung und Formgebung sind zahlreich (Bilder 10.28 und 10.29). Die Stützen können oben und unten eingespannt, oben die Last mit Linien- oder Punktgelenk oder mit Gleitlager übernehmen oder oben eingespannt und unten gelenkig gelagert sein. Schließlich kann man sie als Pendelstützen mit Linien- oder Punktgelenken ausbilden, wobei auch die Verformung des Bodens als Federgelenk genützt werden kann. Die Wahl hängt von den Bewegungswegen des Überbaues ab.

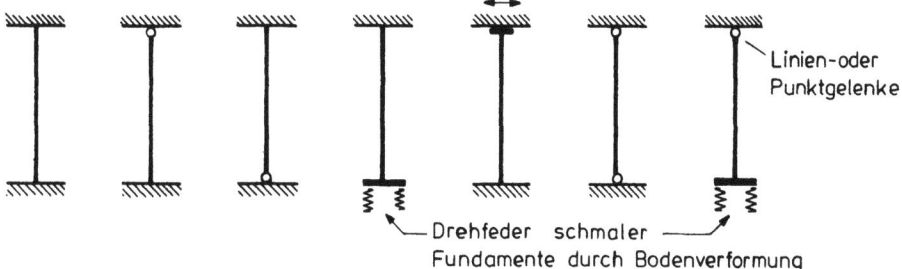

Bild 10.28 Mögliche Lagerungsarten der Stützen

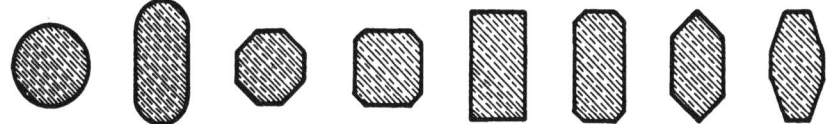

Bild 10.29 Einige Querschnittsformen von Brückenstützen

Die Schlankheit wird begrenzt durch die Knicksicherheit bei planmäßigen und ungewollten Ausmittigkeiten. Nahe an Verkehrswegen spielt der Anprallstoß von Fahrzeugen nach DIN 1072 eine Rolle für die Dicke und Bewehrung der Stütze. Häufig werden die Abmessungen der Stützen durch den für das Nachstellen der Lager erforderlichen Platz bestimmt.

In Querrichtung beschränkt man sich heute auf möglichst wenige Stützen, d.h. man wählt meist nur 2 bis 3 Stützen mit entsprechend großem Quer-Abstand. Bei torsionssteifem Überbau kann man auch nur eine Stütze wählen, wobei auch die Quer-Biegesteifigkeit solcher Einzelstützen zur Aufnahme der Torsionskräfte des Überbaues herangezogen werden kann (Bild 10.30 und 10.31).

Einzelstützen, die nicht direkt unter den HT-Stegen stehen, bedingen Auflagerquerträger, die möglichst innerhalb der Bauhöhe der HT anzuordnen sind. Dabei ist zu beachten, daß indirekte Lagerung Aufhängebewehrung oder -Vorspannung und natürlich Querbiegemomente bedingt. Auch bei vorgefertigten Trägern kann der Auflagerquerträger innerhalb der Trägerhöhe bleiben, wenn der QT am Ort zwischen die behelfsmäßig gestützten Fertigträger betoniert wird (Bild 10.32).

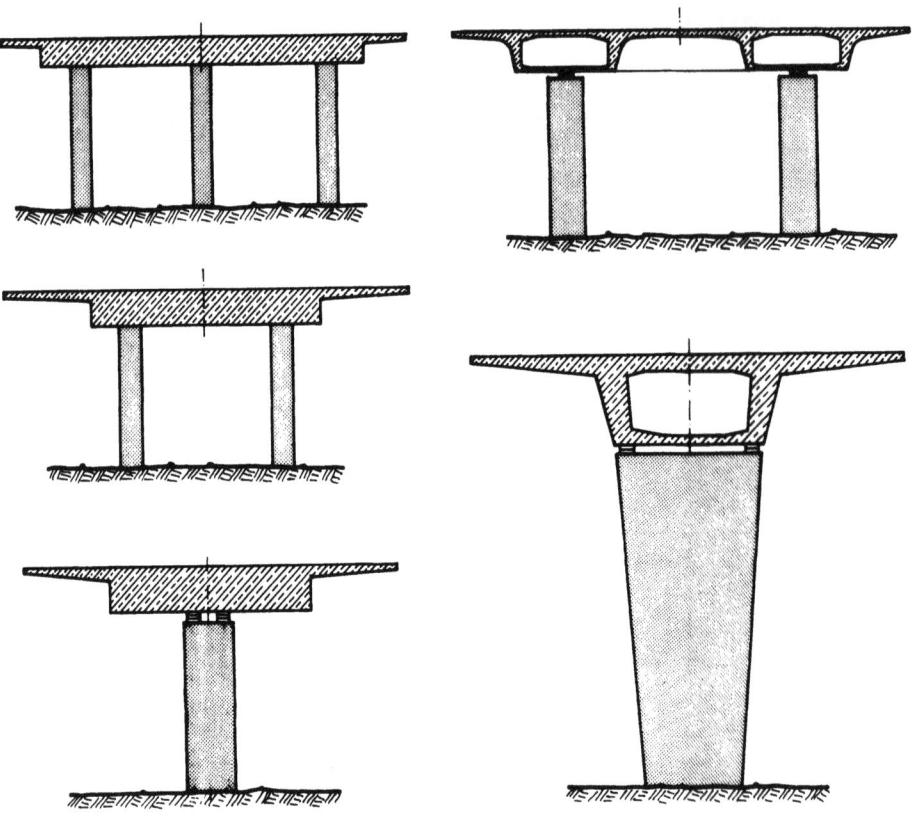

Bild 10.30 Beispiele der Anordnung von Brückenstützen im Querschnitt

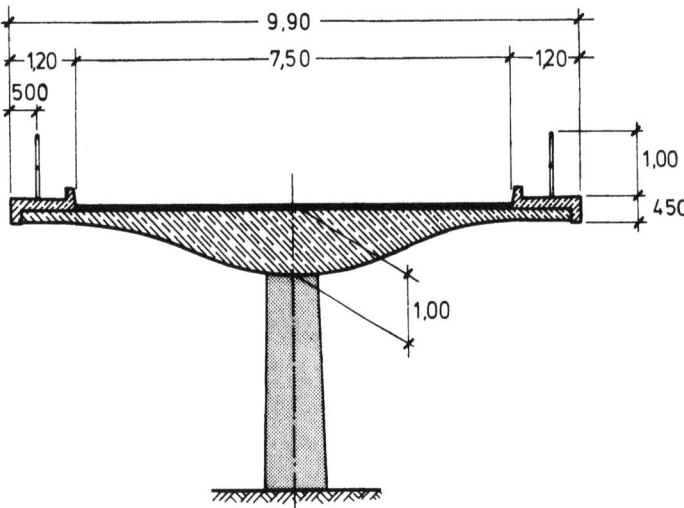

Bild 10.31 Stützung der Hochstraße am Jan-Wellem-Platz in Düsseldorf, Stahlstützen unter Spannbetonplatte (Gestalt. Beratung F. Tamms)

Bei Verwendung von Fertigteilträgern werden im Ausland häufig Hammerkopf-Pfeiler verwendet mit dem Auflager-QT unter den HT. Diese Lösung ist zwar bequem, sieht aber meist schlecht aus (Bild 10.33). Man sollte den QT entweder tischartig flach machen oder ihn in die HT-Bauhöhe hineinschieben (Bild 10.34). In manchen Fällen wurden Pfeilertische gebildet, um die Spannweiten der Fertigträger zu verkleinern (Bild 10.34 rechts).

10.4 Pfeiler

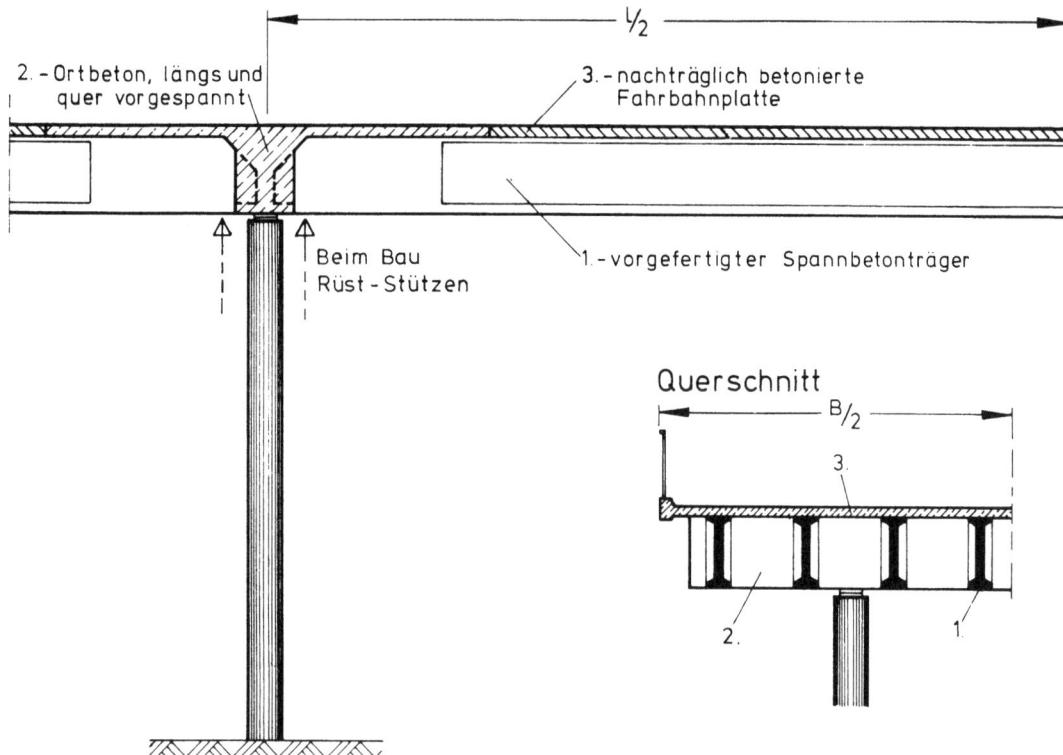

Bild 10.32 Stütz-Querträger innerhalb der HT-Höhe bei Verwendung vorgefertigter Balken (Hägersten-Viadukt in Stockholm)

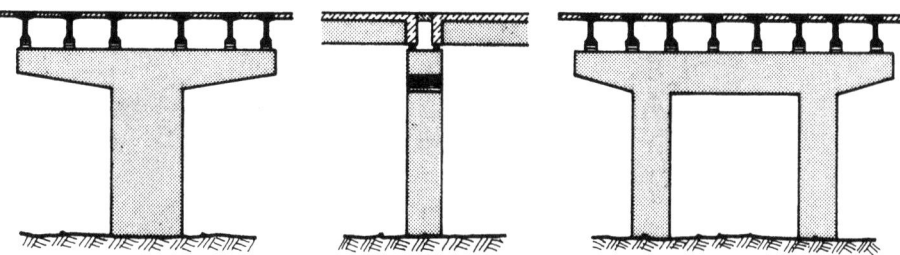

Bild 10.33 Stützquerträger ganz unterhalb der vorgefertigten HT. Links Hammerkopf-Form

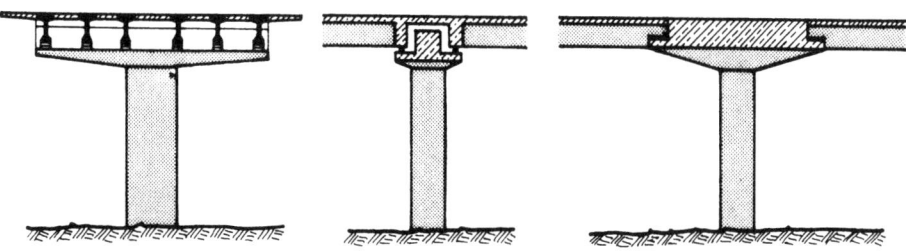

Bild 10.34 Stützquerträger z.T. innerhalb der HT-Höhe. Rechts zum Pfeilertisch entwickelt

Aus Einzelstützen lassen sich auch pilzkopfartige Hilfen für mehrfeldrige Plattenbrücken entwickeln; bestes Beispiel Elztalbrücke [27] (Bild 10.35).

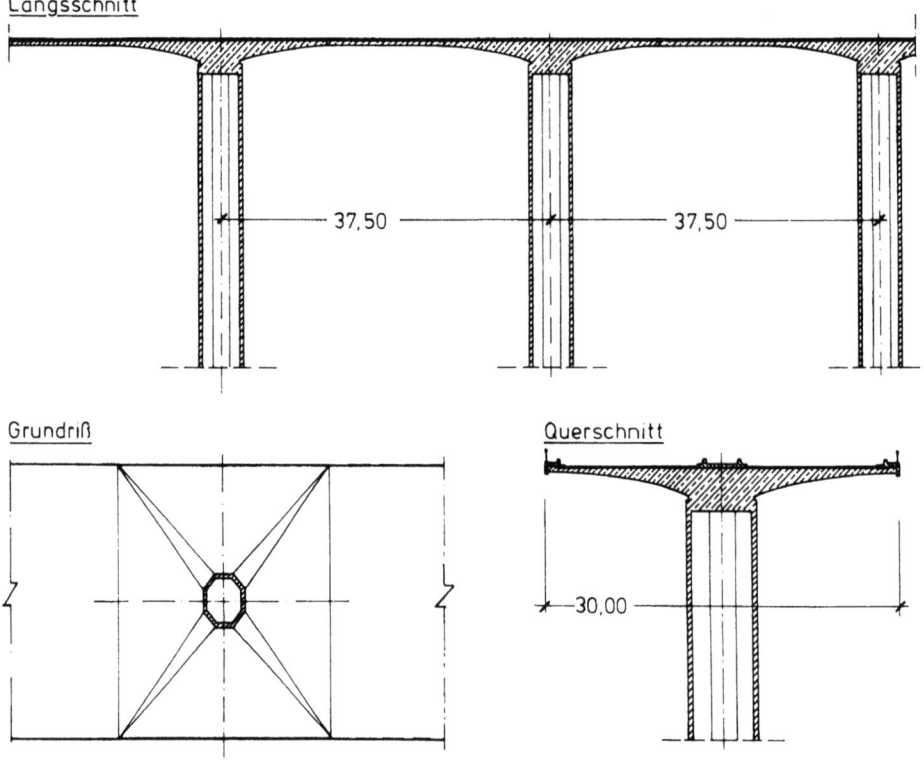

Bild 10.35 Pilzkopfartige Unterstützung einer mehrfeldrigen Plattenbrücke auf schlanken Einzelstützen, z.B. Elztalbrücke (Entwurf Dywidag)

Ein gutes Beispiel eines Stützen-Rahmens gibt die Fischer-Hochstraße in Hannover, bei welcher der Rahmenriegel mit halber Höhe in der Brückenplatte steckt (Bild 10.36).

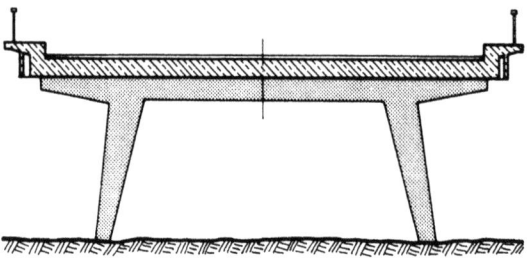

Bild 10.36 Stützrahmen einer Plattenbrücke, Plattendicke wirkt bei Riegelhöhe mit (Fischerstraße, Hannover)

10.5 Stützkräfte und Wahl der Stützungsart

10.5.1 Kräfte

Folgende Kräfte wirken auf Stützen und Widerlager:

1. <u>Vertikale Kräfte V</u> aus allen Lasten; Lagerlasten aus Verkehr mit Einflußlinien ermitteln, mögliche abhebende Kräfte beachten! Ausmittigkeiten ergeben sich aus Lagerbewegungen, unvermeidlichen Toleranzen, Biegeverformungen usw.

2. <u>Horizontale Kräfte H</u> aus

   a) W i n d $H_{y,w}$. Bei langen mehrfeldrigen Brücken Fb-Tafel als Windträger betrachten, der auf Stützen horizontal elastisch gelagert ist. Am Ende entweder in Widerlager einspannen (kann große H-Kräfte geben!) oder um ein Windlager (z.B. eines der festen Lager) drehbar lagern. Oft werden besondere drehbare Windlager in der Brückenachse angeordnet (Bild 10.37).

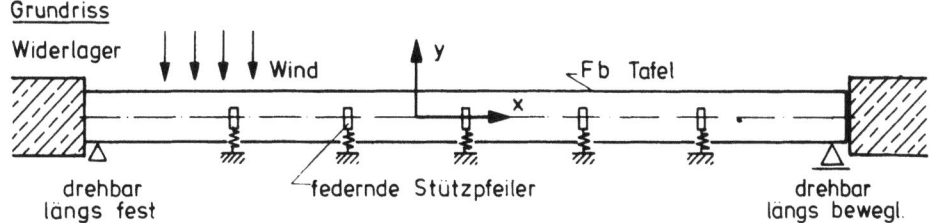

Bild 10.37 Fahrbahntafel einer fugenlosen mehrfeldrigen Balkenbrücke als Windträger auf elastisch nachgiebigen Stützen

Je nach Steifigkeitsverhältnissen fallen die $H_{y,w}$-Kräfte auf Stützpfeiler sehr klein aus. Wind auf Pfeiler selbst spielt nur bei Pfeilerhöhen $h > \sim 20$ m eine Rolle.

Längswind auf die Brücke ergibt nur für festes Längslager spürbare Werte - wird meist vernachlässigt.

   b) V e r k e h r : Brems- und Beschleunigungskräfte H_{Br} Annahmen nach DIN 1072 Richtung ± x.
   Bei Stützen an Straßen oder Eisenbahnen sind A n p r a l l k r ä f t e abirrender Fahrzeuge nach DIN 1072 zu berücksichtigen, sofern die Stützen nicht durch Leiteinrichtungen ausreichend geschützt sind. Schiffstöße, Eisdruck siehe entsprechende Sonderregeln.

   c) V e r f o r m u n g s - W i d e r s t ä n d e H_R, besonders Widerstandskräfte gegen Längenänderungen der Brückentafel, Reibung beweglicher Lager, Biegewiderstand eingespannter Pfeiler oder Stützen. Richtung ± x. Auch Neigung von Pendelstützen gibt H-Kräfte.

   d) E r d b e b e n k r ä f t e . Den Schwingungsbewegungen der Erde widersteht die Masse der Brückenbauteile, die durch die Bewegungsenergie der Erde beschleunigt und damit bewegt werden. Die Kräfte auf die Brücke werden umso kleiner, je "beweglicher" die Brücke gelagert ist. Sehr steife Bauteile, wie Widerlager oder kurze plumpe Pfeiler erfahren große Stoßkräfte. Überbauten auf schlanken Pfeilern und auf beweglichen Lagern mit wenig Widerstand gegen Verschiebungen erfahren kleine Kräfte. Die Größe der Kräfte wird bei kleinen Brücken in Prozenten der Masse angegeben, bei großen Brücken ist sie durch eine dynamische Berechnung zu bestimmen. Erdbebenkräfte können in jeder Richtung angreifen, sie können auch ± vertikale Komponenten haben. Bei Beben in Kalifornien sind Gründungspfähle durch vertikalen Zug abgerissen worden!

3. <u>Biegemomente</u>: Wenn Widerlagerwände, Pfeiler oder Stützen in den Überbau eingespannt sind, werden sie aus Verformungen des Überbaues nach Steifigkeitsverhältnissen Biegemomente erfahren. In Querrichtung ist dabei Torsion des Überbaues zu beachten. Weitere Biegemomente erzeugen die H-Kräfte.

4. <u>Sicherheiten</u>: Bei allen Kräften, zu deren Aufnahme das Eigengewicht günstig wirkt (z.B. Wind, Bremsen), müssen diese mit dem vorgeschriebenen Last-Sicherheits-Faktor angesetzt werden, während in der Kombination das Eigengewicht nur mit ν = 0,9 bis 0,95 eingesetzt werden darf.

10.5.2 Wahl der Stützungsart

Erster Grundsatz

L a g e r k ö r p e r   aus Stahl oder Kunststoff m ö g l i c h s t   v e r m e i d e n, solange Kräfte und Verformungen, z.B. $\Delta \ell$ aus Vorspannung, Schwinden, Kriechen, Temperaturänderung, durch elastische und Kriech-Verformung der Stütz-Bauteile mit zulässigen Zwangsspannungen oder zul. Rißbreiten möglich sind. Dabei kann auch vom Abbau von einmaligen Zwangsmomenten durch Kriechen des Betons Gebrauch gemacht werden.

Diese Regel gilt vor allem auch für die Verbindung hoher Pfeiler oder schlanker Stützen mit dem Überbau, die homogen-gelenklos stets vorteilhaft ist, solange die Stütze den $\Delta \ell$ des Überbaues durch mäßige Biegeverformung folgen kann.

Zweiter Grundsatz

Sofern Gelenke für Zentrierung und eine ein-sinnige Drehbewegung nötig sind, zuerst prüfen, ob die Funktion mit Betongelenken erfüllt werden kann, die auch für all-sinnige Drehung möglich sind, wenn die Kraft nicht zu groß ist.

Dritter Grundsatz

D a s   f e s t e   L a g e r, das Horizontalbewegungen in x-Richtung verhindert, möglichst an ein Brückenende legen, damit dort der bewegliche Fahrbahnübergang entfallen kann. Das zugehörige Widerlager muß aber genügend schwer oder fest verankert sein, um alle ν-fachen H-Kräfte aufnehmen zu können.

Feste Lager in x-Richtung können im Querschnitt bis zu rund 10 m Querabstand (auch als durchgehendes Linienlager) ohne y-Beweglichkeit nebeneinandergesetzt werden, wenn der Endquerträger ausreichende Zwangs-Rißbewehrung erhält.

Bei breiten Brücken mit y-Lagerabstand $\geq$ rd. 10 m wird nur ein Lager in x- und y-Richtung fest gemacht. Die Nachbarlager können in x fest, in y beweglich sein, wenn die Verformung des Überbaues durch Wind keine Rolle spielt, anderenfalls muß dort auch x- und y-Beweglichkeit sein.

10.5 Stützkräfte und Wahl der Stützungsart

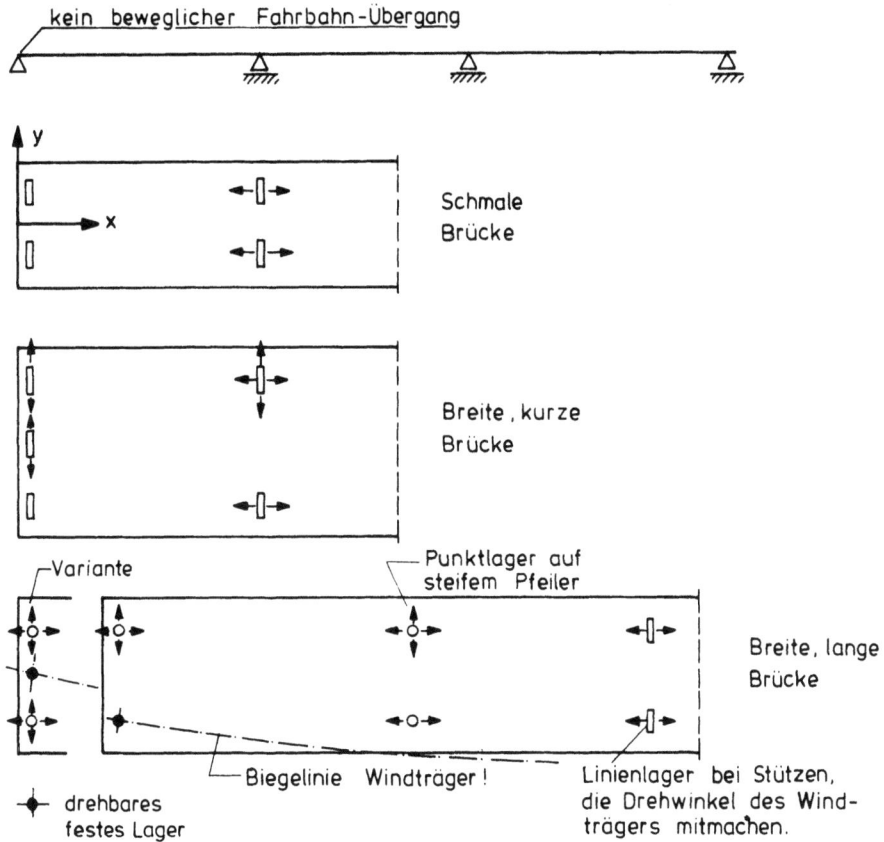

Bild 10.38 Zweckmäßige Lagerart mehrfeldriger Balkenbrücken, abhängig von Breite und Länge der Brücke

Bei langen Brücken mit betonter Hauptöffnung wird das feste Lager gerne am Pfeiler mit der größten Auflast angeordnet (Bild 10.39).

Bild 10.39 Vielfeldrige Flußbrücke mit großer Hauptöffnung, festes Lager am stärkst belasteten Hauptpfeiler

Bei torsionssteifen Hauptträgern (Kastenträger) können eine oder mehrere aufeinanderfolgende Einzelstützen mit allseits gelenkigem Lager in der Brückenachse genügen, wenn die Torsionsmomente aufgenommen werden können, die sich zwischen den Widerlagern oder Doppelstützen ansammeln (Bild 10.40).

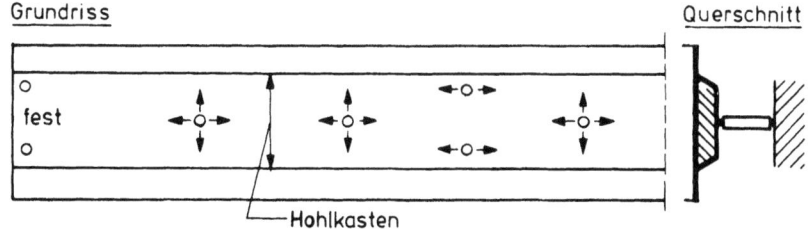

Bild 10.40 Lagerung torsionssteifer Hohlkasten

Auf hohen Pfeilern taugen bewegliche Lager nicht, sobald die Reibungskraft größer ist als die H-Kraft, die nötig ist, um den Pfeilerkopf um Δl elastisch zu verbiegen. Das Lager würde sich nicht bewegen und der Pfeiler würde sich vor Überwinden der Reibung ausbiegen.

Bei großen Talbrücken verbindet man daher hohe Pfeiler fest mit dem Überbau. Ein Ruhepunkt der Längenänderungen bildet sich im Schwerpunkt der horizontalen Bewegungswiderstände der Pfeiler. Die folgenden Stützen werden, je nach zulässiger Verformbarkeit, oben mit Gelenk oder beweglichem Lager versehen. Die Längsbewegung wird an den Enden gegen die Widerlager mit Puffern begrenzt (Beispiel Kochertalbrücke Geislingen) (Bild 10.41).

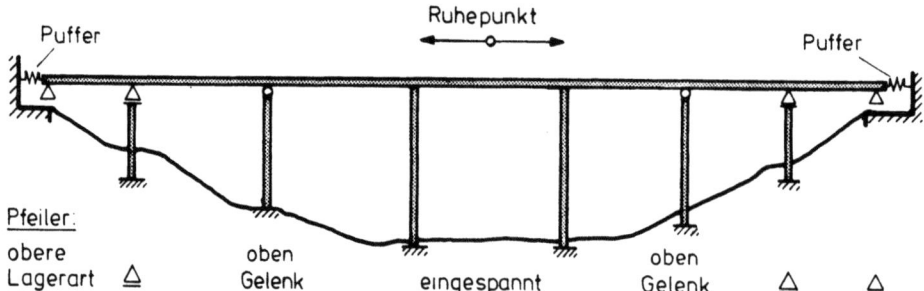

Bild 10.41 Bei hohen Talbrücken können hohe Pfeiler im Überbau und Fundament eingespannt werden

Hohe Pfeiler können von Windlasten aus dem Überbau stark oder ganz entlastet werden, wenn kürzere Nachbarpfeiler bewußt in Querrichtung steif ausgebildet werden (Neckartalbrücke Weitingen).

10.5.3 Stützung der Brücken für schiefwinklige Kreuzungen

Schiefwinklige Platten werden in Kapitel 11 behandelt. Für schiefwinklige Balkenbrücken gibt es zwei Möglichkeiten:

1. <u>Widerlager und Stützen</u> werden schiefwinklig parallel zum unteren Hindernis (Fluß, Tal, Straße) angelegt (Bild 10.42). Der Überbau muß dann torsionsweich ausgebildet werden, also kein Kastenträger, keine steifen Querträger, möglichst gar keine Querträger. Für relativ breite Brücken geeignet. Möglichst nur zwei HT, oder mehrere HT in großem Abstand, Wind möglichst von Widerlager zu Widerlager mit Fahrbahnplatte abtragen. Fahrbahnplatte rechtwinklig zu HT spannen, an den Enden Fahrbahnplatte dicker machen.

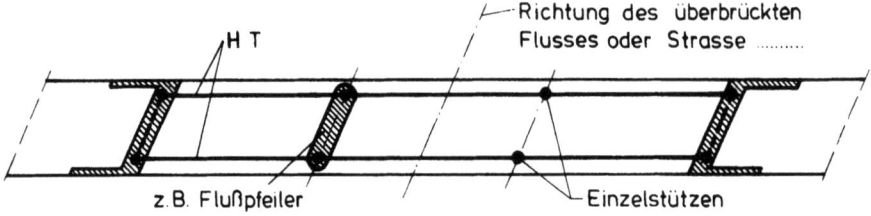

Bild 10.42 Stützung schiefwinkliger Brücken auf schiefwinkligen Stützachsen. Überbau torsionsweich.

2. Widerlager genügend weit zurücksetzen, torsionssteifen Überbau wählen (Kastenträger), damit je eine Zwischenstütze in Brückenachse genügt (Bild 10.43). Die Brücke kann dann als normale rechtwinklige Brücke gebaut werden. Sie wird allerdings etwas länger als die schiefwinklige, kostet jedoch meist nicht mehr, weil sie einfacher zu bauen ist.

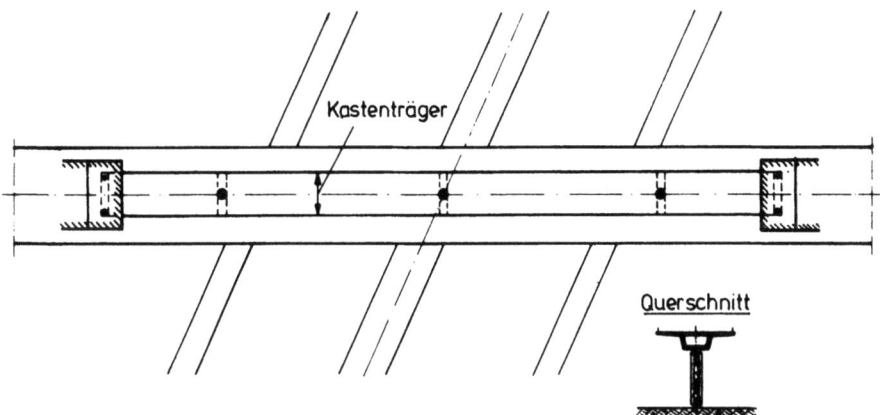

Bild 10.43 Schiefwinklige Kreuzung mit rechtwinklig gebauter, torsionssteifer Brücke

10.5.4 Stützung gekrümmter Brücken

Bei gekrümmten Brücken tritt schon bei einer Öffnung Torsion infolge Eigengewicht auf, weil der Schwerpunkt der Masse außerhalb der geraden Linie zwischen den Enden der Stabachse liegt. Das Tragwerk muß daher torsionssteif sein, und die Stützung muß das Torsionsmoment aus g und aus einseitigem Verkehr aufnehmen können, was in der Regel durch $n \geq 2$ Lager am Endquerträger gegeben ist (Bild 10.44).

Bild 10.44 Lagerungsarten einfeldriger gekrümmter Brücken

Bei mehrfeldrigen, gekrümmten Brücken wird häufig von der Tatsache Gebrauch gemacht, daß ein gekrümmter Stab schon mit Einzelstützen in der Stabachse stabil gelagert ist, wobei Punkt-Pendelstützen genügen, wenn zwei Stützen rechtwinklig zu ihrer Verbindungslinie horizontal feste Lager sind. Die Torsionsmomente werden über den Hebelarm e aufgenommen, der für jede Zwischenstütze gegenüber den Nachbarstützen aus der Krümmung entsteht. Meist wird am Brückenende wegen der Fahrbahnübergänge eine torsionssteife Lagerung gewählt (Bild 10.45).

Diese Lagerungsart erlaubt schlanke Einzelstützen, die bei gekrümmten Rampenbrücken (z.B. Anschlußbrücken zur Kniebrücke Düsseldorf) die gewünschte fast freie Durchsicht ergeben.

Bei großen Krümmungsradien wird e zu klein, um die Torsionsmomente ohne zu große Änderung der Auflagerdrücke aufzunehmen. Man hat dann drei Möglichkeiten:

1. Stützpfeiler quer biegesteif machen und mit Linienlager oder Doppellager versehen (Bild 10.46).

2. Wechselweise neben die Achse gestellte Stützpfeiler mit oberem Punktlager zur Vergrößerung von e (Bild 10.47).

3. Zwei bis drei Punktstützen in Abwechslung mit Doppelstützen oder breiteren Stützen mit Doppellagern (Bild 10.48).

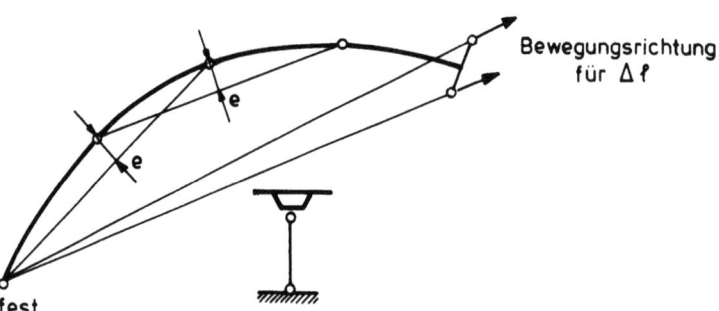

Bild 10.45 Zweckmäßige Lagerung mehrfeldriger gekrümmter Brücken mit torsionssteifem Überbau und kleinem Krümmungsradius

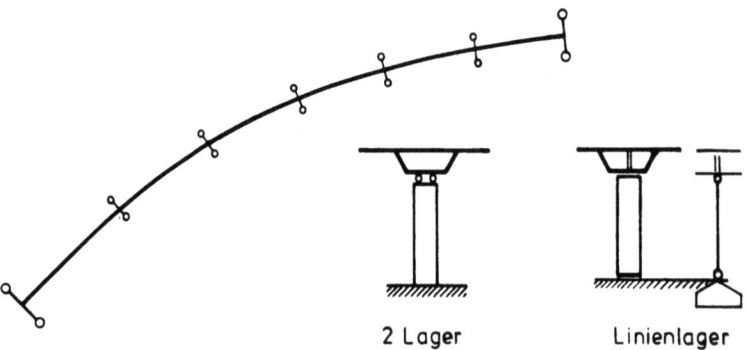

Bild 10.46 Zweckmäßige Lagerung bei schwacher Krümmung, an jedem Pfeiler wird Torsion abgenommen

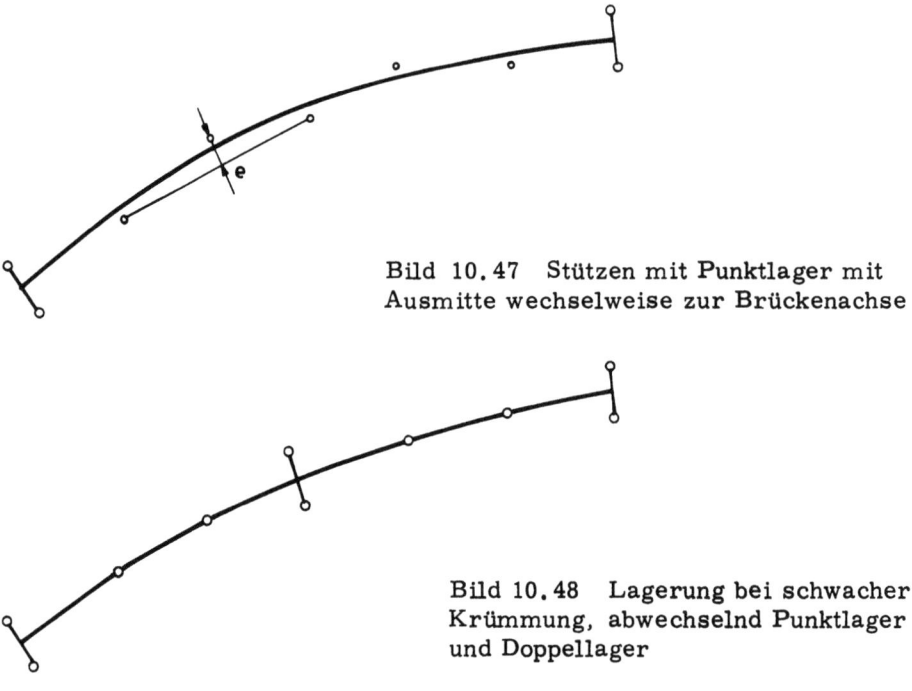

Bild 10.47 Stützen mit Punktlager mit Ausmitte wechselweise zur Brückenachse

Bild 10.48 Lagerung bei schwacher Krümmung, abwechselnd Punktlager und Doppellager

10.5 Stützkräfte und Wahl der Stützungsart

10.5.5 Richtung der Längenänderung bei breiten oder gekrümmten Brücken

Bei gleichmäßigem ΔT oder S oder K entspricht die Richtung der Längenänderungen $\Delta \ell$ der Brücken-Überbauten der Richtung gerader Strahlen, ausgehend vom Punkt des festen Lagers. Wählt man für die Bewegung Rollenlager, dann müssen diese rechtwinklig zu diesen Strahlen angeordnet werden (Bild 10.49). Da diese Ursachen für $\Delta \ell$ in der Praxis nie gleichmäßig sind, entstehen an Rollenlagern bei langen oder breiten Brücken Zwänge, die zu Schäden führen können. Es ist daher besser, allseits bewegliche Gleitlager zu verwenden (siehe Kapitel Lager).

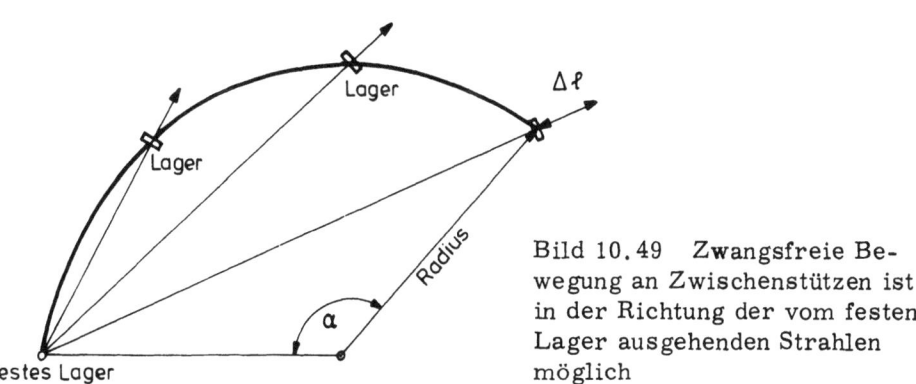

Bild 10.49 Zwangsfreie Bewegung an Zwischenstützen ist in der Richtung der vom festen Lager ausgehenden Strahlen möglich

Die Skizze zeigt, daß am beweglichen Brückenende eine vom Umschlingungswinkel α der Kurve abhängige Bewegungskomponente quer zur Brückenachse entsteht, die am beweglichen Fahrbahnübergang Schwierigkeiten bereitet. Aus diesem Grund zwingt man solche Brücken, sich entlang ihrer Achse zu dehnen. Dies wird bei konstantem Krümmungsradius durch ein horizontales Zwangsmoment erreicht, das mit H_{zw}-Kräften quer zur Brückenachse an den letzten beiden Stützungen erzeugt wird und am festen Lager eine Reaktion und einen Drehwinkel oder ein Drehmoment hervorruft. Die letzten Stützpfeiler und die Widerlager müssen zur Aufnahme dieser H-Kräfte bemessen werden. Die Größe der H_{zw}-Kräfte hängt von der Biegesteifigkeit der Fahrbahntafel in ihrer Ebene, vom Hebelarm ℓ und von der Größe der bezogenen Längenänderung $\frac{\Delta \ell}{\ell}$ ab. (Bild 10.50)

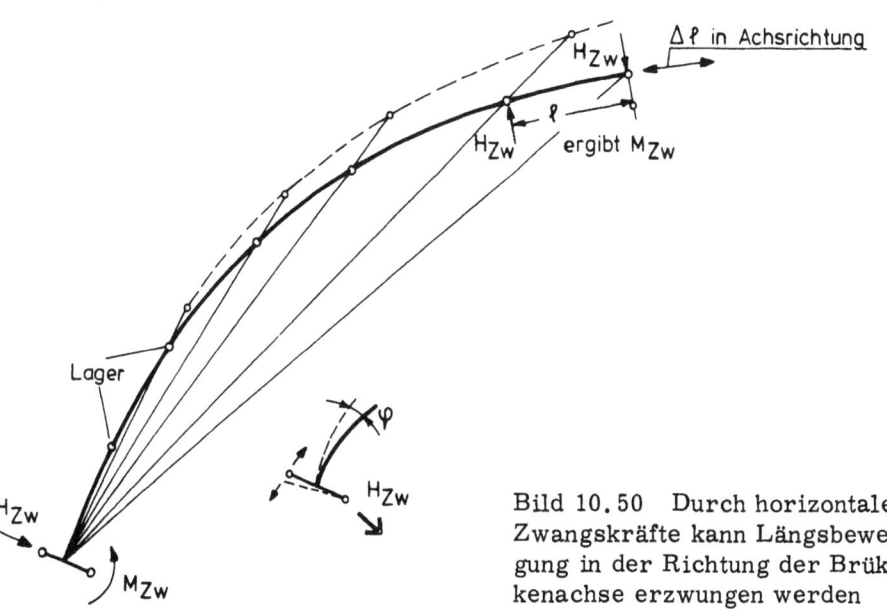

Bild 10.50 Durch horizontale Zwangskräfte kann Längsbewegung in der Richtung der Brückenachse erzwungen werden

Wechselt der Krümmungsradius, so entstehen auch an Zwischenstützen solche Zwangskräfte, die man jedoch durch quer bewegliche Lagerung vermeiden kann. Es genügt, wenn die Achsrichtung am Ende für den Fahrbahnübergang erzwungen wird.

Eine der ersten langen Hochstraßenbrücken, bei der die Längenänderung entlang der Brückenachse durch solche auf die Pfeiler wirkenden H-Kräfte erzwungen wurde, war die Zufahrt zur alten Rheinbrücke in Mannheim (1958) mit 19 Öffnungen, 525 m Gesamtlänge und stark veränderlichen Radien. Die Brücke ruht auf schmalen Brückenpfeilern mit Linienlagern, die zur Aufnahme von quer zur Brückenachse wirkenden Momenten an den Rändern zug- und druckfest gepanzert waren [26] (Bild 10.51).

Bei großer Brückenbreite können diese Zwangskräfte H_{zw} und M_{zw} wegen großer Biegesteifigkeit der Fahrbahntafel sehr groß werden, so daß die Bemessung der Pfeiler schwierig wird. Abhilfe entsteht durch Zweiteilung der Brücke mit einer Längsfuge im üblichen Mittelstreifen, die dann als Raumfuge auszubilden ist. Kleine Bewegungen quer zur Brückenachse können von entsprechend ausgebildeten Fahrbahnübergängen übernommen werden.

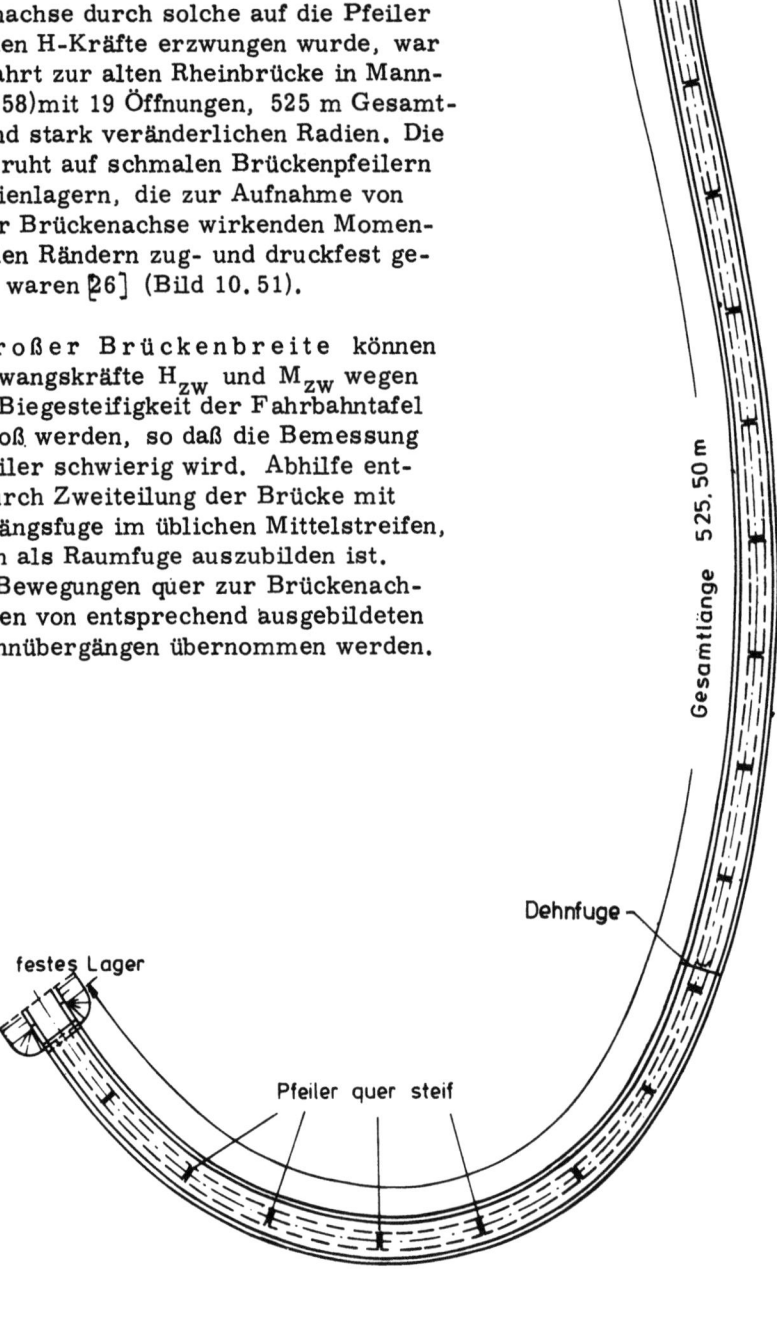

Bild 10.51 Beispiel einer langen, unterschiedlich gekrümmten Straßenbrücke, die so gelagert wurde, daß sie sich nur in Achsrichtung verlängern und verkürzen kann (Mannheim, Zufahrt zur alten Rheinbrücke)

11. Zu den Bemessungsgrundlagen, Vorspanngrad und Mindestbewehrungen

11.1 Tragfähigkeit für Last- und Zwang-Schnittgrößen

Unabhängig von derzeitigen DIN-Richtlinien werden im folgenden die Grundsätze zur Bemessung der Massivbrücken dargelegt, wie sie der Verfasser aufgrund langer Erfahrung in Forschung und Praxis für günstig hält.

Für die Tragfähigkeit werden die neuen Grundsätze der CEB-FIP-Muster-Vorschriften (Model Code) vom April 1978 als zur Zeit beste Grundlage zur Erzielung einer einigermaßen gleichmäßigen Sicherheit für die verschiedenen Beanspruchungsarten gegen Versagen empfohlen. Dabei werden die γ_f-fachen Schnittkräfte der mit $1/\gamma_m$ verminderten Tragfähigkeit gegenübergestellt und es muß sein $\gamma_f S_f \leq R/\gamma_m$.

Die Teilsicherheitsfaktoren γ_f der "Angriffe" können nach den Anforderungen variiert und für Lastkombinationen nach Wahrscheinlichkeitsüberlegungen abgestuft werden. Die Teilsicherheitsfaktoren γ_m des "Widerstandes" R der Tragfähigkeit sind nach dem Zuverlässigkeitsgrad der Baustoffe gegenüber der 5 % Fraktile der betr. Festigkeit abgestuft. Außerdem sind Grenzwerte der Dehnungen ϵ zu beachten. Auf der rechten Seite steht also der Grenzwiderstand eines Tragwerks-Querschnittes und nicht die Bruchlast, wie der entsprechende Wert in DIN 4227 fälschlicherweise genannt wird. Die Bruchlast ist in der Regel wesentlich höher als der so definierte Grenzwiderstand.

Der Tragfähigkeitsnachweis bezieht sich also zunächst auf einige ungünstig beanspruchte Querschnitte des Tragwerks oder der Tragwerksteile. Bei statisch unbestimmten Tragwerken wird jedoch die Möglichkeit gegeben, Umlagerungen der Schnittkräfte zu berücksichtigen bis hin zur Bildung plastischer Gelenke, wie sie bei Laststeigerungen entstehen. Man spricht dabei von "Mechanismen", wenn das Tragwerk seine statische Unbestimmtheit durch solche Gelenkbildungen abbaut. Die Grundlagen hierzu sind in [0], Teil 4 behandelt.

Bei den "Angriffen", die Schnittkräfte S erzeugen, muß zwischen Lasten und Zwängen unterschieden werden. Die Eigengewichtslasten sind durch die Wahl der Querschnitte, Beläge usw. gegeben. Die DIN-Verkehrslasten sind im Vergleich zu den Werten anderer Länder und im Vergleich zu den tatsächlichen Verkehrslasten sehr hoch. Die dadurch bestehende Reserve sollte im Hinblick auf Sonder-Transporte und nicht in Rechnung gestellte Wirkungen etwa erhalten bleiben. Andererseits muß dem Brücken-Ingenieur bewußt sein, daß die oftmals wiederholten Verkehrslasten ($2 \cdot 10^6$ Wiederholung in rund 50 Jahren, wie für Ermüdung maßgebend) abhängig von der Spannweite oder der für die betreffende Schnittkraft maßgebenden Länge der Einflußlinie nur rund 40 % bis 25 % der vollen Verkehrslast erreichen. Bei Großbrücken wurde wiederholt auch für die erf. Traglast die volle Verkehrslast abgemindert, für Dauerfestigkeitsnachweise sind höchstens die genannten Prozentsätze einzusetzen.

Neuerdings wird von gemessenen Lastkollektiven und ihrer wahrscheinlichen Häufigkeit ausgegangen und diese werden der "Betriebsfestigkeit" gegenübergestellt. Besonders die Bundesbahn forscht in dieser Richtung und fand, daß auch bei Eisenbahnlasten nur 50 % bis 30 % der vollen vorgeschriebenen Lasten so häufig auftreten, daß sie maßgebend werden.

Niedrige gemessene Lastkollektive rechtfertigen jedoch nicht ohne weiteres eine starke Herabsetzung der Norm-Verkehrslasten, wenn nicht gleichzeitig andere Wirkungen berücksichtigt werden, die zu Spannungen führen. Solche Wirkungen sind insbesondere Temperatur und Schwinden oder ungleiche Stützensenkungen mit den resultierenden Eigen- und Zwangsspannungen. Läßt man die Verkehrslasten genügend hoch, dann kann man auf langwierige Nachweise solcher Wirkungen verzichten, wenn man entsprechende konstruktive Regeln einhält. Dies trägt zu der dringend erwünschten Einfachheit der notwendigen Nachweise bei.

Temperaturwirkungen haben wiederholt zu gefährlichen Rissen geführt und vorgespannte Brücken fast zum Einsturz gebracht [46] und [58]. Als erster hat Kehlbeck in [47] die dadurch entstehenden Spannungen dargestellt. In Fahrbahnplatten können bei Asphaltbelag ΔT = 25 K, ohne Belag ΔT = 19 K, auftreten (Bild 11.1). In Stegen von Kastenträgern quer durch den Steg ΔT = 12 K, von Plattenbalken ΔT = 18 K möglich (Bild 11.2). Diese Temperaturgefälle quer durch Bauteile erzeugen Eigenspannungen in Größen, die für sich allein schon zu Rissen führen können. Bei statisch unbestimmten Trägern kommen Zwangsspannungen durch Veränderung der Auflagerreaktionen hinzu, für die bei Durchlauf-Kastenträgern das ΔT zwischen oberer und unterer Gurtplatte maßgebend ist, das bei Brücken in maritimem Klima bis zu ΔT = 15 K, im In- und Hochland bis zu 20 K betragen kann. Rechnet man daraus Zwangs-Schnittgrößen für die Steifigkeiten im Zustand I, so ergeben sich Biegemomente der HT, die die Größenordnung der Verkehrslastmomente erreichen.

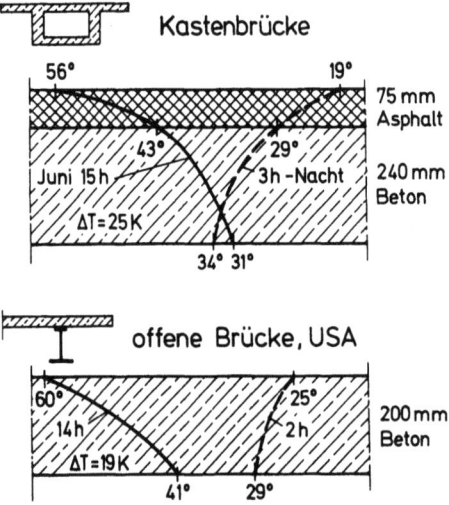

Bild 11.1   Temperaturen in Fahrbahnplatten in °C

Die Summe der Temperaturspannungen eines zweifeldrigen Kastenträgers hat Kehlbeck mit Werten ermittelt, wie sie in Bild 11.3 dargestellt sind. Hierzu kommen noch Spannungen aus ΔS-Schwinden. Dabei sind noch nicht einmal Extremwerte der Temperaturen berücksichtigt.

Die neueren Darmstädter Untersuchungen [60] über ΔT sind wohl zu optimistisch und nur durch Messungen an einer städtischen Brücke in einem Sommer abgedeckt, was nie die Extremwerte aufzeigen kann.

11.1 Tragfähigkeit für Last- und Zwang-Schnittgrößen

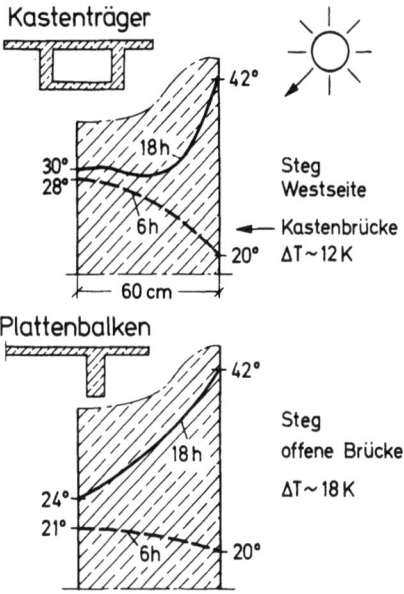

Bild 11.2 Temperaturen in Stegen von Kastenträgern und Plattenbalken

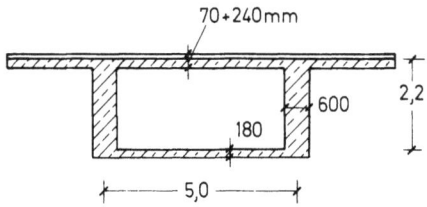

		σ_y Querrichtung	σ_x Längsrichtung
Fahrbahnplatte	Druck	-4,6 N/mm²	-5
	Zug	+2,8	+2,0
Steg	Druck	-8,7 Febr.	-1,4
	Zug	-4,3 Juni	+3,5
Bodenplatte		+1,7	+1,7
Zugfestigkeit des Betons B45		1,9 5% Fraktile	3,1 95% Fraktile

Bild 11.3 Durch Temperatur bewirkte Spannungen in einem zweifeldrigen Kastenträger, Eigenspannungen + Zwangsspannungen (nach Kehlbeck [47])

Am gefährlichsten sind jedoch die Temperaturunterschiede, wie sie gleich nach dem Betonieren durch Hydratationswärme entstehen, solange die Festigkeit noch gering ist. Bild 11.4 zeigt Meßergebnisse an einer Brücke in Westfalen, die im Dezember 1977 betoniert wurde. Der größte Temperaturunterschied zwischen dem 1,0 m dicken und 2,2 m breiten massiven Hauptträger und der 0,25 m dicken Fahrbahnplatte trat am 4. Tag mit $\Delta T = 30$ K auf. Die Fahrbahnplatte mußte zu diesem Zeitpunkt schon Querrisse aufweisen. Abhilfe ist hier nur durch bessere Betontechnologie und wärmedämmende Nachbehandlung möglich.

11. Zu den Bemessungsgrundlagen, Vorspanngrad und Mindestbewehrungen

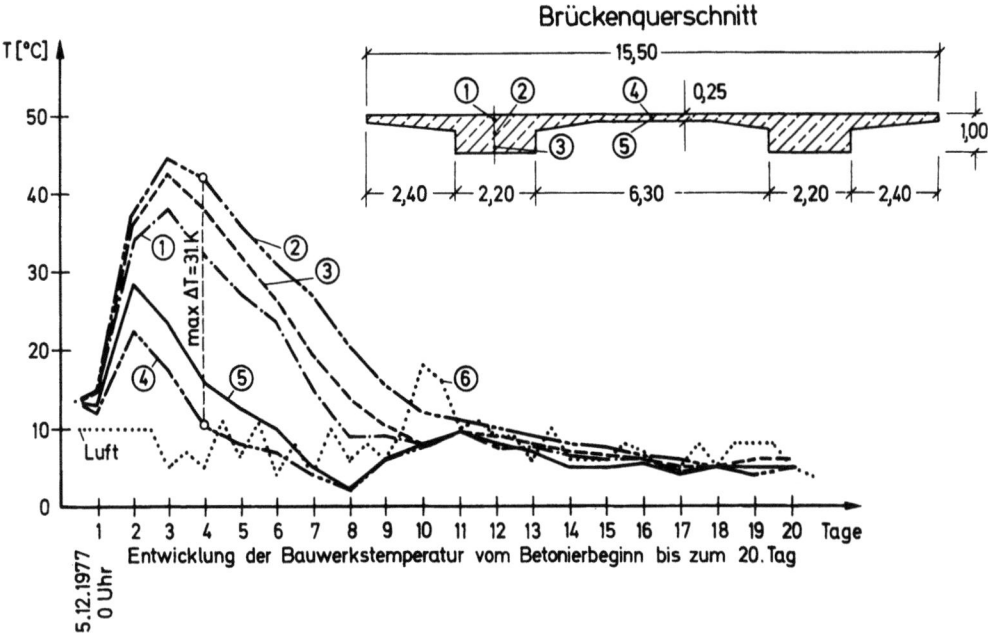

Bild 11.4 Entwicklung der Temperatur in einer Plattenbalkenbrücke vom Betonieren bis zum 20. Tag im Dezember ohne Wärmedämmung

Es wäre entschieden falsch, die aus ΔT entstehenden Schnittkräfte zu den Last-Schnittkräften für die Bemessung zu addieren oder die daraus entstehenden Betonzugspannungen durch Vorspannung zu überdrücken. Diese Spannungen beeinträchtigen die Tragfähigkeit nicht; soweit sie Zugspannungen sind, werden sie bei Laststeigerung bis zur erforderlichen Grenzlast durch Rißbildung weitgehend oder ganz verschwinden. Zwang-Druckspannungen beeinträchtigen die Traglast nur soweit es sich um Stabilitätsfälle handelt oder sofern sie durch Rißbildung auf der Zugseite nicht auch abgebaut oder im plastischen Druckbereich aufgezehrt werden. In Bild 11.5 ist anschaulich dargestellt, wie diese Zwangskräfte aus behinderter Verformung beim Übergang zur Grenzlast abgebaut werden, selbst wenn man die Verformung mit einem Sicherheitsfaktor vergrößert. (Siehe auch [57] und [67]).

Für die Bemessung der Tragfähigkeit kann man daher die normalen Temperatur- und Schwindwirkungen trotz der hohen Zwangsspannungen vernachlässigen - nicht jedoch bei der Rißbeschränkung.

Was Stützensenkungen Δv anbelangt, so wird zwischen "wahrscheinlichen" und "möglichen" Werten unterschieden. Sie spielen bei Durchlaufträgern eine Rolle. Die daraus entstehenden Zwangsschnittgrößen werden zunächst durch Kriechen abgebaut - abhängig vom zeitlichen Verlauf, der abgeschätzt werden muß. Die Tragfähigkeit schlanker Durchlaufträger wird durch Δv selbst bei relativ großen unterschiedlichen Setzungen nicht gefährdet, weil sich schon bei geringer Rißbildung die ungünstigsten Zwangsmomente umlagern und abbauen.

Man braucht daher nicht ängstlich zu sein. Es wird jedoch empfohlen, für etwa 1/2 bis 1/3 der wahrscheinlichen Δv die Schnittkräfte bei der Bemessung zu berücksichtigen und den Bereich der Mindestbewehrung für Rißbeschränkung für das volle wahrscheinliche Δv auszulegen.

11.1 Tragfähigkeit für Last- und Zwang-Schnittgrößen

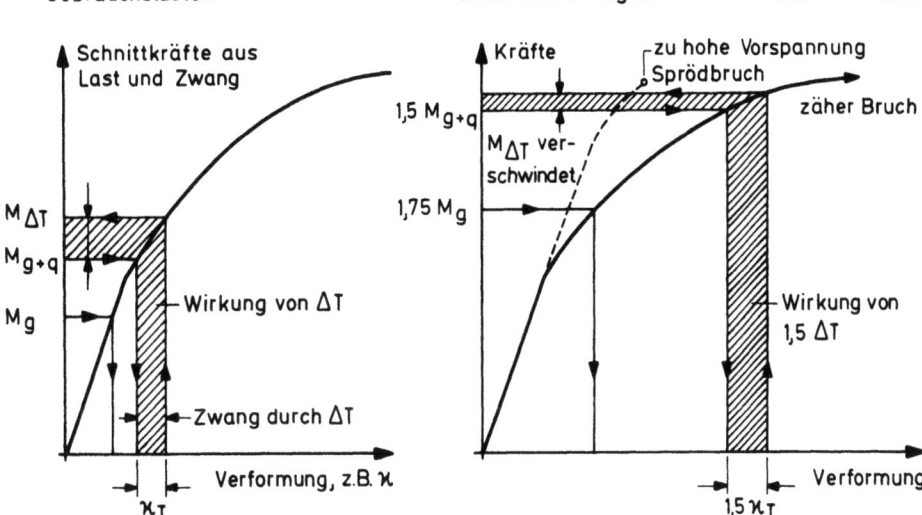

Bild 11.5 Wirkung einer Zwangskraft aus ΔT an einem Durchlaufträger. Links: im Gebrauchszustand bewirkt die aufgezwungene Verformung (Krümmung) Schnittkräfte (Momente), die fast so groß sind wie die Schnittkräfte aus Verkehrslast. Rechts: Übergang zur Traglast, erforderlich sind ν-fache Lastschnittgrößen, die ν-fache Zwangsverformung ergibt nur noch kleine Schnittgrößen, die mit weiterer Laststeigerung verschwinden, wenn das Tragwerk nicht zu stark vorgespannt und ausreichend bewehrt ist.

Im übrigen sollten Lager von Durchlaufträgern, bei denen relativ große Δv erwartet werden, grundsätzlich nachstellbar ausgebildet werden, damit "mögliche" Δv durch Nachstellen unschädlich gemacht werden können. Selbst im Bergsenkungsgebiet sind, bei erwarteten Senkungen bis zu 5 m, Spannbeton-Durchlaufträger mit nachstellbaren Stützen mit Erfolg gebaut worden, sie ertragen vorübergehend größere Verformungen als Stahlträger ohne bleibenden Schaden zu nehmen (Stadtautobahn Duisburg, Berliner Brücke [61]).

11.2 Wahl des Vorspanngrades

Die erforderliche Tragfähigkeit kann entweder ohne Vorspannung, also nur mit schlaffer Bewehrung, oder mit "voller" Vorspannung (keine σ_x-Zugspannungen aus Biegung für volle Gebrauchslast $g+q$) oder mit "beschränkter" oder "teilweiser" Vorspannung erreicht werden. Die Vorspannung erhält den Zustand I z.B. für Hauptträger-Biegemomente für einen höheren Lastgrad, sie vermindert die Rißgefahr, verkleinert die Durchbiegungen und vermindert die Spannungswechsel durch Verkehrslast. Die Vorspannung verbessert also eindeutig das Verhalten der Brückentragwerke. Sie erlaubt auch größere Schlankheiten der Tragwerke, größere Spannweiten und damit schönere Brücken. Die Vorspannung wird daher mit Recht heute für Massivbrücken in der Regel verlangt.

Lange Zeit war man der Meinung, daß diese Vorteile des Spannbetons nur mit einem hohen Grad der Vorspannung, also mit "voller oder beschränkter" Vorspannung z.B. nach DIN 4227 (beschränkte V, durch Begrenzung der Betonzugspannungen aus Lasten bei voller Gebrauchslast) erreicht werden, wobei gleichzeitig die schlaffe Bewehrung auf Mindestwerte von $\mu_z = 0,07$ bis $0,12$ % reduziert war, weil man glaubte, daß diese Spannbetonbrücken rissefrei bleiben, wenn in der Statik für die DIN-Lastfälle rechnerisch nachgewiesen war $\sigma_{cZ} = 0$ oder $\sigma_{cZ} \leq$ zul σ_{cZ}.

Dies ist aber Illusion, wie einige grobe Risseschäden und die Erforschung ihrer Ursachen zeigte. Ursache sind im wesentlichen die geschilderten ΔT, ΔS und Δv-Spannungen, die leicht die Zugfestigkeit des Betons überschreiten und daher auch in "voll vorgespannten" Brücken zu Rissen führten.

Tritt nun in solchen Brücken ein Riß in einem Zuggurt auf, dann wird die nach bisheriger Vorschrift viel zu schwache "Mindestbewehrung" schon beim Entstehen des Risses über die Streckgrenze beansprucht, der Verbund benachbarter Spannglieder versagt und der Riß öffnet sich stark. So sind die mehrfach beobachteten Rißbreiten von 1 bis 5 mm zu erklären, die sich auch in vorgespannten Versuchsbalken mit "Mindestbewehrung" an mehreren Forschungsinstituten eingestellt haben.

Die volle Vorspannung ergibt auch unnötig hohe Druckspannungen in überdrückten Zuggurten, die zu hohen Kriechverformungen führen. Es ist auch wichtig zu erkennen, daß der Verbund der üblichen mit Zementmilch injizierten Spannglieder in Hüllrohren wegen des geringen Scherwiderstandes der Zementschicht sehr mangelhaft ist (rund 1/6 bis 1/10 des in gutem Beton mit gerippten Stäben vorhandenen Wertes). Dies führt dazu, daß die "rechnerische Bruchlast", bei der voller Verbund vorausgesetzt wird, in Wirklichkeit nicht erreicht wird, wenn die schlaffe Bewehrung im Zuggurt so schwach ist, daß sie schon beim Entstehen eines Risses ins Fließen kommt und der Verbund der Spannglieder dann örtlich versagt.

Diese Mängel werden vermieden, wenn die Mindestbewehrung so bemessen wird, daß Risse infolge von Lasten + Zwängen haarfein bleiben, daß also μ_{zw} so gewählt wird, daß die Rißbreite w_k = 0,2 oder sogar 0,1 mm eingehalten wird (siehe [0], Teil 4, 2. Auflage). Diese Mindestbewehrungsregel führt zu 2 bis 5-fach größeren A_s als sie die DIN 4227 (1978) fordert. Dieses A_s wirkt bei der Tragfähigkeit voll mit und erlaubt ohne Nachteil die Vorspannung zu vermindern. <u>So kommt man zur "teilweisen Vorspannung"</u>, die experimentell besonders durch B. Thürlimann, ETH Zürich, unterbaut, durch R. Walther (ETH Lausanne) vorangetrieben und in der Schweiz seit Jahren in der Praxis mit bestem Erfolg angewandt wird. Die teilweise vorgespannten Brücken mit mehr schlaffer Bewehrung verhalten sich in jeder Hinsicht besser als voll vorgespannte mit zu wenig A_s, sie stehen auch in der Dauerhaftigkeit nicht nach, weil etwaige Haarrisse keine Korrosionsgefahr bedeuten.

<u>Empfohlen wird daher eine teilweise Vorspannung,</u> die so zu wählen ist, daß für ständige Last g und etwa 10 % bis 30 % der Verkehrslast q im Zuggurt der Hauptträger oder der Fahrbahnplatten die Biegelängsspannung des Betons in Zustand I σ_x = 0 wird. Zugspannungen des Betons werden nicht begrenzt, wohl aber die Rißbreiten mit w_k = 0,2 oder 0,1 mm - je nach Umweltbedingungen. Die erforderliche Menge schlaffer Bewehrung A_s, ihre Aufteilung in $\emptyset$ und Stababstände, ergibt sich aus der Rißbeschränkung und aus der nötigen Ergänzung des Spannstahles A_p zu $(A_p f_{py} + A_s f_{sy})$ als der für die Tragfähigkeit nötigen Zuggurtkraft.

ΔT und ΔS bleiben für die Bemessung von $A_s + A_p$ außer acht, sie bestimmen jedoch die Länge der Bereiche, in denen A_s für $w_k \leq$ zul w zu bemessen ist, obwohl für die Tragfähigkeit keine solche Bewehrung mehr erforderlich wäre. In einem Durchlaufträger z.B. überlagert man ein $M_{\Delta T}$ für ΔT = 15 K den $\pm M_{g+0,5 q+p_\infty}$ und ermittelt damit die Gurtbereiche, in denen die Randzugspannungen $\sigma_{c,x}^I \geq 0,6 f_{ctk}$ werden; bis zu dieser Stelle ist die Rissebewehrung einzubauen. Dies betrifft vor allem die Bereiche nahe der Momenten-Nullpunkte.

11.3 Nachweise der Gebrauchsfähigkeit

Für die Gebrauchsfähigkeit ist bei Spannbetonbrücken die Beschränkung der Rißbreiten durch die oben begründete verstärkte schlaffe Bewehrung ausschlaggebend. Sie ist auf all die Bereiche auszudehnen, die durch Last + Zwang + Vorspannung oder durch Zwang allein Zugspannungen im Beton erfahren können, die größer als etwa 60 % der 5 %-Fraktile der Betonzugfestigkeit sind. Dabei ist innerer und äußerer Zwang besonders infolge ΔT zu betrachten, wobei für ΔT bewußt selten vorkommende Extremwerte anzusetzen sind. Dies bedeutet, daß z.B. in Stegen von Kastenträgern, die quer gerichteten Biegemomenten aus ΔT ausgesetzt sind, die für Querkraft-Schub ausreichende Mindestschubbewehrung nicht genügt. Es bedeutet, daß die Begrenzung schiefer Hauptzugspannungen oder gar τ_o in Stegen nicht sinnvoll ist, daß vielmehr auch für Schub Mindestbewehrungen zur Begrenzung von Schubrißbreiten zu wählen sind, die dann in der Regel gleichzeitig für Steg-Biegerisse genügen.

Der Nachweis von Durchbiegungen unter Verkehrslast ist bei Spannbetonbrücken in der Regel nicht notwendig, weil die Durchbiegungen weit unter den Werten bleiben, die die Gebrauchsfähigkeit beeinträchtigen. Dagegen müssen die Durchbiegungen unter Eigengewicht einschließlich der Kriechverformung näherungsweise ermittelt werden, damit die Brücke bei der Herstellung richtig über- oder unterhöht werden kann.

Beim Freivorbau großer Brücken müssen die Durchbiegungen der Bauzustände sorgfältig ermittelt werden - mit Einfluß der voraussichtlichen Temperaturen auf Kriechen und Schwinden, damit die Gradiente planmäßig erreicht wird.

11.4 Mindestbewehrungen für Brücken

Im folgenden wird eine vereinfachte Regelung der Mindestbewehrungen für Spannbetonbrücken gegeben, wie sie vom Verfasser 1977 für DIN 4227 vorgeschlagen wurde:

Die Mindestbewehrung muß als 1. Forderung so bemessen sein, daß sie beim Entstehen des Risses nicht über die Streckgrenze beansprucht wird. Dies ergibt

bei mittigem Zug und freier Dehnbarkeit $\quad \min \mu_Z = \dfrac{f_{ct}}{f_{s,y}} = \dfrac{0,24\, f_{cc}^{2/3}}{f_{s,y}} [N/mm^2]$

bei Biegung, auch bei Biegung mit Längsdruck $\quad \min \mu_Z = 0,4 \dfrac{f_{ct}}{f_{s,y}}$

$f_{s,y}$ = Streckgrenze des Bewehrungsstahles
f_{ct} = Zugfestigkeit des Betons
f_{cc} = Würfel-Druckfestigkeit des Betons (Serienfestigkeit)

Das μ_Z ist auf folgende Betonflächen zu beziehen

bei Zug auf $A_c = b\,h$ bis b oder $h \leqq 0,4$ m

bei Biegung auf $A_{ct} = b\,\dfrac{2}{3}(h - x^I)$ bis $h \leqq 1,0$ m,

x^I = Höhe der Biegedruckzone im Zustand I.

Sind die Abmessungen b oder h größer als obige Grenzwerte, dann ist μ_Z auf die Wirkungszone A_{cw} der Bewehrung nach Bild 2.13 in Teil 4 der "Vorlesungen" [0] zu beziehen (Bild 11.6). Spannglieder mit nachträglichem Verbund dürfen wegen ihrer niedrigen Verbundgüte nicht auf min μ_Z angerechnet werden.

Die Mindestbewehrung muß als **zweite Forderung** so bemessen sein, daß die Rißbreite ein gefordertes Maß w_k mit etwa 90 % Wahrscheinlichkeit nicht überschreitet. Für Spannbetontragwerke genügt es in der Regel $w_k = 0,2$ mm einzuhalten. Die hierzu erforderliche Bewehrung wird nicht aus Schnittkräften bestimmt, sondern mit Hilfe des Falkner-Diagrammes und der Beanspruchungsart.

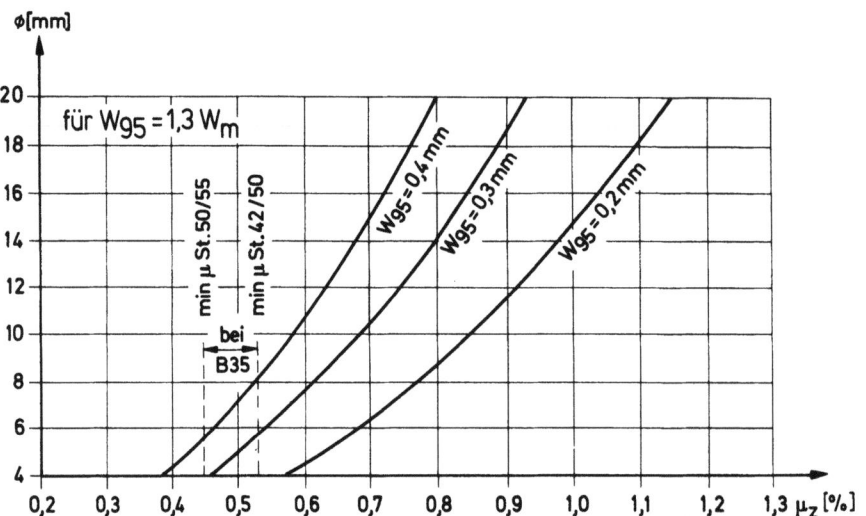

Bild 11.7 Vereinfachtes Falkner-Diagramm zum Ablesen der erf. Bewehrungsprozente zur Beschränkung der Rißbreite auf geforderte w_{95} bei gewähltem Stabdurchmesser für mittigen Zug aus Zwang ohne Dehnungsbehinderung. Bei Dehnungsbehinderung durch Zusammenhang mit Druckzonen oder Gurten (Biegung oder Schub) wird erf. μ geringer. Bei hohen Betongüten Mindestwerte beachten!

Das für eine zulässige Rißbreite w_k erf. μ_Z ist abhängig vom gewählten Stabdurchmesser $\emptyset$ für reinen Zug aus dem Diagramm Bild 11.7 abzulesen. Für Biegung ist dieser Wert mit

$$k_B = \frac{d - x^{II}}{d}$$

abzumindern, wobei x^{II} die Höhe der Biegedruckzone im Zustand II bei dreieckigem σ_c-Diagramm für ein zunächst angenommenes A_s und für das zum Erzeugen des Risses im Zustand I nötige Rißmoment M_R (mit $\sigma_{ct} = 0,24\, f_{cc}^{2/3}$) ist. Dabei ist die Wirkung der Vorspannkraft mit P_∞ anzusetzen.

Spannglieder in Hüllrohren mit nachträglichem Verbund dürfen bei der Ermittlung von x^{II} im Querschnittswert wegen ihrer niedrigen Verbundfestigkeit nur mit $k_b A_p$ angesetzt werden, mit

$k_b = 0,4$ bei glattem Spannstahl

$k_b = 0,5$ bei geripptem Spannstahl und Litzen.

Spannglieder mit sofortigem Verbund dürfen mit vollem A_p für x^{II} und μ_Z angerechnet werden.

11.4 Mindestbewehrung für Brücken

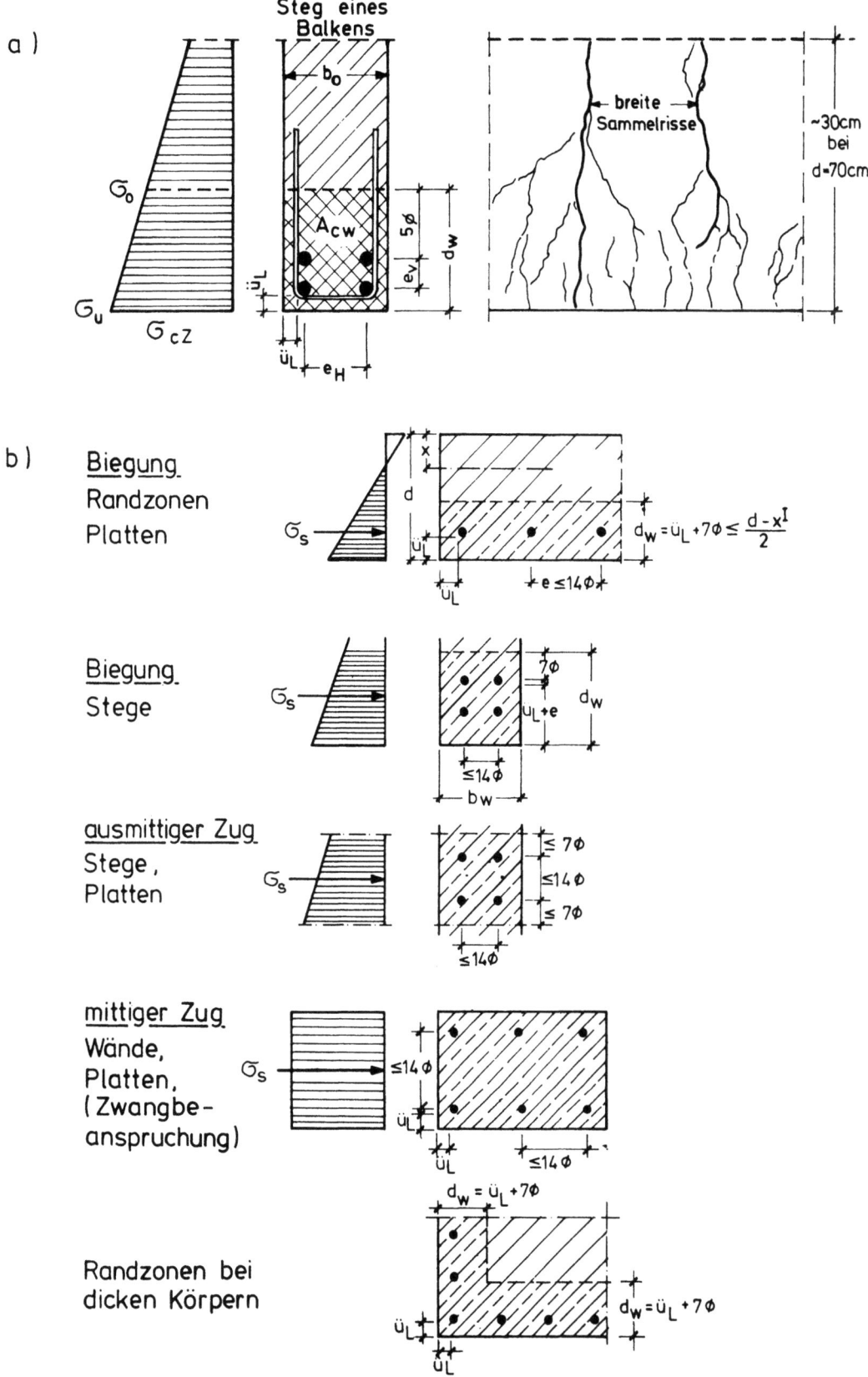

Bild 11.6 Wirkungszone der Bewehrung für Nachweise der Rißbreitenbeschränkung

Das μ_Z ist auch hier auf A_c bzw. A_{cw} wie bei der 1. Forderung zu beziehen.

Keine Mindestlängsbewehrung ist nötig, wenn auch bei extremen Zwangsschnittkräften (zusätzlich zu Lastschnittkräften) die Höhe der Biegezugzone $(h - x^I) < 0,2\ h$ und < 60 cm ist.

Zur Rißbreitenbeschränkung wird weiter empfohlen, folgende **Stababstände** nicht zu überschreiten:

	zul w_k in mm	0,1	0,2	0,4	mm
Zug und Biegezug	im allgemeinen	100	150	150	mm
	an Fugen mit Spanngliedverankerungen	100	100	150	mm
Schub und Torsion	vertikale Bügel bei τ_o bis 2 MPa	50	100	200	mm
	τ_o bis 3 MPa	-	75	100	mm
	45° bis 60° Bügel τ_o bis 3 MPa	100	150	250	mm

Bei Doppelstabmatten darf nur $0,6\ F_e$ der beiden Doppelstäbe auf μ_Z angerechnet werden, sie sind zur Rißbeschränkung ungeeignet.

Mindestbewehrung in Zonen ohne Rißgefahr

In Zonen, in denen weder durch Lasten noch durch Zwangskräfte Risse zu befürchten sind, kann auf eine Mindestbewehrung verzichtet werden. Dennoch wird empfohlen, in Brücken-Überbauten auch in diesen Zonen eine Hautbewehrung der Randflächen einzubauen, für die folgende Bemessungsregel gilt:

Beton Klasse	BSt 220/340	BSt 420/500 500/550	zu beziehen auf A_{cw}
B 25	0,26 %	0,14 %	$= (\ddot{u} + 7\ \emptyset) \cdot 1$
B 35	0,34 %	0,18 %	
B 45	0,38 %	0,20 %	
B 55	0,42 %	0,22 %	
Stababstände 250 bis 300 mm nicht überschreiten			

12. Bemessung und Konstruktion von Plattenbrücken

12.1 Rechtwinklige Plattenbrücken

12.1.1 Rechtwinklige Massivplatten, Schnittkräfte

Die Schnittkräfte sind nach der Plattentheorie zu ermitteln. Die Biegemomente m_x, m_y und m_{xy} sowie die Querkräfte q_x (q_y vernachlässigbar) werden aus Einflußflächen, in der Regel mit Rechner-Programmen gewonnen. Zur Prüfung erhält man die Biegemomente M_x nach der Balkentheorie genügend genau, wenn $\ell/b \geqq 2$ ist oder wenn bei breiteren Platten die mitwirkende Breite für das Schwerstfahrzeug SLW mit $b_m = 0,6\, \ell_i$ angesetzt wird. Kann SLW nahe am Plattenrand stehen, dann kann m_x am Rand um 10 % bis 20 % größer sein als im Mittelbereich (Bild 12.1). Die Umhüllende der max m_x ergibt im Mittelbereich der Spannweiten einen fast konstanten Wert auf eine Länge von rund $0,3\,\ell$.

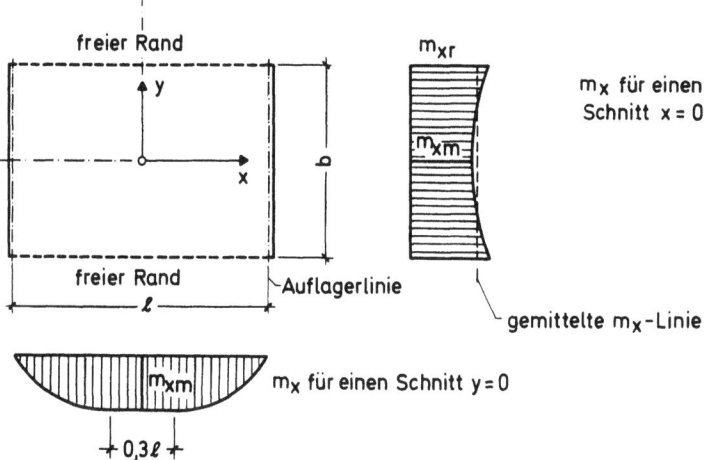

Bild 12.1 Verlauf der Längsmomente m_x infolge Verkehrslast in einer Plattenbrücke

Die positiven Quermomente m_y sind nahe $\ell/2$ am größten und nehmen zum Auflager hin ab, sie betragen in der Regel etwa $m_y \leqq 1/5 \max m_x$. Der Nachweis genügt bei $\ell/2$. Sie können größer sein, wenn an den Rändern anbetonierte Schrammborde die wirksame Höhe h vergrößern. Die negativen Quermomente m_y aus SLW an den Rändern brauchen nur für die Plattenmitte bei $\ell/2$ und an Zwischenstützen ermittelt zu werden. Im ungerissenen Zustand entstehen aus Behinderung der Querdehnung Quermomente $m_y = \mu\,(m_x - m_y)$, die jedoch als Zwangsmomente durch Rißbildung im Zustand II, wie er für den Grenzzustand der Tragfähigkeit vorausgesetzt wird, verloren gehen und deshalb bei der Bemessung nicht berücksichtigt werden müssen.

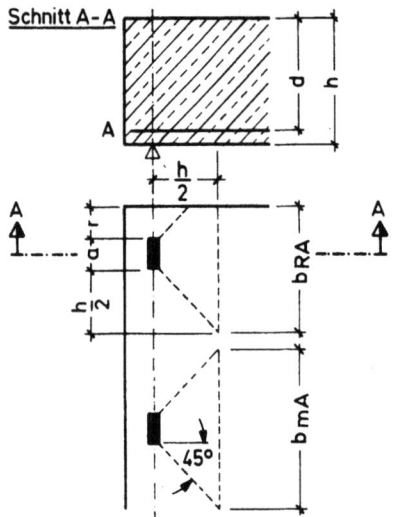

Bild 12.2 Bezugsfläche $b_A d$ für Schubspannungen in Auflagernähe

Die größten Querkräfte q_x je m Plattenbreite hängen sehr von der Lagerungsart der Platte ab. Bei Linienlagern über die ganze Breite b werden sie in der Regel nicht kritisch, bei kurzen Linien- oder gar Punktlagern können sie Werte erreichen, die besondere Schubbewehrung nötig machen. Maßgebend ist q_x in der Entfernung ℓ_x = h/2 und auf die Breite b_R = a + h/2 + r bei Randlagern und b_m = a + h bei Zwischenlagern.

Liegt $\dfrac{q_x \cdot b}{b \cdot d} = \tau_o$ über der Nachweisgrenze der maßgebenden DIN, die u.a. von der absoluten Plattendicke h abhängt, dann ist die erforderliche Schubbewehrung zu bemessen.

Bei Zwischenstützen von Durchlaufplatten muß die Sicherheit gegen Durchstanzen wie bei Flachdecken nachgewiesen werden.

12.1.2 Schlaffe Bewehrung der Massivplatten

Kleinere Brücken werden auch im Zeitalter des Spannbetons zur Vereinfachung der Ausführung gern nur schlaff bewehrt. Dagegen ist nichts einzuwenden, wenn die Hauptbewehrung mit kleinen Stababständen (z.B. 100 mm) verlegt wird und so eine Rissebeschränkung auf w_{90} = 0,2 mm für g + 0,6 q erreicht wird.

Die Anordnung der Bewehrung zeigen die Bilder 12.3 und 12.4. Da die Längsbewehrung meist aus dicken Stäben ~ ⌀ 26 mm besteht, wird heute empfohlen, die dünnere Querbewehrung aus ⌀ 10 bis 14 mm in die unterste Lage zu legen, um so Schäden durch Längsrisse infolge hoher Verbundspannungen zu vermeiden. Abstufung der Längsbewehrung nach Zugkraftlinie mit Versatzmaß v = d.

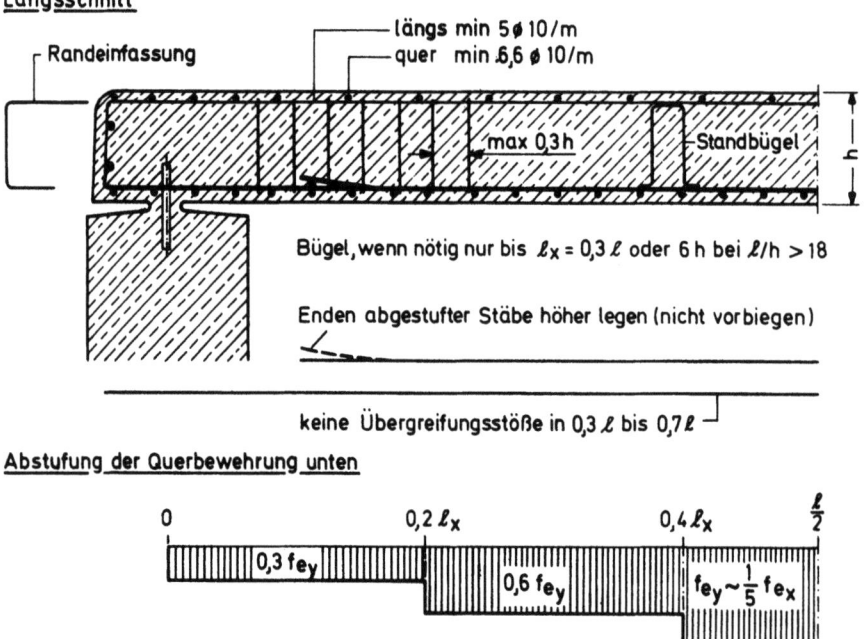

Bild 12.3 Beispiel der Bewehrung einer rechtwinkligen Plattenbrücke im Längsschnitt (Stahlbeton)

12.1 Rechtwinklige Plattenbrücken

Querschnitte

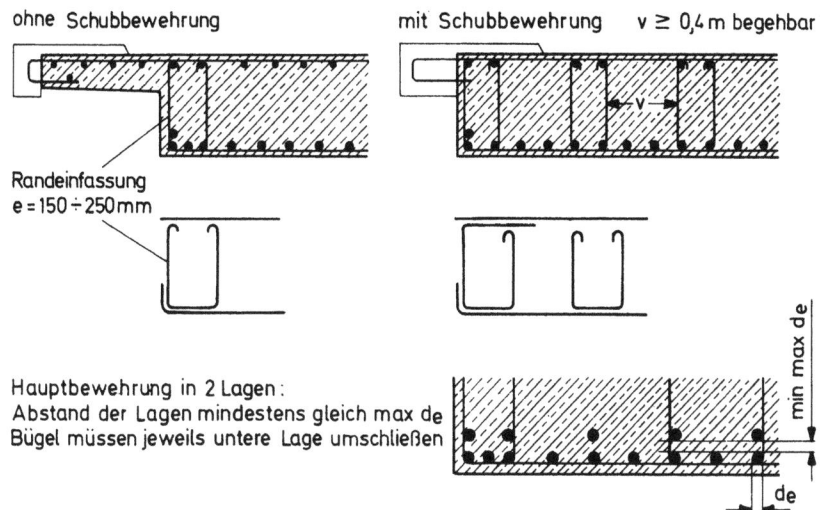

Bild 12.4   Anordnung der Bewehrung im Querschnitt

Bügel müssen jeweils die untere Lage der Längsbewehrung umschließen. Die obere Bewehrung kann zur Erleichterung des Betonierens nach dem Einbringen des unter ihr liegenden Betons aus Matten auf vorbereitete Ständer verlegt werden.

Durchlaufplatten- Stützenbereich: Bei der Längsbewehrung sind Abstufungen oder Aufbiegungen nach Zugkraftlinie mit Versatzmaß an Stütze von $v = d$ und am Momenten-Nullpunkt mit $v = 1,5\,d$ vorzunehmen.

12.1.3 Spannbeton-Massivplatte

Die Längsspannglieder (Spanngliedkräfte 700 bis 1500 kN) laufen über die Plattenlänge durch und werden über der unteren Netzbewehrung auf Ständern verlegt. Früher wurden die Verankerungen etwa bis Höhe $h/2$ hochgezogen. Schubversuche ergaben, daß es besser ist, den Schwerpunkt der Vorspannkräfte P am Plattenende etwa in den unteren Drittelpunkt zu legen (Bild 12.5). Die Spannglieder sollten ferner im Querschnitt

Längsschnitte

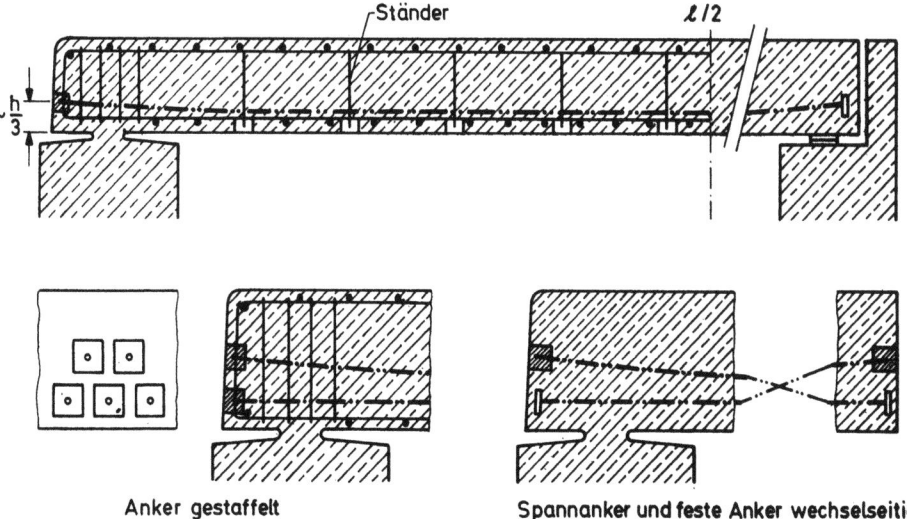

Bild 12.5   Anordnung der Spannglieder und der Bewehrung in einer rechtwinkligen Spannbetonplatte

in Gruppen zusammengefaßt werden mit Zwischenabständen von ~ 0,4 m, damit man dort zum Ausrichten und Festbinden gehen kann (Bild 12.7). An den Enden ist Querbewehrung zur Aufnahme der von den Ankerkräften verursachten Rand- und Spaltzugkräfte nötig. In der Regel brauchen vorgespannte Platten keine Schubbewehrung. Bügel sind andererseits als Ständer für die obere Netzbewehrung (in großem Abstand) und als Randeinfassung nötig.

Bei Durchlaufplatten sollen die Längsspannglieder über Zwischenstützen auf kurze Länge umgelenkt werden, damit die nach unten gerichteten Umlenkkräfte zur Stützung fließen können, ohne schädliche schiefe Zugspannungen zu erzeugen (Bild 12.6). Sie sollen ferner möglichst hoch geführt werden, damit die im Feld entlastend nach oben wirkenden Umlenkkräfte so groß wie möglich werden.

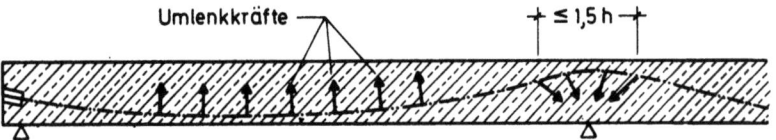

Bild 12.6 Führung der Spannglieder in Durchlaufplatten, kurze Krümmung über Zwischenlager

Quervorspannung (Spanngliedkräfte 300 bis 700 kN) ist bei Brücken bis rund 10 m Breite nicht nötig, wenngleich eine leichte mittige Quervorspannung etwa im mittleren Drittel von ℓ zur Sicherung gegen Längsrisse günstig ist. Bei breiten Brücken ist Quervorspannung schon wegen Zwängungen an Lagern und anderer Temperaturwirkungen stets zu empfehlen und zwar besonders auch im Auflagerbereich. Sie kann einlagig etwa in Höhe h/2 angeordnet werden (Bild 12.7). Meist bedingt eine weit ausladende Konsole zwei Lagen. Bei der Platte mit breit abgeschrägten Rändern werden die Längsspannglieder auf den Bereich der vollen Plattenhöhe konzentriert, die Querspannglieder werden oben verlegt, um das Kragmoment der breiten Randbereiche abzudecken (Bild 12.8).

An Zwischenstützen von Durchlaufplatten kann eine dem M- und Q-Verlauf angepaßte Führung der Querspannglieder angezeigt sein, Beispiele zeigt das Bild 12.9.

12.1.4 Hohlplatten

Die Schnittkräfte werden wie für Massivplatten ermittelt, der Einfluß der Anisotropie wird also vernachlässigt. Hohlplatten sind in der Längsrichtung ohne besondere Maßnahmen genau so tragfähig wie Massivplatten, dagegen sind sie in der Querrichtung "auf Schub beansprucht" schwach, also für große Querbiegemomente und die zugehörigen Querkräfte empfindlich, weil der Fluß der sich kreuzenden schiefen Hauptspannungen durch die Hohlräume gestört ist (siehe Versuchsbericht Aster, Heft 213, DAfStb.). Daher müssen stets in $\ell/2$ und an Zwischenstützen Querrippen angeordnet werden, wenn $\ell/b \leq 4$ ist (Bild 12.10).

12.1 Rechtwinklige Plattenbrücken

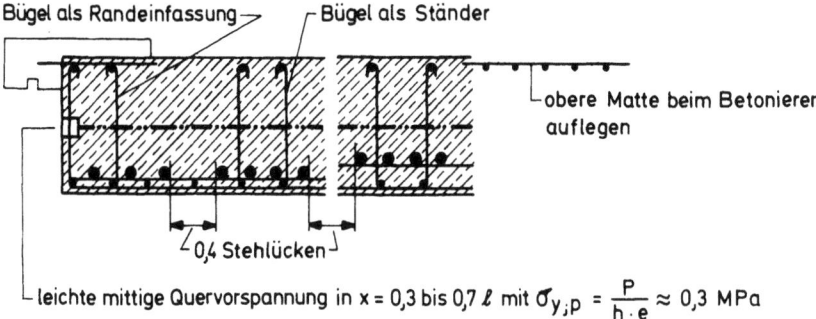

Bild 12.7 Querschnitt durch Spannbetonplatte im Feld

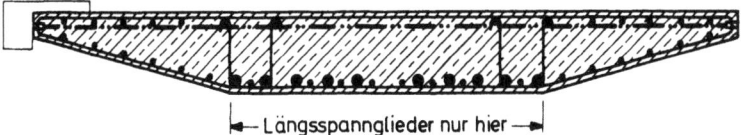

Bild 12.8 Spannglieder in Spannbetonplatte mit Trapezquerschnitt

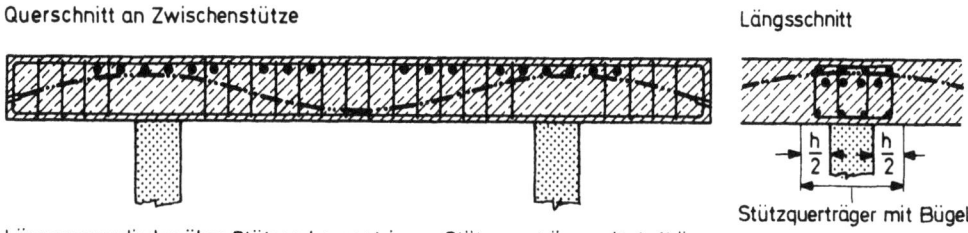

Bild 12.9 Beispiele für Querspannglieder an Zwischenstützen von Durchlaufplatten. Querspannglieder unterhalb der Längsspannglieder

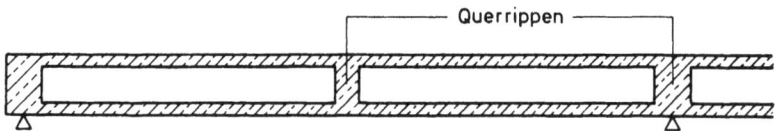

Bild 12.10 Längsschnitt durch Hohlplatte, Lage der Querrippen

Die Längsstege zwischen den Hohlkörpern müssen verbügelt werden, Bügelabstände höchstens 0,3 h oder 0,3 m. Bei kreisrunden Hohlkörpern wären sich kreuzende schiefe Bügel (Bild 12.11 c) am günstigsten, sie lassen sich jedoch praktisch fast nicht ausführen, weil die Bügel auch in Hohlplatten die untere Längsbewehrung umschließen müssen.

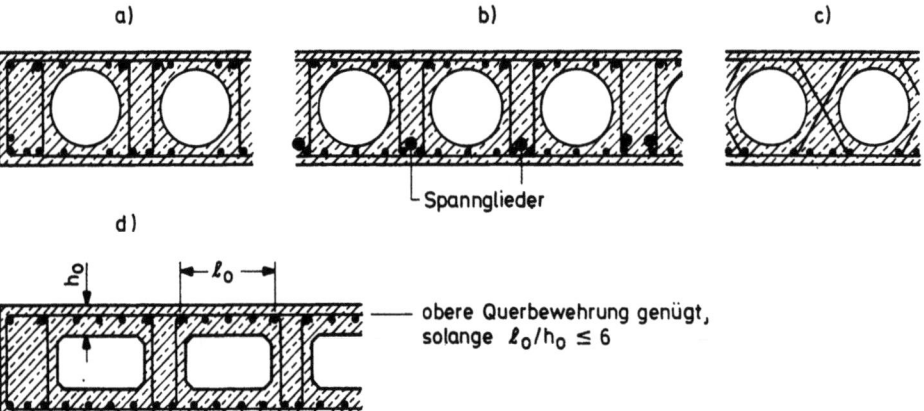

Bild 12.11 Querschnitt und Bewehrung der Hohlplatte mit Kreis-Hohlkörpern
a) Stahlbeton b) Spannbeton c) wirksamste Bügelform d) bei Rechteck-Hohlkörpern

Als Querbewehrung genügt je eine Lage unten und oben. Radlasten werden über den Rohren gewölbeartig abgetragen. Der dabei entstehende "Gewölbeschub" breitet sich seitlich aus und wirkt auf die obere Plattenscheibe. Die in dieser Scheibe liegende Querbewehrung nimmt den Gewölbeschub auf, auch wenn sie oben liegt, weil der Zusammenhang mit der unteren Querbewehrung besteht. Dies gilt auch für rechtwinklige Hohlkörper, solange $l_o/h_o < 6$ ist (Bild 12.11d). Wählt man die Platte über dem Hohlkörper schlanker, dann ist eine obere und untere Bewehrung angezeigt, die jedoch nicht für normal errechnete Biegemomente bemessen werden muß, sondern wegen der Scheibenwirkung schwächer sein kann (siehe J. Schlaich [28].)

Die Quervorspannung der Hohlplatten wird am besten auf den Bereich der Querrippen konzentriert; bei großer Breite sind evtl. 2 bis 3 Querrippen je Feld anzuordnen.

An Zwischenstützen (Einzelstützen) von Durchlaufplatten (Bild 12.12) erhält der Stützquerträger eine Breite von etwa (b_{sx} + h) und ist für indirekte Lagerung zu bemessen, d.h. die Stützkräfte der Platte, die zwischen den Stützen ankommen, müssen durch Umlenkkräfte der Querspannglieder und mit Bügeln (Aufhängebewehrung) aufgenommen werden. Dabei darf angenommen werden, daß Plattenstreifen von der Breite (b_{sy} + 2 h) ihre Lasten direkt auf die Stütze bringen (Bild 12.12).

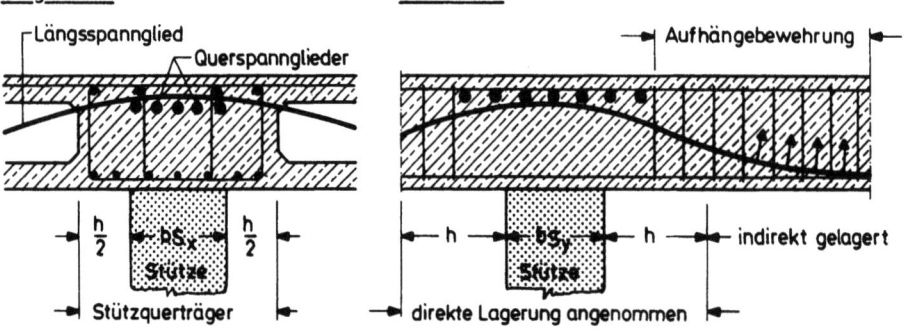

Bild 12.12 Breiter Stützquerträger an Zwischenstützen einer Durchlauf-Hohlplatte. Im Querschnitt sind mehrere Stützen angenommen.

12.2 Schiefwinklige einfeldrige Plattenbrücken

12.2.1 Allgemeines

Für schiefe Kreuzungen bietet die Massivplatte viele Vorteile: sie ist einfach zu schalen, erlaubt kleinste Bauhöhen, trägt die Lasten auf dem kürzesten Weg zum nächsten Lager ab, dabei kann die Richtung der Hauptbewehrung oder der Spannglieder der Richtung der Hauptmomente leicht ungefähr angepaßt werden.

Die Ermittlung der Schnittkräfte ist dank zahlreicher Hilfsmittel, die mit Computerhilfe erarbeitet worden sind, wie Einflußflächen der Momente, Auflagerkräfte usw., heute problemlos. Für ungewöhnliche Grundrißformen stehen Finite Elementprogramme zur Verfügung. Auch die Modellstatik ist ein hierfür hoch entwickeltes Hilfsmittel [29 bis 32].

Der Entwerfende und Konstruierende muß aber das wesentliche der Tragwirkung schiefwinkliger Platten verstanden haben. Die folgenden Hinweise sollen dazu beitragen:

Die wichtigsten Einflußgrößen für das Tragverhalten sind (Bild 12.13):

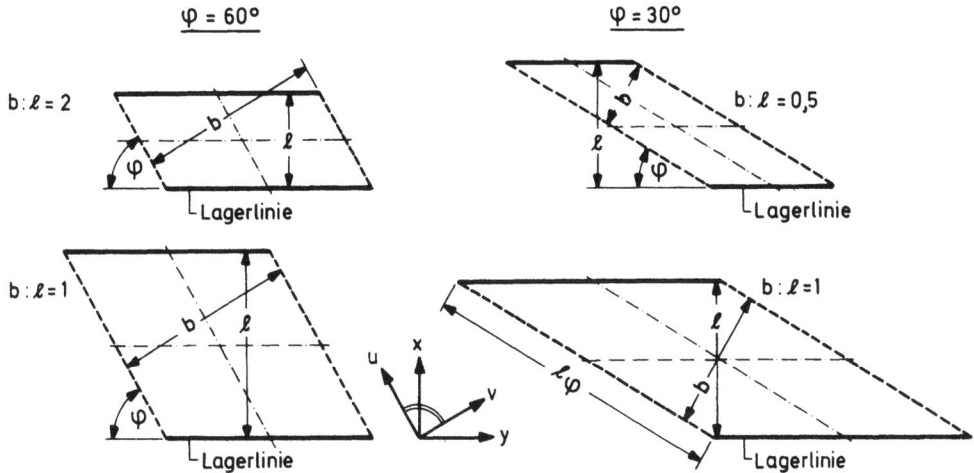

Bild 12.13 Schiefwinklige Platten, wichtige Kennwerte

1. Kreuzungswinkel φ von etwa $20°$ bis $70°$, für $\varphi > 70°$ kann der Einfluß der Schiefwinkligkeit vernachlässigt werden.

2. Verhältnis $b:\ell$ mit b = Breite der Platte rechtwinklig zur Brückenachse, ℓ = Spannweite rechtwinklig zu den Auflagerlinien.

3. Lagerungsart: drehbares Linienlager in Richtung der Lagerlinie oder Einzellager allseits drehbar, dann Abstand dieser Lager oder Endeinspannung in Widerlagerwand. Im folgenden ist zunächst drehbares Linienlager vorausgesetzt.

12.2.2 Biegemomente

Für die Biegebeanspruchung muß man sich den Verlauf der Hauptmomente m_1 und m_2 (auf Breite $\Delta b = 1$ bezogen) klarmachen, der für verschiedene Belastungsarten unterschiedlich ist. Wir gewinnen die m_1 und m_2

und ihre Richtungen aus m_x, m_y und m_{xy}, für die Einflußflächen in Tafelwerken [29 bis 32] zur Verfügung stehen.

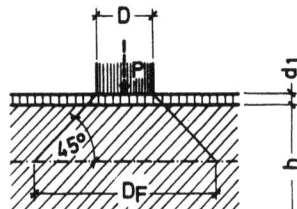

$$m_{1,2} = \frac{m_x + m_y}{2} \pm \frac{1}{2}\sqrt{(m_x - m_y)^2 + 4 m_{xy}}$$

$$\text{tg } 2\alpha = \frac{2 m_{xy}}{m_x - m_y}$$

Für die Auswertung von Einflußflächen werden Radlasten auf eine Lastfläche verteilt, die sich aus der Aufstandsfläche nach DIN 1072 und der Verteilbreite bis zur Mittelfläche der Plattendicke ergibt (Bild 12.14). Man wandelt die DIN-Fläche in einen etwa flächengleichen Kreis mit ⌀ D um und erhält dann den Durchmesser der Lastfläche

$$D_F = D + 2\left(\frac{h}{2} + d_{Belag}\right).$$

h = Plattendicke
d_1 = Fahrbahnbelag
D = Durchmesser der in einen flächengleichen Kreis umgewandelten Lastfläche nach DIN 1072

Bild 12.14 Zur Ermittlung der Lastfläche für Radlasten bei Auswertung von Einflußflächen

Den Verlauf der Hauptmomente in $\varphi = 45°$ Platten mit unterschiedlichem $b:\ell$ bei Gleichlast zeigt Bild 12.15.

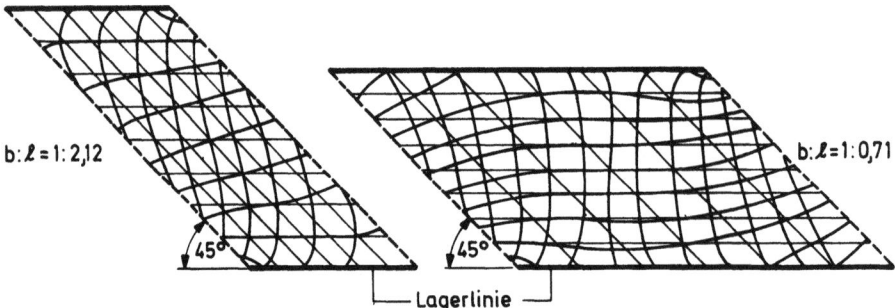

Bild 12.15 Verlauf der Hauptmomentenlinien gleichmäßig belasteter schiefwinkliger Platten

Für die Praxis muß man nun die <u>Biegebemessung auf wenige Punkte beschränken</u>, an denen die m_1 und m_2 erfahrungsgemäß die Größtwerte erreichen. Diese Punkte sind in Bild 12.16 für einfeldrige, parallel berandete schiefe Platten gekennzeichnet.

12.2 Schiefwinklige einfeldrige Plattenbrücken

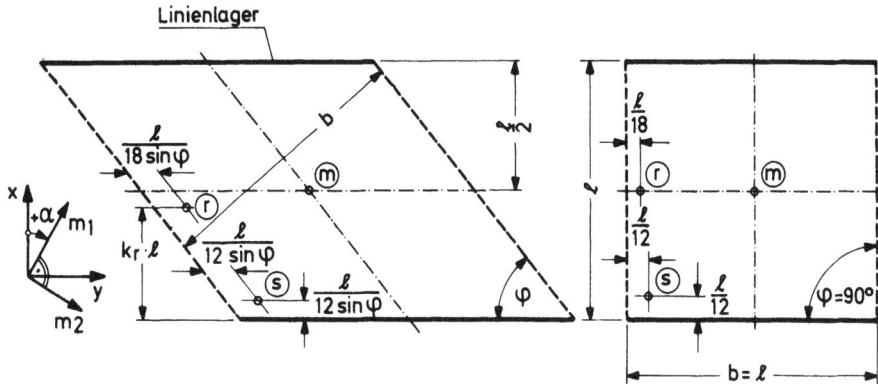

Bild 12.16 Lage der für die Bemessung maßgebenden Punkte schiefwinkliger Plattenbrücken nach Homberg [29]. Festlegung der Richtung der Hauptmomente durch den Winkel α

Punkt ⓜ weist die größten positiven Feldmomente im Innenbereich auf.

Punkt ⓡ erfährt die größten positiven Feldmomente entlang dem langen freien Rand. Die Lage des max m_1 in r ist vom Winkel φ abhängig, was mit dem Faktor k_r geregelt wird.

Punkt ⓢ weist das größte negative Biegemoment auf, das sich an der stumpfen Ecke aus der Einspannung ergibt, die die Linienlagerung bewirkt. Dieses Moment kann durch allseits drehbare Punktlagerung auf Kosten von m_r vermindert werden, vgl. Abschnitt 13.2.3.

Die Abstände dieser Punkte vom Rand, bzw. von der Lagerlinie, beruhen auf einer Übereinkunft und sind technisch sinnvoll.

In den Bemessungspunkten ergeben sich die Größen und Richtungen der Hauptmomente m_1 und m_2 für eine 60° schiefe Platte bei Gleichlast als Beispiel wie in Bild 12.17.

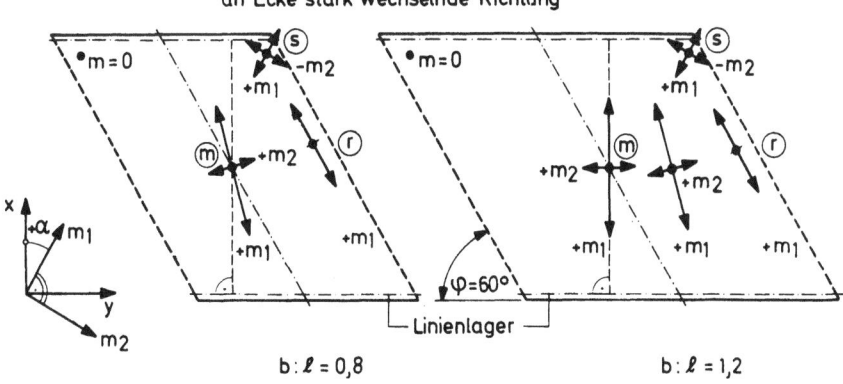

Bild 12.17 Größe und Richtung der Hauptmomente m_1 und m_2 schiefwinkliger Platten unter Gleichlast

Man sieht wie $b : \ell$ die Richtung von m_1 im Innenbereich stark beeinflußt. Das Einspannmoment m_2 an der stumpfen Ecke ist bei $\varphi = 60°$ noch klein, es wird mit kleinerem φ größer und kann so groß werden, daß die Bemessung, Bewehrung und Spanngliedführung schwierig wird. Als Beispiel wird der Verlauf der m_r entlang dem freien Rand bei $\varphi = 30°$ gezeigt (Bild 12.18), aus dem auch die Verschiebung des max m_r zum Auflager hin abzulesen ist, was den Faktor k_r bedingt. Das Einspannmoment wird größer als das Feldmoment.

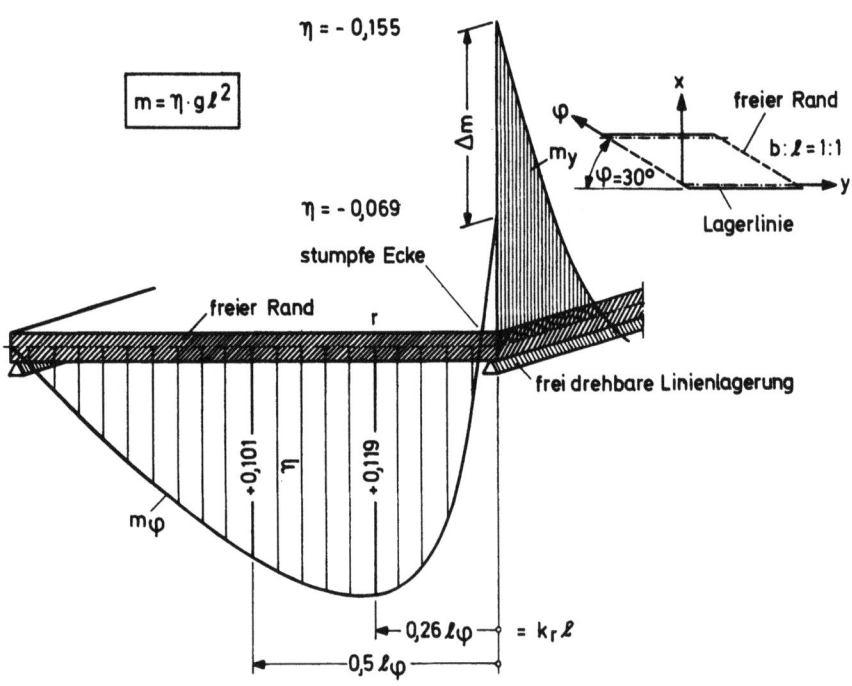

Bild 12.18 Momente m_φ am freien Rand und m_y entlang dem Linienlager bei Gleichlast. Der Momentensprung Δm an der stumpfen Ecke ergibt sich durch die Richtungsänderung des m_2 gegenüber den gezeichneten m_φ und m_y

Für die regelmäßigen schiefen Platten (parallele Ränder) sind für Linienlagerung die η-Werte für $m_{1,2} = \eta q \ell^2$ infolge Gleichlast q abhängig vom Winkel φ für $b : \ell = 1$ ermittelt worden und in Bild 12.19 dargestellt (Homberg-Marx [29]). Die Richtung der Hauptmomente im betrachteten Punkt ist angegeben. Im Bild 12.20 sind die gleichen Angaben dargestellt für die Punktlast $F = 1$ im betrachteten Punkt ⓜ, ⓡ oder ⓢ. Dabei ist ein von der Spannweite ℓ abhängiger Wert des Durchmessers D_F der Lastfläche (siehe Bild 12.14) angenommen, der mittleren Schlankheiten ℓ/h entspricht.

Diese Angaben erlauben rasche Näherungsberechnungen als Entwurfshilfen oder zur Prüfung. Bei $\varphi < 40°$ ist der Einfluß der Lagerungsart nach Abschnitt 12.2.3 noch zu beachten.

12.2.3 Auflagerkräfte, Lagerung, Querkräfte

Aus den für drehbare Linienlagerung ermittelten Biegemomenten ging schon hervor, daß an der stumpfen Ecke im Bezugspunkt ⓢ die negativen Hauptmomente m_2 für Winkel $\varphi < 40°$ Werte annehmen, die das größte positive Moment überschreiten (vgl. Bild 12.18 und 12.19). Dieses Moment rührt daher, daß die Platte im durchgehenden Linienlager für Momenten-Komponenten rechtwinklig zu diesem Lager theoretisch starr eingespannt ist. Je kleiner φ wird, umso mehr kommt diese Einspannwirkung zur Geltung, die eine sehr hohe Kantenpressung am Ende des Lagers zur Folge hat. (Bei einer der ersten großen schiefen Plattenbrücken zerbrach ein kräftiges Stahllager an dieser Stelle!)

12.2 Schiefwinklige einfeldrige Plattenbrücken

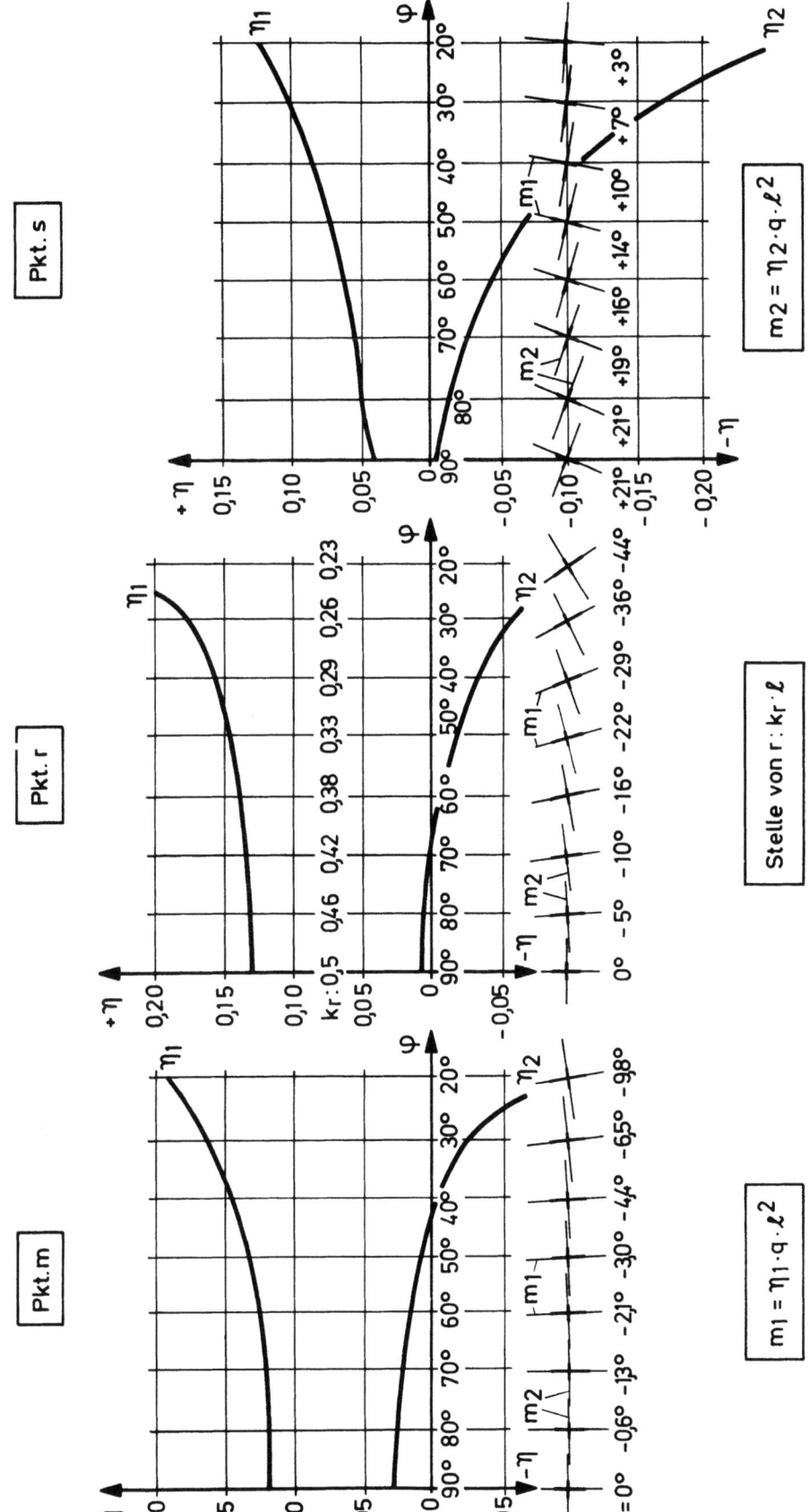

Bild 12.19 Momentenfaktoren η für Gleichlast q auf der ganzen schiefwinkligen Platte mit $b : \ell = 1$ bei starrer Linienlagerung. Richtung der Hauptmomente m_1 und m_2. Definition von α siehe Bild 12.16

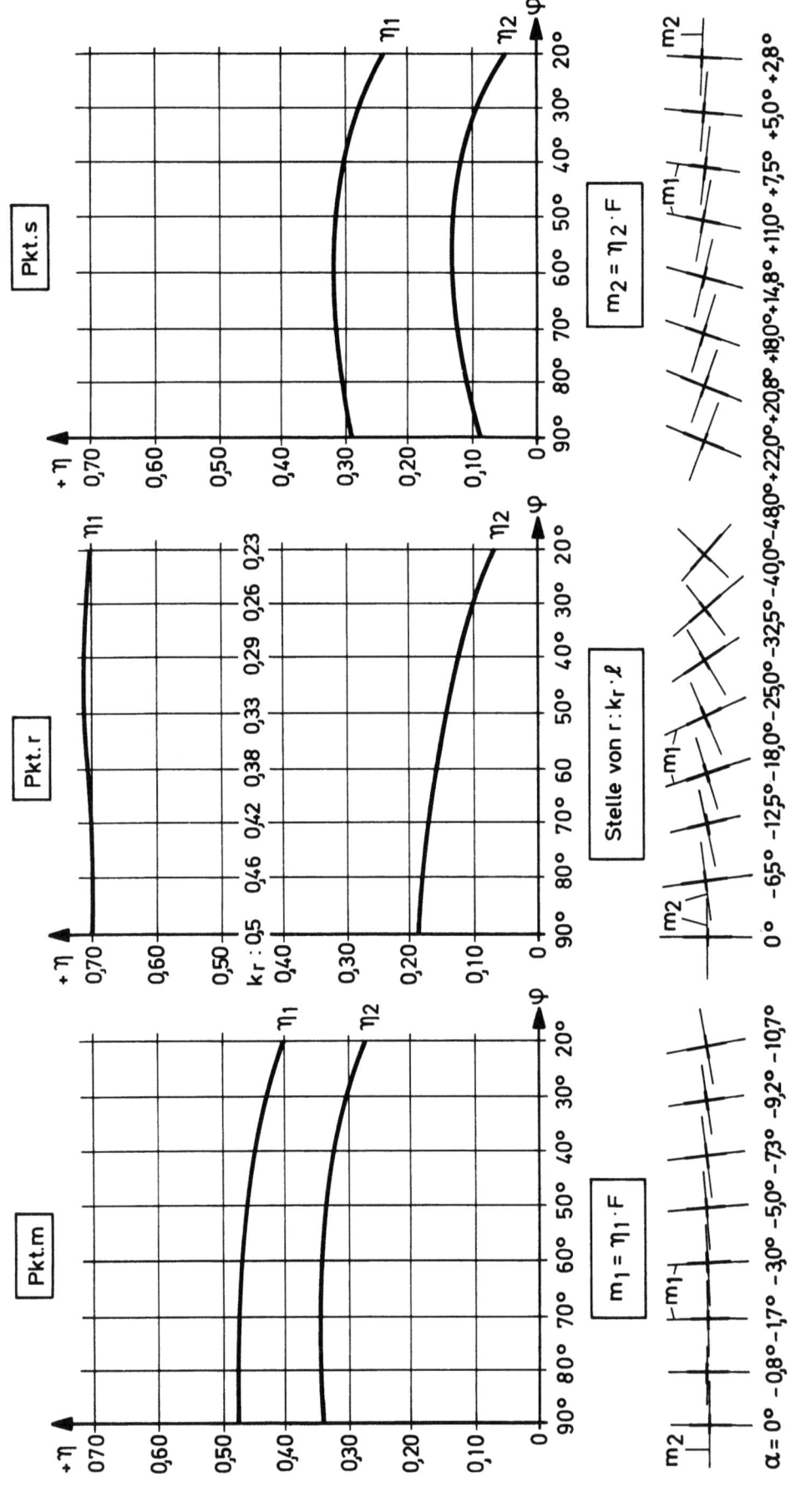

Bild 12.20 Momentenfaktoren η für Einzellast F je im betrachteten Punkt m, r und s, sonst wie Bild 12.19. Definition von α siehe Bild 12.16.

12.2 Schiefwinklige einfeldrige Plattenbrücken

Hinter der hohen Druckpressung am Ende des Lagers entsteht theoretisch Zug im Linienlager, die Platte will sich dort abheben. Läßt man sie sich abheben, dann vermindert sich der Druck am Rand, weil der Einspanngrad vermindert wird. Die gleiche Wirkung hat eine geringe Nachgiebigkeit des Lagers am Ende, die durch Druckverformung der Auflagerbank und Widerlagerwand stets gegeben ist (Bild 12.21).

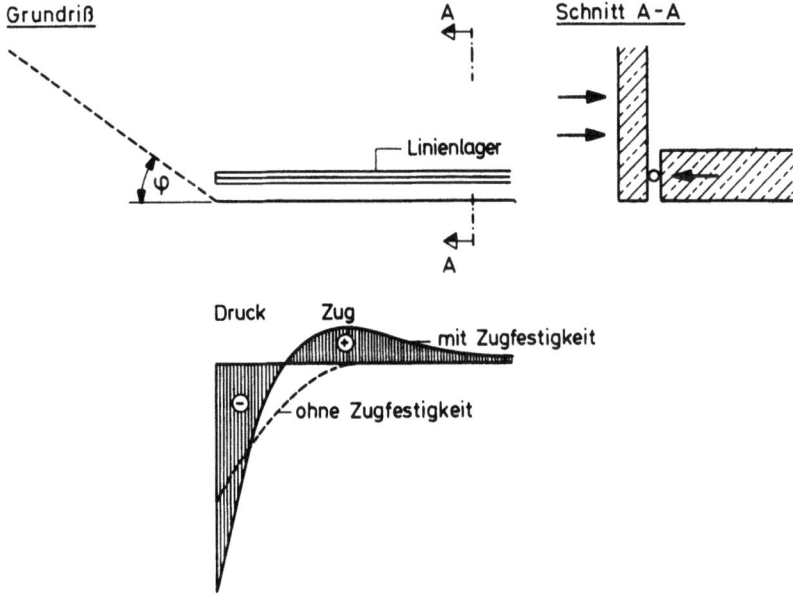

Bild 12.21 Lagerpressung mit und ohne vertikale Zugfestigkeit des Linienlagers

Um die hohe Kantenpressung und die großen Einspannmomente an stumpfen Ecken sehr schiefwinkliger Platten zu vermeiden, bildet man bewußt die Lager so aus, daß sich der Einspanngrad vermindert. Dies kann geschehen

1. durch Wahl von Einzellagern mit großem Abstand
2. durch Einzellager auf federnd nachgiebigem Unterbau.

Die erste Lösung haben W. Andrä und F. Leonhardt 1960 untersucht [33]. Die günstige Wirkung großer Lagerabstände wird durch den Vergleich der Einflußflächen der Auflagerkraft A_1 in Bild 12.22 demonstriert. Die maximalen Ordinaten gehen von + 1,8 auf + 1,1 und von - 0,3 auf - 0,2 zurück, wenn man an Stelle von 12 Lagern nur 4 Lager wählt. Die Einflußflächen zeigen gleichzeitig, daß abhebende Kräfte entstehen können, dies gilt besonders für das Lager am spitzwinkligen Plattenende.

A. Mehmel hat 1964 den günstigen Einfluß schon geringer Federnachgiebigkeiten der Lager festgestellt [34]. Das Ergebnis ist für einen charakteristischen Fall in Bild 12.23 dargestellt, das keiner weiteren Erläuterung bedarf.

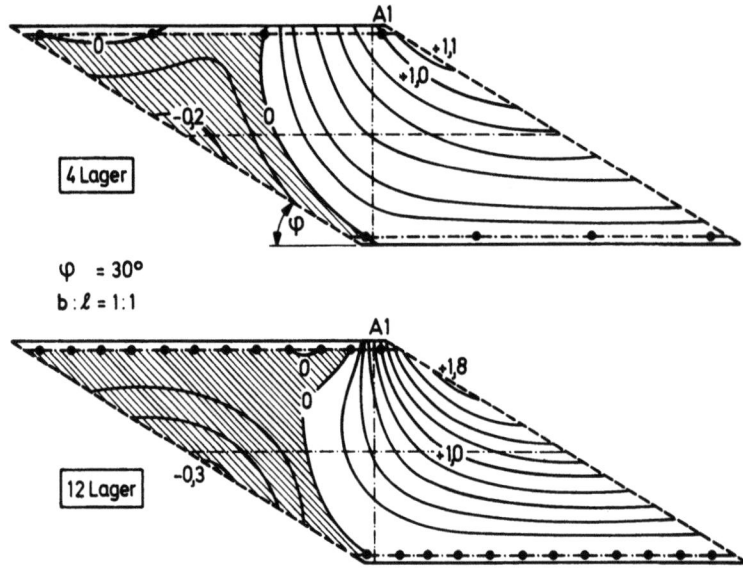

Bild 12.22 Einflußflächen der Auflagerkraft A_1 bei verschiedenem Lagerabstand

Aus diesen Untersuchungen können für die **Lagerung** schiefwinkliger Platten folgende **Empfehlungen** abgeleitet werden:

1. Festes Linienlager (z.B. Betongelenk oder durchgehender Neoprene-Streifen) ist nur geeignet für $\varphi > 40°$ und Lagerlängen < rd. 10 m. Gegenüber quer bewegliches Linienlager anbringen (Bild 12.24).

2. Bei größeren Platten und $\varphi < 70°$ wird empfohlen
   a) festes, allseits drehbares Lager in einer stumpfen Ecke, evtl. ein zweites festes drehbares Lager in der Entfernung von 4 h bis 7 h ≦ 7 m (h = Plattendicke), Bild 12.25
   b) alle weiteren Lager allseits beweglich und möglichst auch allseitig drehbar in Abständen von 4 h bis 8 h; jedoch ein dem festen Lager gegenüber liegendes Lager nur in der Richtung des vom festen Lager ausgehenden Strahles beweglich - also seitlich geführtes Gleitlager oder Rollenlager, Bild 12.25
   c) Lager an spitzer Ecke um 2 h bis 4 h vom Rand einrücken, um abhebende Kräfte zu vermeiden, in jedem Fall auf Sicherheit gegen Abheben prüfen.

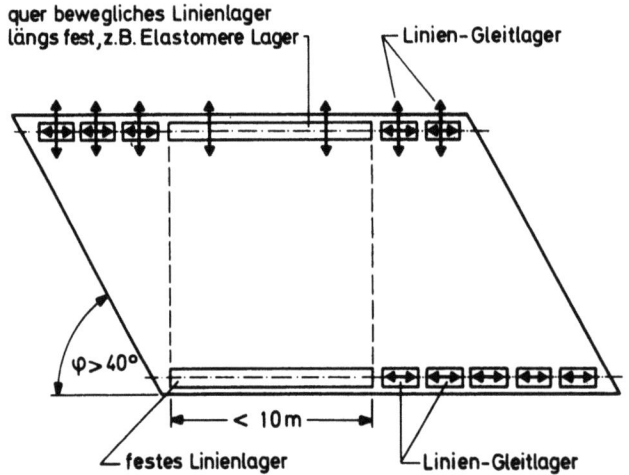

Bild 12.24 Empfehlungen für die Anordnung der Lagerarten bei $\varphi > 40°$ und $\ell > 15$ m

12.2 Schiefwinklige einfeldrige Plattenbrücken

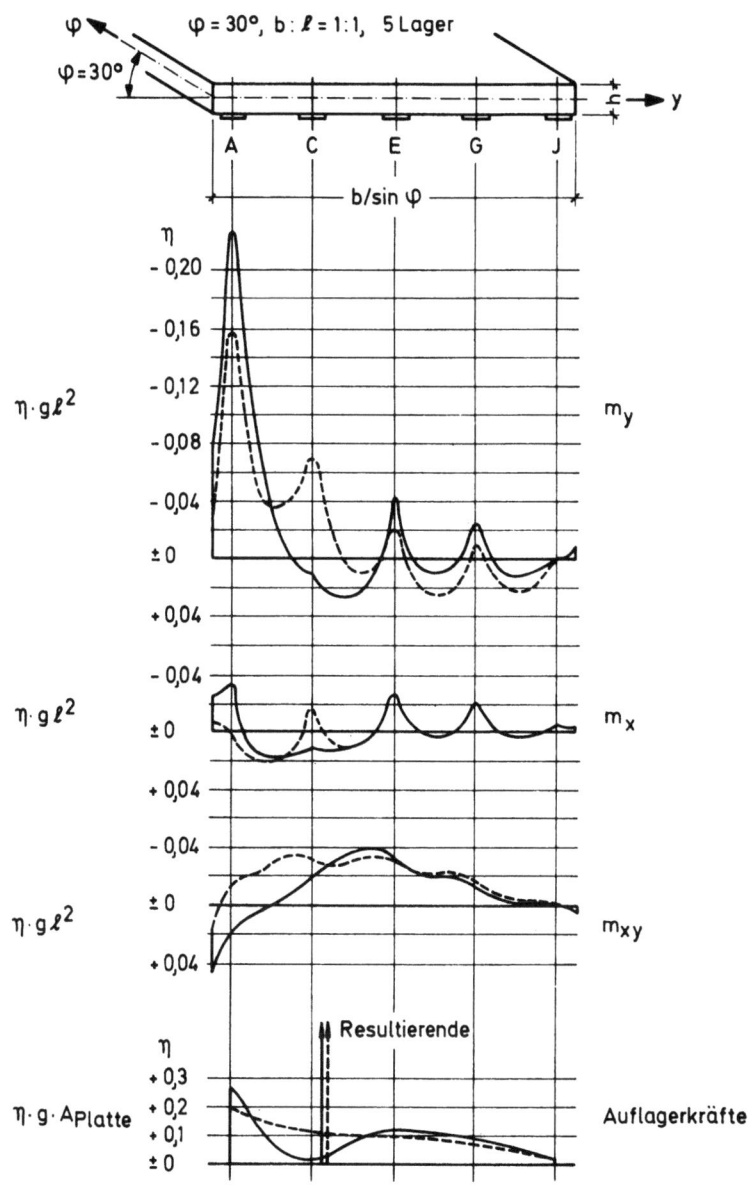

Bild 12.23 Verlauf der Momente und Auflagerkräfte einer schiefen Platte längs der Lagerlinie bei 5 Lagern, abhängig von der Nachgiebigkeit N (nach Mehmel [34])

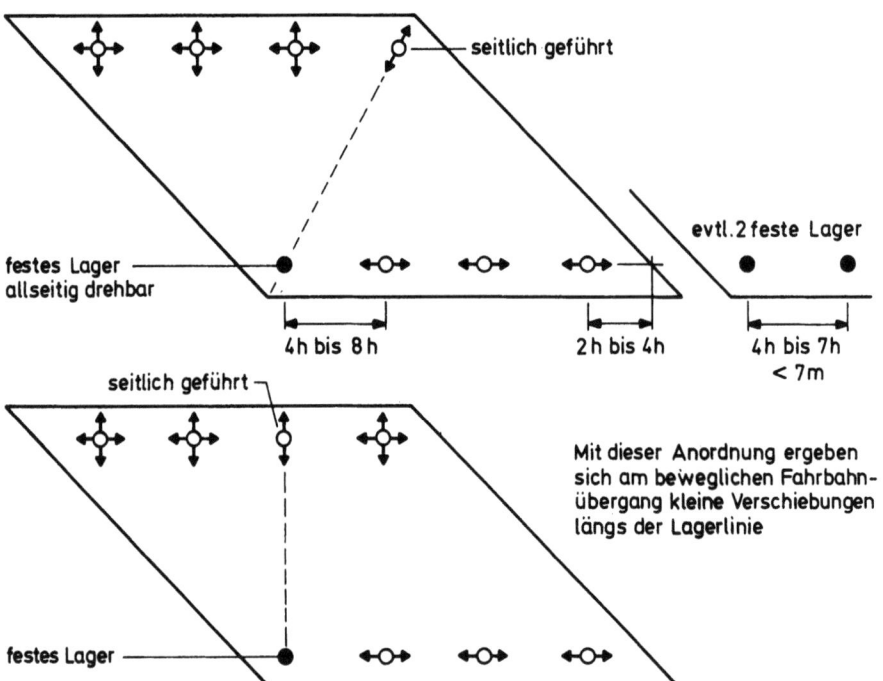

Bild 12.25 Empfehlungen für die Anordnung der Lager bei $\varphi < 40°$

Die für die Tragfähigkeit maßgebenden Querkräfte ergeben sich aus den Auflagerkräften. Zur Beurteilung, ob eine Schubbewehrung nötig ist, werden die τ_Q im Abstand h/2 vom Lagerrand ermittelt. Vorgespannte Platten bedürfen in der Regel keiner Schubbewehrung, wenn breite Platten auch entlang der Lager leicht vorgespannt werden. Bei Stahlbetonplatten kann eine Verbügelung der auflagernahen Zonen nötig werden, vor allem an der stumpfen Ecke.

12.2.4 Bewehrung schiefer Platten

Bei Platten mit $\varphi > 60°$ und $b : \ell \geqq 1 : 2$ verlegt man die Längs- und Querbewehrung parallel zu den Rändern, die freien Ränder werden mit Bügeln eingefaßt (Bild 12.26). Bei $\varphi < 60°$ wird die Längsbewehrung im Feld rechtwinklig zu den Auflagern, die Querbewehrung parallel zu den Lagerlinien verlegt. An den freien Rändern wird ein Streifen mit der Breite $b_r \approx h$ verstärkt mit Stäben parallel zum Rand in Bügeln verlegt. An den stumpfen Ecken wird die obere Randstreifenbewehrung in die Richtung der Lagerlinie umgebogen, um die Einspann-Eckmomente aufzunehmen. Im Bereich der stumpfen Ecke sind die Bügel enger zu stellen und auch über der Lagerlinie bis zum Lager weiterzuführen. (Bild 12.27).

Die aus praktischen Gründen empfohlenen 2 bis 3 Bewehrungsrichtungen fallen natürlich an vielen Stellen nicht mit den Richtungen der Hauptmomente zusammen. Sofern die Abweichung $< 20°$ ist, kann diese bei der Bemessung vernachlässigt werden, ist sie $> 20°$, dann muß nach Teil 2, Kapitel 1 bemessen werden.

Bei schmalen schiefwinkligen Platten mit $b : \ell < 1 : 2$ und $\varphi < 70°$ wird die Bewehrung bis auf die Auflagerzonen parallel und rechtwinklig zum freien Rand verlegt. Im Auflagerbereich fächert die Bewehrung zur Auflagerrichtung aus (Bild 12.28).

12.2 Schiefwinklige einfeldrige Plattenbrücken

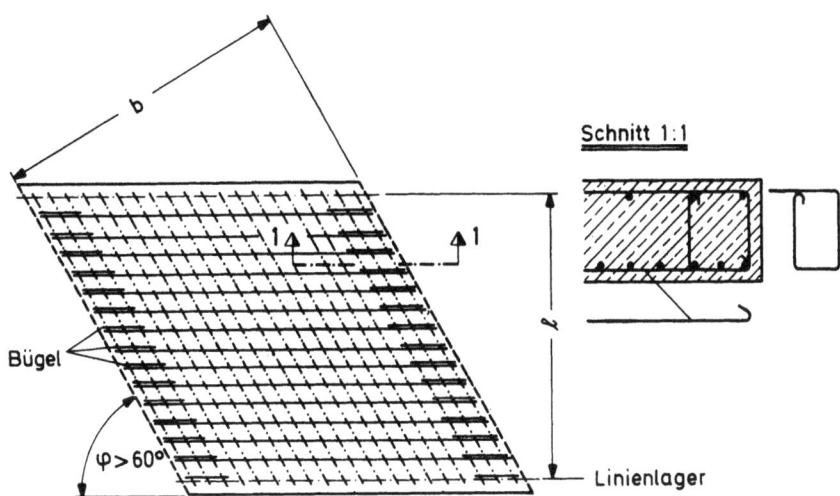

Bild 12.26 Richtungen der unteren und oberen Bewehrungen bei Kreuzungswinkeln $\varphi > 60°$ (etwa- Richtwert!)

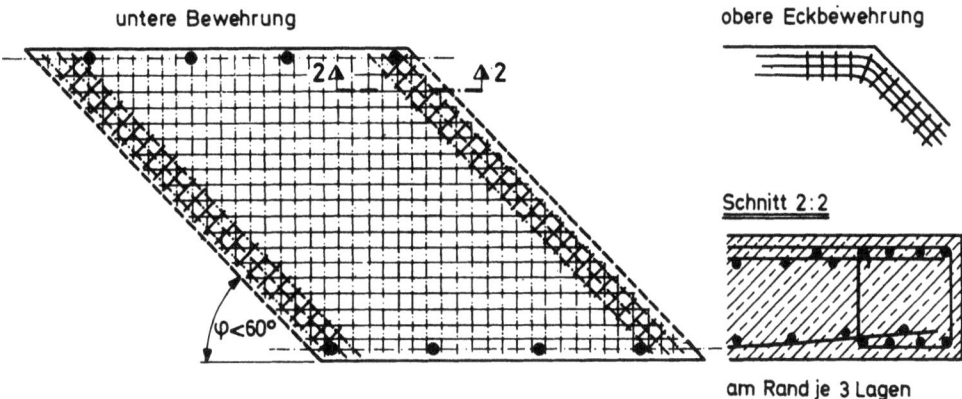

Bild 12.27 Richtungen der unteren und oberen Bewehrungen bei Kreuzungswinkeln $\varphi < 60°$

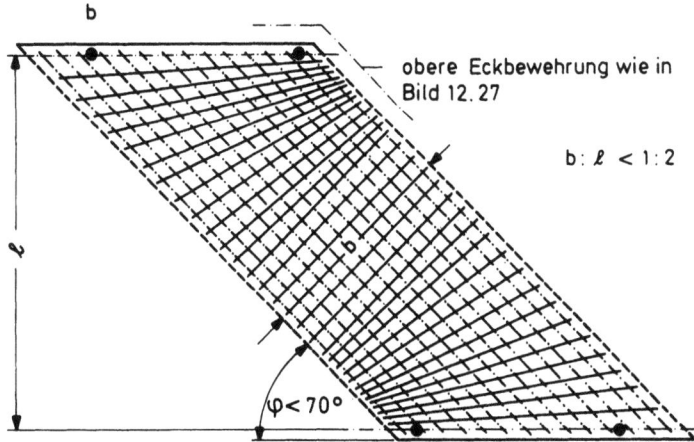

Bild 12.28 Bewehrung einer schmalen schiefwinkligen Platte mit $b : \ell < 1:2$ und $\varphi < 70°$

12.2.5 Vorspannung schiefer Platten

Zur Berechnung

Die Wirkung der Vorspannung wird erfaßt mit der Normalkraft N_p und dem aus der Endexzentrizität $P \cdot e$ und aus den Umlenkkräften u_p entstehenden M_p. Die Berechnung der Momente infolge Vorspannung wird mit Hilfe von Einflußflächen durchgeführt, wobei die Umlenkkräfte auf die Einflußfläche entlang der Spannglieder als Linienlasten angesetzt werden. Die Horizontalkomponente der Spannkraft kommt als zentrische oder exzentrische Längskraft hinzu.

Anordnung der Spannglieder

Die günstigste Art der Vorspannung der schiefwinkligen Platten ist noch nicht genügend geklärt. Es steht fest, daß man die gewünschte Wirkung nur mit gekrümmten Spanngliedern erzeugen kann, deren Umlenkkräfte den Lasten entgegenwirken.

Bei schmalen Platten wird man die Längsspannglieder parallel zum Rand verlegen; die Querspannglieder aus arbeitstechnischen Gründen rechtwinklig zum freien Rand und im Bereich der stumpfen Ecken etwas auffächern (Bild 12.29).

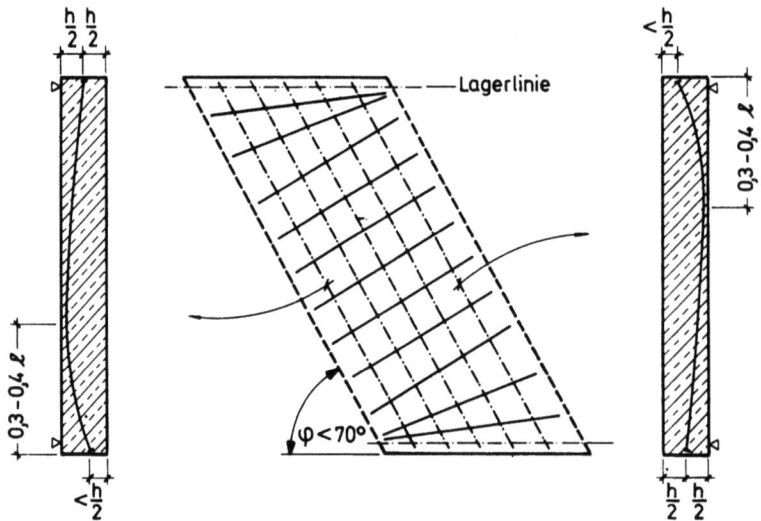

Bild 12.29 Anordnung der Spannglieder in einer schmalen schiefwinkligen Platte mit $\varphi < 70°$

Bei breiten Brücken mit $\varphi > 60°$ wird man die Längsspannglieder und die Querspannglieder parallel zu den Rändern verlegen, und zwar letztere zweilagig, d.h. oben und unten in der Platte.

Bild 12.30 zeigt die Spanngliedführung bei Platten mit $\varphi < 60°$. Die mittlere Zone wird man vorzugsweise mit etwa parabelförmig gekrümmten Längsspanngliedern ① vorspannen, während die Randzone Spannglieder ② mit wechselnder Krümmung erhalten muß, um den Einspannmomenten an der stumpfen Ecke gerecht zu werden. Man wird die Längsspannglieder im allgemeinen von der stumpfwinkligen Ecke aus fächerartig verlaufen lassen und im mittleren Bereich einen Winkel von etwa 70° bis 80° einhalten. Für die Einspannmomente an der stumpfen Ecke sind einige kräftige kurze Querspannglieder ③ parallel zum Auflager erforderlich. Die

Querspannglieder ④ mit kleinerer Vorspannkraft verlegt man sowohl oben als auch unten in der Platte. Die schlaffe Bewehrung wird wie in Abschnitt 12.2.4 angeordnet.

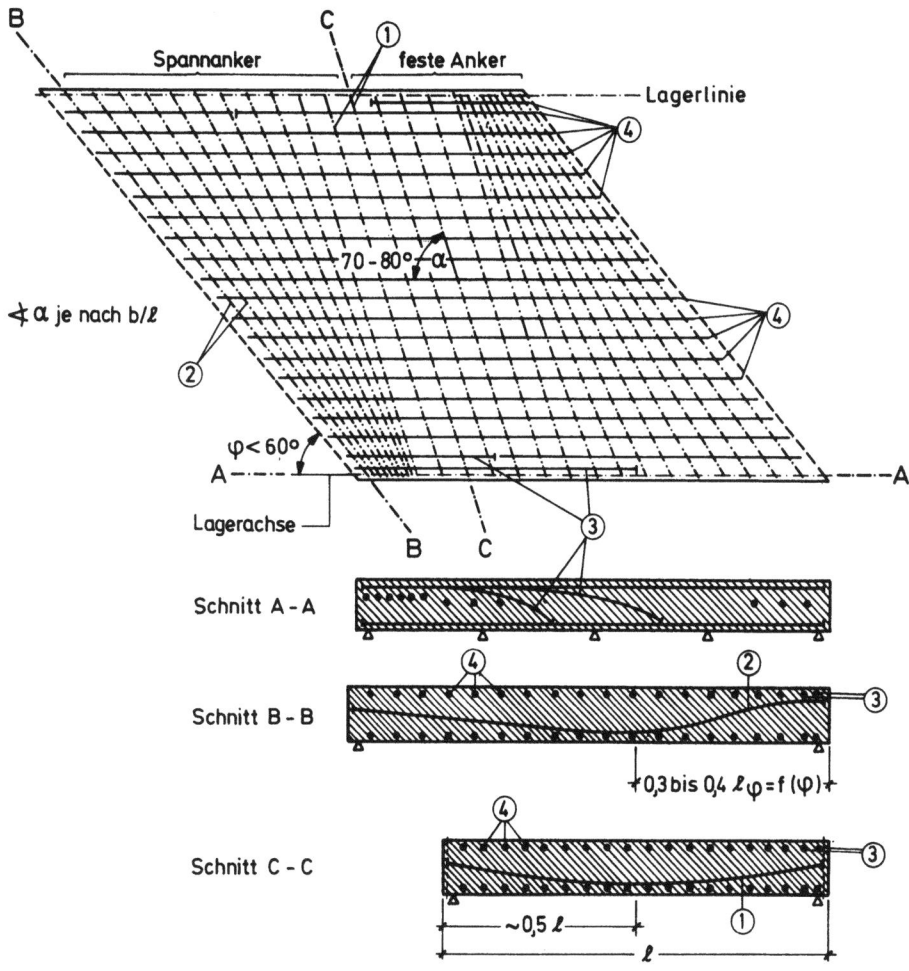

Bild 12.30 Anordnung der Spannglieder in einer breiten schiefwinkligen Platte mit $\varphi < 60°$

Für die am Rand schiefwinklig ankommenden Spannglieder wird man auf einer Seite ein festes Anker wählen, das auch in der vertikalen Ebene eine Neigung des Spanngliedes erlaubt. Für das Spannanker auf der anderen Seite muß man gestaffelte Spann-Nischen vorsehen (Bild 12.31). Der Abstand der Verankerungen muß mit b_p so groß sein, daß

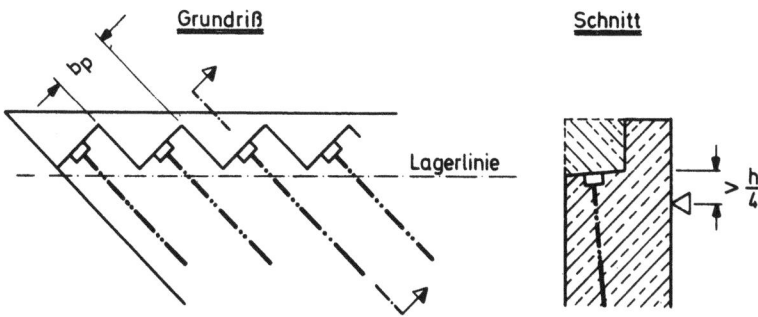

Bild 12.31 Gestaffelte Spann-Nischen am Platten-Auflager

die Spannpresse in der Nische angesetzt werden kann. Die Auflagerlinie soll unbedingt hinter den Spannischen liegen, d.h. bei schiefen vorgespannten Platten muß der Überstand der Platte über die Auflagerlinie reichlich gewählt werden, etwa $\geq \frac{2}{3}$ h.

Im allgemeinen wird man die schiefwinkligen Platten massiv ausführen, auch wenn es sich um Spannweiten bis etwa l = 25 m handelt. Das Einlegen von Rohren zur Gewichtsverminderung stößt im Hinblick auf den Kraftfluß und die Spanngliedführung auf Schwierigkeiten. Hat man schiefwinklige Platten größerer Spannweiten zu bauen, dann empfiehlt es sich, rechteckige Hohlräume mit verlorener Schalung herzustellen, wobei dann die Rippen fächerartig auf die stumpfe Ecke zugeführt werden können, damit die Spannglieder dem Kraftfluß entsprechend geführt werden können. Bild 12.32 zeigt ein ausgeführtes Beispiel.

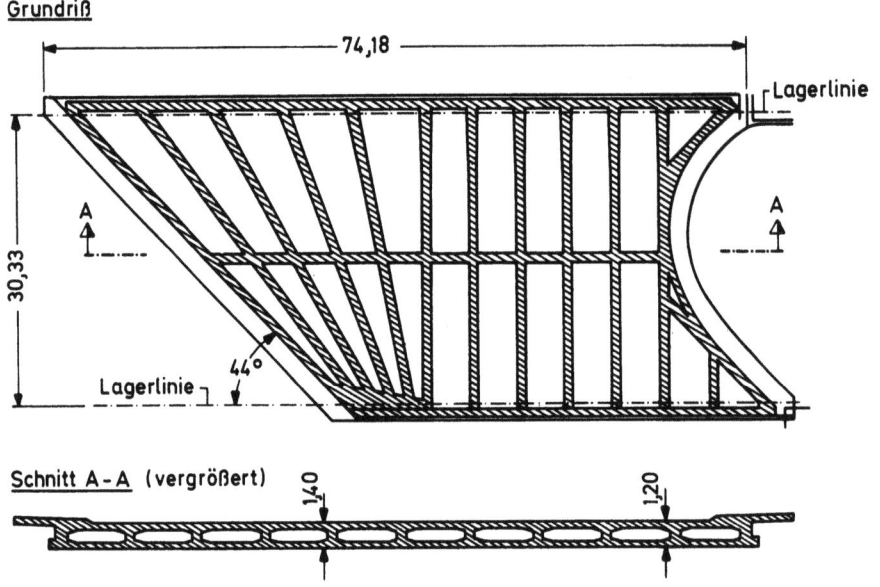

Bild 12.32 Anordnung der Stege einer großen Hohlplatte (Wupperbrücke Ohligsmühle, Wuppertal)

12.3 Schiefwinklige mehrfeldrige Plattenbrücken

Bei schmalen schiefen Plattenbrücken über mehrere Felder hängt die Verteilung der Biegemomente und die Entwicklung der Auflagerkräfte noch mehr von der Lagerungsart ab als bei einfeldrigen Brücken. Der Abstand der Lager und ihre Drehfreiheit (einseitig oder allseitig) spielen eine große Rolle. In der Regel sollten allseitig drehbare Lager gewählt werden, man schaltet damit unnötige Zwangskräfte in Auflagerstreifen aus (Bild 12.33).

In Querrichtung ist hier ein großer Abstand der Lager oder Stützen (mit 8 h bis 12 h) noch mehr zu empfehlen als bei einfeldrigen Brücken, damit negative, abhebende Lagerkräfte vermieden werden, die letztlich nur die maximalen positiven Auflagerkräfte unnötig vergrößern.

Die Ermittlung von Einflußflächen der Momente und Auflagerdrücke (modellstatisch oder mit FE-Programm) ist hier dringend zu empfehlen. Hilfsmittel siehe [32].

12.3 Schiefwinklige mehrfeldrige Plattenbrücken

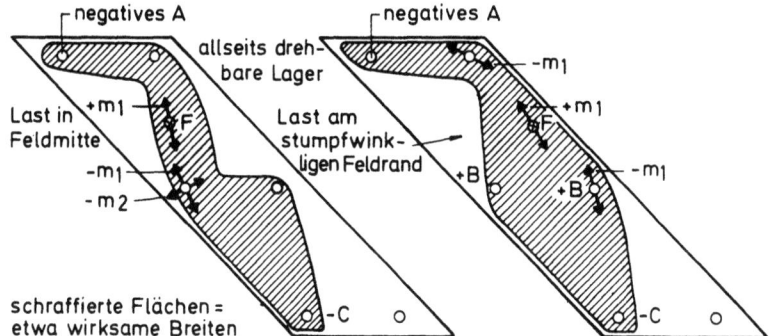

Bild 12.33 Kraftfluß und beteiligte Zonen bei einer schmalen schiefwinkligen Plattenbrücke für Last F im Feld und am Rand. A, B, C = Lager

Lasten in Feldmitte suchen den kürzesten Weg zu den nächsten Lagern, wo der Einspanngrad vom Drehwiderstand der Platte abhängt, der an Zwischenstützen größer ist als an Endauflagern (Bild 12.33). Lasten am Feldrand nahe der stumpfen Ecke ergeben je nach φ an der stumpfen Endecke ein größeres Einspannmoment als an der Zwischenstütze. Lasten am Feldrand nahe der spitzen Ecke führen zum größten Feldmoment, weil hier die Einspannung am Endlager entfällt.

Bei breiten schiefen Plattenbrücken bringt die Kontinuität über mehrere Felder in der Regel beachtliche Vorteile für die erforderliche Bauhöhe und die nötige Stahlmenge, weil die Biegemomente in weiten Teilen nicht größer werden als bei rechtwinkligen Mehrfeld-Brücken. Man kann so auch sehr kleine Kreuzungswinkel bis herab zu $\varphi = 20°$ bewältigen.

Bild 12.34 zeigt als Beispiel eine Plattenbrücke für eine rund 19 m breite Straßenbrücke über eine zweigleisige Eisenbahn. Die Seitenfelder mit $\ell_1 \approx 6$ m geben eine wirksame Einspannung für das Mittelfeld mit $\ell_2 \approx 11$ m. Der freie lange Rand, der rund ein $\ell_\varphi = 34$ m aufweist, wird im wesentlichen durch Auskragen aus dem Seitenfeld heraus getragen. Die Kragmomente verursachen abhebende Auflagerkräfte am Rand, so daß dort Anker nötig wurden. Das größte Feldmoment dieses langen freien Randes wurde dadurch nicht größer als die Stützmomente, so daß eine einheitliche Plattendicke von 0,55 m genügte. Auf den freien Rand bezogen ist damit die Schlankheit $\ell : h = 34/0,55 = 62$! Dies charakterisiert die Vorteile der mehrfeldrigen breiten Platte bei sehr kleinem φ.

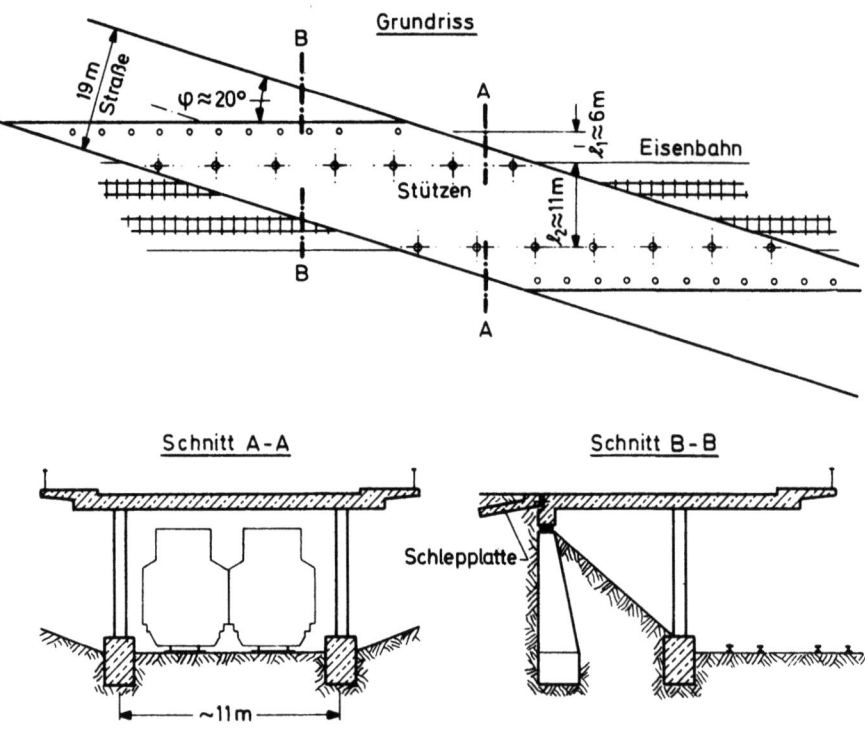

Bild 12.34 Sehr schiefwinklige Straßenüberführung über eine zweigleisige Eisenbahn mit dreifeldriger Platte erlaubte sehr kleine Bauhöhe

Näheres über dieses Beispiel siehe [1] S. 81.

Die erste Spannbeton-Eisenbahnbrücke Deutschlands über den Neckarkanal Heilbronn war eine 5-feldrige schiefe Hohlplatte mit $\varphi \approx 58°$, max l = 21,57 m und l/h = 18, (siehe [1] S. 73). Sie wurde 1950 erbaut und erforderte bisher keine Unterhaltungskosten.

13. Bemessung und Konstruktion von Plattenbalkenbrücken

13.1 Allgemeines

Der Plattenbalken ist und bleibt der wirtschaftlichste Brückenquerschnitt für gerade Brücken, wenn keine große Schlankheit gefordert ist, wenn die Verkehrslast q nicht zu groß ist und wenn nicht unnötigerweise "volle Vorspannung" für g+q verlangt wird. Die für die Brücke ohnehin nötige Platte erfüllt mehrere Funktionen:

1. die Platte trägt die Verkehrslast zu den Balken,

2. die Platte wirkt als Obergurt der Balken

3. die Platte trägt zur Verteilung schwerer Einzellasten auf alle Balken bei (Faltwerkswirkung),

4. die Platte wirkt als Scheibe für alle Horizontalkräfte,

5. die Platte vergrößert den inneren Hebelarm z für positive Biegemomente, sie verkleinert ihn allerdings für negative M,

6. die Platte verschiebt den Schwerpunkt des Querschnittes nach oben über h/2 hinaus. Daraus folgt, daß vor allem im Zustand II die Dehnungen und Spannungen im Untergurt viel größer sind als im Obergurt. Bei negativen M über Zwischenstützen von Durchlaufträgern wandert zwar die Nullinie im Zustand II nach unten, dennoch kommt man rasch an Grenzen der Druckspannungen unten im Steg und muß eventuell die Balkenstege verdicken oder unten Flansche ansetzen. Im Zustand II bleibt dort andererseits wegen der Querkraft der Querschnitt nicht eben (geknicktes ε-Diagramm), wodurch die Tragfähigkeit vermindert wird, eine Tatsache, die bisher alle Vorschriften übersehen.

Für die Optimierung des Entwurfes einer Plattenbalkenbrücke ist folgendes zu beachten:

<u>Zahl der Balken-Hauptträger (HT) bzw. HT-Abstände</u>

Bilder 8.10 bis 8.12 zeigten schon, daß die Zahl der HT von 1 bis $\sim$ 10 je nach Brückenbreite und Herstellungsart variieren kann. Für Ortbeton-Herstellung wählt man in der Regel möglichst wenige HT mit Abständen von 5 bis 8 m, für breite Brücken ging man mit Vorteil schon bis $\sim$ 16 m Abstand (Bild 8.15). Der Stahlbedarf der Fahrbahnplatte nimmt nämlich nicht mit ihrer Spannweite zu, weil die Verteilbreite für die maßgebende SLW-Last mit der Plattenspannweite wächst. Nur bei vorgefertigten Balken können HT-Abstände unter 5 m wirtschaftlich sein.

Anordnung von Querträgern (QT)

An Endauflagern sind Querträger oder Querrahmen nötig, um die Fahrbahnplatte am Rand zu stützen, weil sie sonst dort überbeansprucht würde. Auch auskragende Konsolen bedürfen am Ende mindestens einer Randverstärkung.

An Zwischenstützen von Durchlaufträgern kann man auf Querträger verzichten, wenn sie nicht als "Rahmenriegel" über Einzelstützen zur Abtragung der Windkräfte oder zur Torsionsaussteifung der Hauptträger gebraucht werden. Vorbedingung ist, daß die Stege in ganzer Breite gelagert sind, Linienlager oder Einspannung.

Im Feld sind Querträger zur Lastverteilung stets angezeigt, wenn mehr als zwei Hauptträger vorhanden sind. Man erhält so Trägerroste, auch Kreuzwerke genannt. Die beste Wirkung der Lastverteilung ergibt ein Querträger in $l/2$. Zwei Querträger in $l/3$ sind etwa gleichwertig, weitere Querträger sind zwecklos (Bild 13.1).

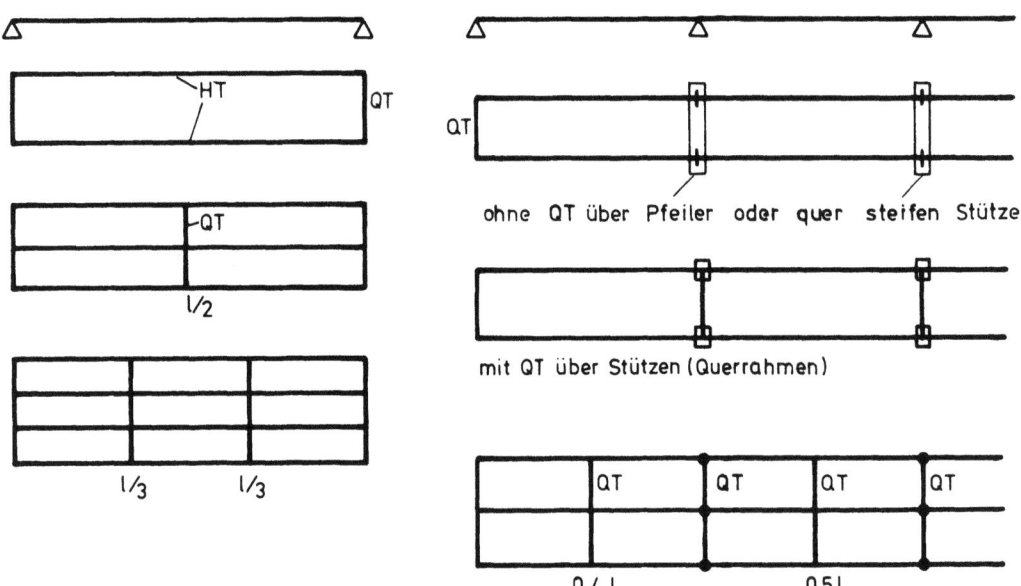

Bild 13.1 Zweckmäßige Anordnung von Querträgern bei Plattenbalkenbrücken; links einfeldrig, rechts mehrfeldrig kontinuierlich

Dicke der HT-Stege

Wenige Hauptträger bedingen meist dicke Stege zur Unterbringung der Spannglieder oder der Hauptbewehrung (Bild 13.2). Viele HT erlauben dünne Stege, evtl. mit unterem Flansch - was für Vorfertigung günstig ist.

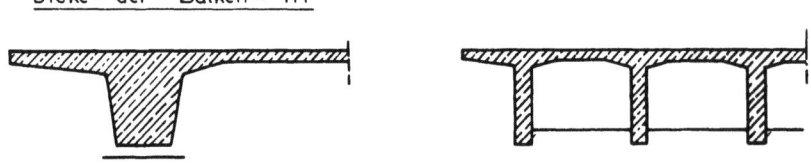

Bild 13.2 Dicke der Hauptträger-Stege nach konstruktiven Erfordernissen

Die Dicke der Stege hat Einfluß auf die Torsionssteifigkeit der HT, die den Einspanngrad der Fahrbahnplatte bestimmt, wenn die Balken am Ende torsionssteif gelagert sind (Linienlager oder End-QT). Man muß aber beachten, daß beim Übergang zum Grenzzustand der Tragfähigkeit die Torsionssteifigkeit um ein Vielfaches stärker absinkt als die Biegesteifigkeit und daß dadurch die Torsionsmomente der HT als Zwangsmomente stark absinken. Sie werden bei geraden Brücken zur Tragfähigkeit nicht gebraucht. Traglastverfahren, die alle aus Steifigkeitsveränderungen im Zustand II resultierenden Umlagerungen wirklichkeitsgetreu berücksichtigen, sind allerdings noch wenig entwickelt und in der Praxis nicht üblich. Man sollte sich jedoch bei der Bemessung der Bewehrungen dieser Vorgänge bewußt sein und z.B. HT-Stege nicht unnötig stark gegen solche Zwangs-Torsionsmomente bewehren; eine Bewehrung zur Rissebeschränkung genügt hier in der Regel.

13.2 Bemessung der Fahrbahnplatten (FbPl)

13.2.1 Ermittlung der Schnittkräfte

Die Schnittkräfte der Fahrbahnplatte müssen nach der Plattentheorie berechnet werden. Als Hilfsmittel stehen heute mehrere Werke mit Tafeln der Einflußfelder der Momente m_x, m_y, m_{xy} und der Querkräfte zur Verfügung, z.T. sogar für variable Plattendicken [29] bis [31].

Auswertungen der Einflußfelder für die Verkehrslasten der DIN 1072 geben die von H. Rüsch bearbeiteten Tafeln in Heft 106 des DAfStb, die Umhüllende der max. und min. m ausweisen für die Grenzfälle der frei drehbaren Lagerung und der vollen Einspannung im Balkensteg. Der wirkliche Einspanngrad wird überschlägig berechnet, um die Bemessungsmomente dafür interpolieren zu können.

13.2.2 Biegemomente für Fahrbahnplatten

In der Regel wird die Platte nur quer in y-Richtung gespannt und nur an den Enden zusätzlich auf QT gelagert (Bild 13.3), so daß sich nur an den Enden eine dreiseitige Lagerung ergibt. Eventuell nötige Zwischenquerträger werden oben durch eine Raumfuge von der Platte getrennt, damit die Bewehrung und Quervorspannung einheitlich durchgeführt werden kann (Bild 13.4). Man versucht große Stützmomente und kleine Feldmomente zu erreichen, um die Vorteile der Voutenbildung am Steg zu nützen. Dies wird durch große Kragmomente am Rand (bei zwei HT) oder durch einen hohen Einspanngrad im Steg erreicht.

Der Einspanngrad der Platte in die Balkenstege hängt von dem Verhältnis der Torsionssteifigkeit des Steges zur Biegesteifigkeit der Platte ab. Am folgenden Beispiel wird gezeigt, wie der Einspanngrad ermittelt wird und durch Feldquerträger beeinflußt werden kann. Man betrachtet einen Ausschnitt in der Mitte zwischen den QT, wo der Einspanngrad am kleinsten wird. Angenommen wird Gleichlast q auf Plattenfeld, konstantes J_{Pl} in m^4/m, konstantes Torsionsträgheitsmoment des Steges $b_0 h$ mit J_T, beides für Zustand I, nur Betonquerschnitt, Vernachlässigung der Wölbbehinderung und der Vouten der Platte, die den Einspanngrad vergrößern (Bild 13.5).

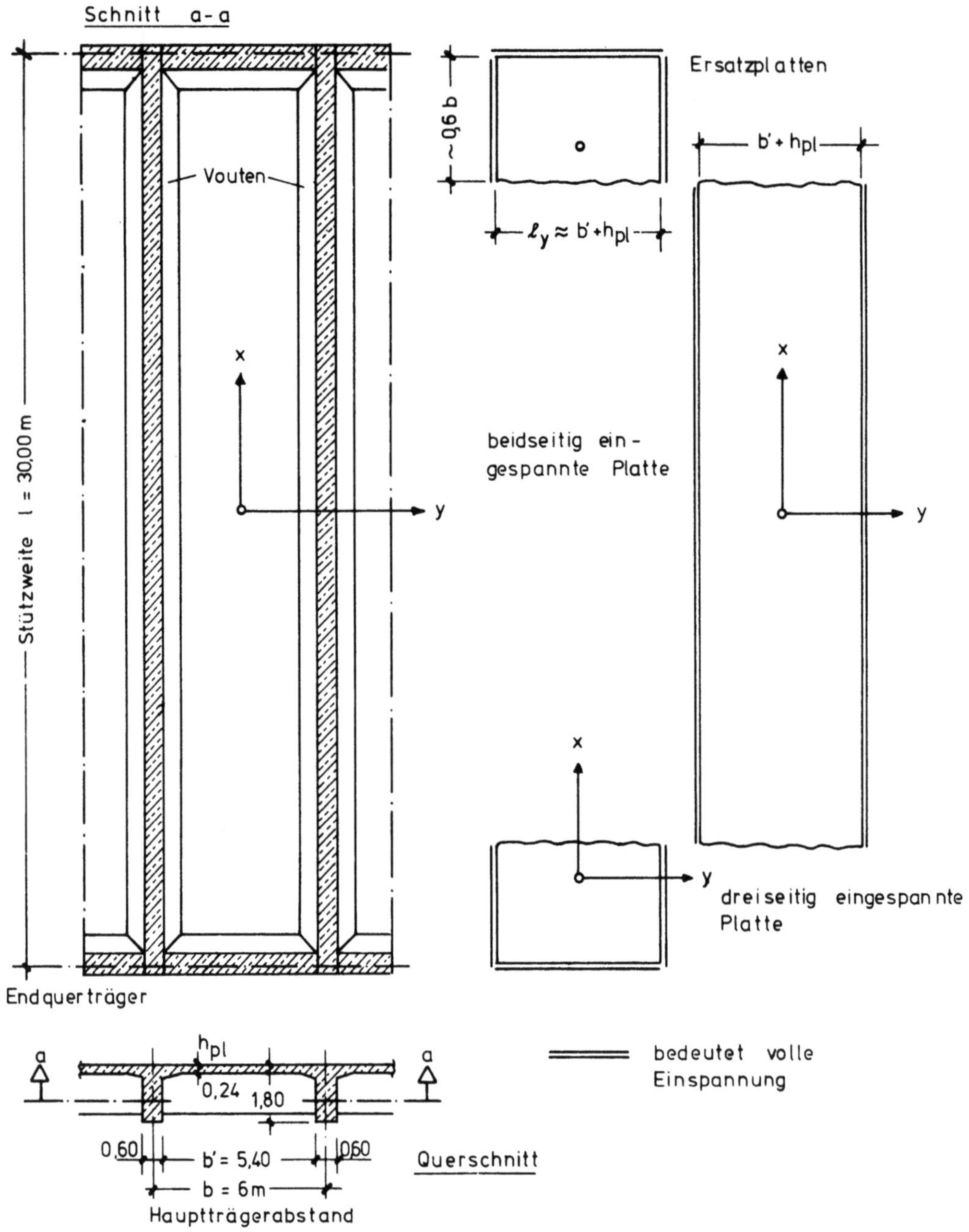

13. Bemessung und Konstruktion von Plattenbalkenbrücken

Bild 13.3 Abmessungen einer Plattenbalkenbrücke ohne Feldquerträger für die folgende Ermittlung des Einspanngrades der Fb.-Platte. Statische Systeme der Ersatzplatten.

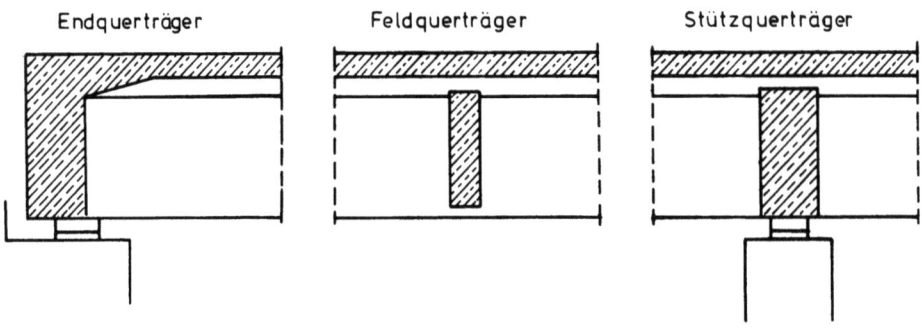

Bild 13.4 An Feld- und Stützquerträgern wird die Fb. Platte nicht mit den QT verbunden, um negative Längsbiegemomente in der FbPl. zu vermeiden.

13.2 Bemessung der Fahrbahnplatten (Fb.Pl)

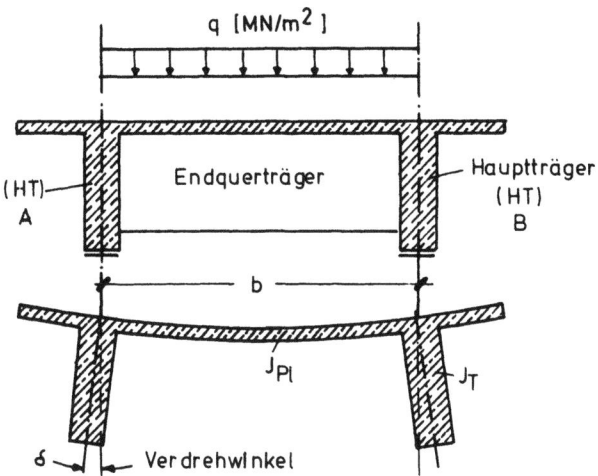

Bild 13.5 oben: volle Torsionseinspannung der HT im Endquerträger erlaubt keine Verdrehung der HT unten: Verdrehung der HT in Brückenmitte, infolge Last q zwischen den HT, wenn Feldquerträger fehlen.

Als statisch Überzählige X_1 wird das Einspannmoment der Platte in die Hauptträger eingeführt. Die Kragplatten beeinflussen den Einspanngrad nur geringfügig. Sie werden in der Berechnung vernachlässigt.

Für die Berechnung nach dem Kraftgrößenverfahren sind die auf folgender Tafel dargestellten Grundlastfälle zu betrachten: (s. S. 138)

Dabei ergeben sich die einzelnen Größen wie folgt:

$$M_{T_1,A} = M_{T_1,B} = \int_{x=0}^{\ell/2} X_1 \cdot dx = \int_{x=0}^{\ell/2} 1 \cdot dx = \frac{\ell}{2}$$

δ-Werte: Durch Koppelung der Zustandsflächen:

$$\delta_{iK} = \delta_{iK,Pl} + \delta_{iK,HT}$$

$$\delta_{10} = +\frac{1}{EJ_{Pl}} \cdot \frac{2}{3} \cdot b \cdot 1 \cdot \frac{1 \cdot b^2}{8} = \frac{1}{EJ_{Pl}} \cdot \frac{b^3}{12}$$

$$\delta_{11,Pl} = \frac{1}{EJ_{Pl}} \cdot b \qquad \delta_{11,HT}: \text{(nach Reduktionssatz)}$$

Durch Koppelung mit der M_{T_1}-Fläche ergibt sich:

$$\delta_{11,HT} = \frac{1}{GJ_T} \cdot 2 \cdot \frac{1}{2} \cdot \frac{\ell}{2} \cdot 1 \cdot \frac{\ell}{2} = \frac{1}{GJ_T} \cdot \frac{\ell^2}{4}$$

$$\delta_{11} = \frac{b}{EJ_{Pl}} + \frac{1}{GJ_T} \cdot \frac{\ell^2}{4}$$

$$X_1 = -\frac{\delta_{10}}{\delta_{11}} = -\frac{\frac{1}{EJ_{Pl}} \cdot \frac{b^3}{12}}{\frac{1}{GJ_T} \cdot \frac{\ell^2}{4} + \frac{b}{EJ_{Pl}}} = -\frac{\frac{b^3}{12}}{\frac{EJ_{Pl}}{GJ_T} \cdot \frac{\ell^2}{4} + b}$$

13. Bemessung und Konstruktion von Plattenbalkenbrücken

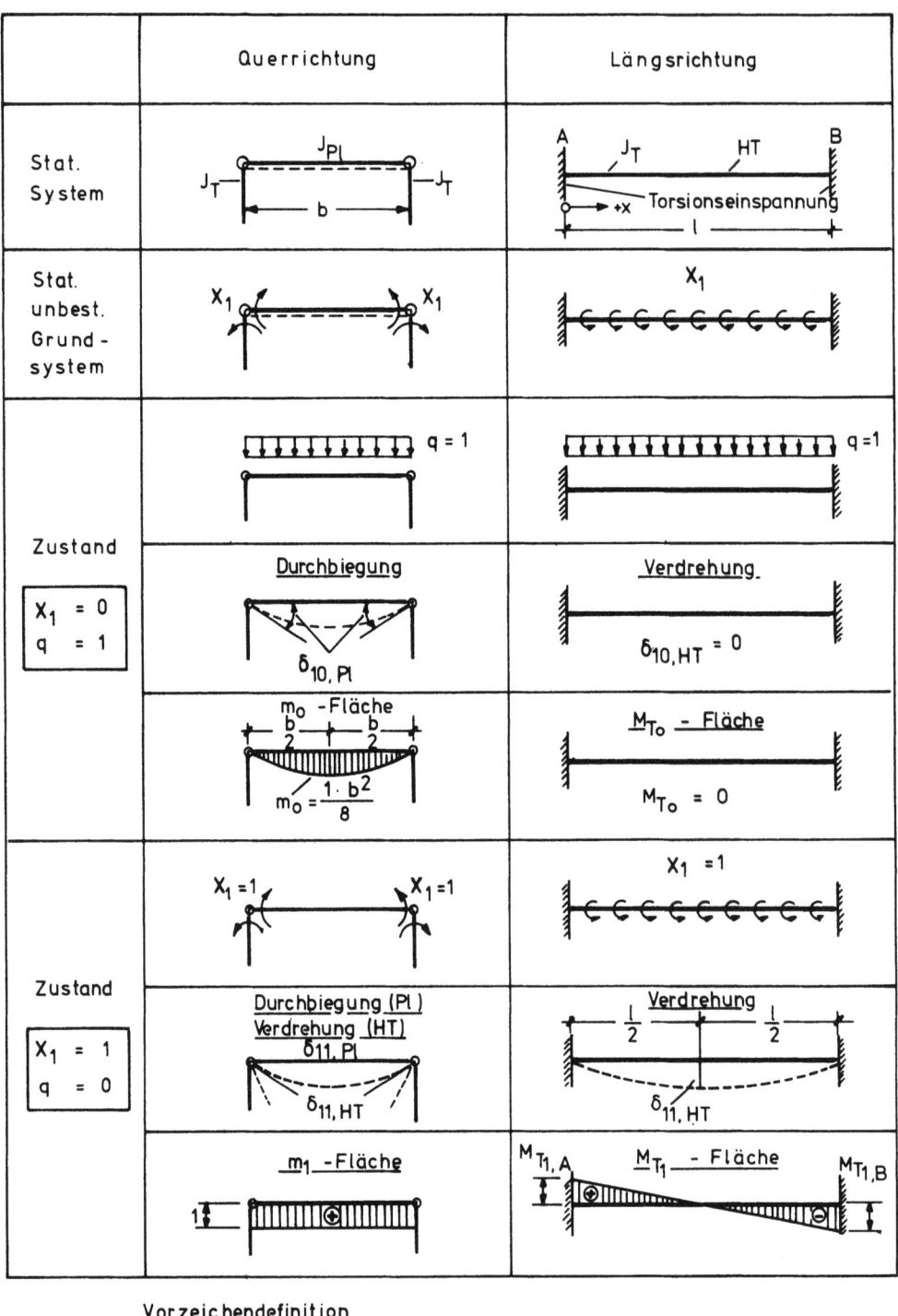

Grundlastfälle zur Ermittlung des Einspanngrades einer Fahrbahnplatte zwischen zwei Hauptträgern.

13.2 Bemessung der Fahrbahnplatten (Fb.Pl)

Setzt man $G = 0,4 E$ und damit $\frac{E}{G} = 2,5$ dann erhält man

$$X_1 = -\frac{\frac{b^3}{12}}{\frac{J_{Pl} \cdot 2,5 \ell^2}{J_T \cdot 4} + b} = -\frac{\frac{b^3}{12 \cdot J_{Pl}}}{\frac{0,62 \ell^2}{J_T} + \frac{b}{J_{Pl}}}$$

Dies entspricht dem **Einspannmoment** der Platte in den Hauptträgern für $q = 1$ in der Mitte der HT-Spannweite, also in $\ell/2$.

<u>Grenzfall Volleinspannung:</u>　　　　<u>Grenzfall gelenkige Lagerung:</u>

$$X_1^o = \lim_{J_T \to \infty} X_1 = -\frac{b^2}{12} \qquad\qquad X_1^o = \lim_{J_T \to 0} X_1 = 0$$

<u>Als den Einspanngrad</u> α der Fb.Pl bezeichnet man das Verhältnis zwischen tatsächlich vorhandenem Moment und Volleinspannmoment:

$$\alpha = \frac{X_1}{X_1^o} = \frac{1}{1 + \frac{0,62 \ell^2}{b} \cdot \frac{J_{Pl}}{J_T}}$$

<u>Zahlenbeispiel</u>

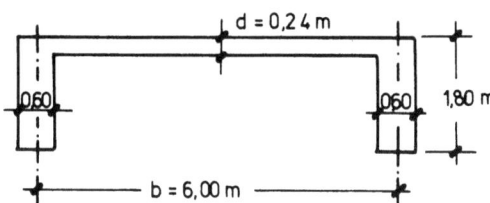

Trägheitsmomente für Zustand I, nur Betonquerschnitte, ungerissen.

$$J_{Pl} = \frac{1}{12} \cdot 1,0 \cdot 0,24^3 = 0,00115 \text{ m}^4/\text{m}$$

$$J_T = 0,263 \cdot 1,80 \cdot 0,60^3 = 0,102 \text{ m}^4 \quad (\text{vgl. } [0] \text{, Teil 4, Seite 130})$$

$$\alpha = \frac{1,0}{1,0 + \frac{0,62 \cdot 30^2}{6,0} \cdot \frac{0,00115}{0,102}} = \frac{1,0}{1,0 + 1,04} \approx 0,50$$

Dies ist der Mindestwert in $\ell/2$. In $\ell/3$ ist $\alpha = 0,68$. Im mittleren Drittel von ℓ kann daher $\alpha = 0,59$ als Mittelwert gesetzt werden. In den äußeren Dritteln wird für das Stützenmoment $\alpha = 1,0$, für das Feldmoment $\alpha = 0,85$ angenommen.

<u>Die Momenten-Grenzwerte für die Bemessung</u> erhält man nun durch Interpolation zwischen den Werten der frei drehbar gelagerten und der voll eingespannten Platte entsprechend dem Einspanngrad α.

Wird nun z.B. ein Querträger in $\ell/2$ angeordnet, so kann sich der
Hauptträger bei mittiger Last am Querträgeranschluß nicht verdrehen.
Für den Querträgerabstand $\ell/2 = 15$ m wird dann der Mindestwert des
Einspanngrades

$$\alpha = \frac{1,0}{1,0 + \dfrac{0,62 \cdot 15^2}{6,0} \cdot \dfrac{0,00115}{0,102}} = \frac{1,0}{1,0 + 0,26} = 0,80$$

d.h. der Einspanngrad steigt stark an. Man kann auf ganze Brücken-
länge mit voller Einspannung rechnen, wenn das so bestimmte Feldmoment um rd. 10 % erhöht wird.

Die Momentengrenzwerte der dreiseitig gelagerten Plattenteile des Bil-
des 13.3 lassen sich direkt aus Tafeln bestimmen, da hier der Grenz-
fall der vollen Einspannung zugrunde gelegt werden kann ($\alpha = 1$ am Endquerträger). Auf einen Nachweis dieser Momente wird jedoch meist verzichtet, man wählt am Endquerträger die gleiche Einspannbewehrung wie
am Hauptträger.

Sind keine Feld- und Stützquerträger vorhanden (Typ Homberg wie Bild
8.15), dann wird der Einspanngrad gering, abhängig vom Verdrehwider-
stand der HT-Lagerung. Ist die Lagerung allseitig drehbar und quer ver-
schieblich, dann wird der Einspanngrad für mittige Gleichlast auf der
Platte zu Null, weil sich die HT ohne Widerstand dem Enddrehwinkel der
Biegelinie der Platte anpassen. Steht jedoch nur ein SLW in Plattenmitte
z.B. in $\ell/2$, dann leisten die HT außerhalb der Lastzone einen Ver-
drehwiderstand, der sich aus dem Biegewiderstand der nicht belasteten
Plattenteile ergibt (Bild 13.6). Dies bedeutet, daß auch in diesen Fällen eine konstruktive Bewehrung zur Verbindung von HT mit Platte an
den Stegrändern vorzusehen ist, wie sie sich aus Querkraftschub ohnehin ergibt. Ein Torsionsnachweis der HT kann jedoch entfallen. Große
Stützmomente der Fahrbahnplatte werden hier durch große Kragweiten
der Platte außerhalb der HT erzeugt.

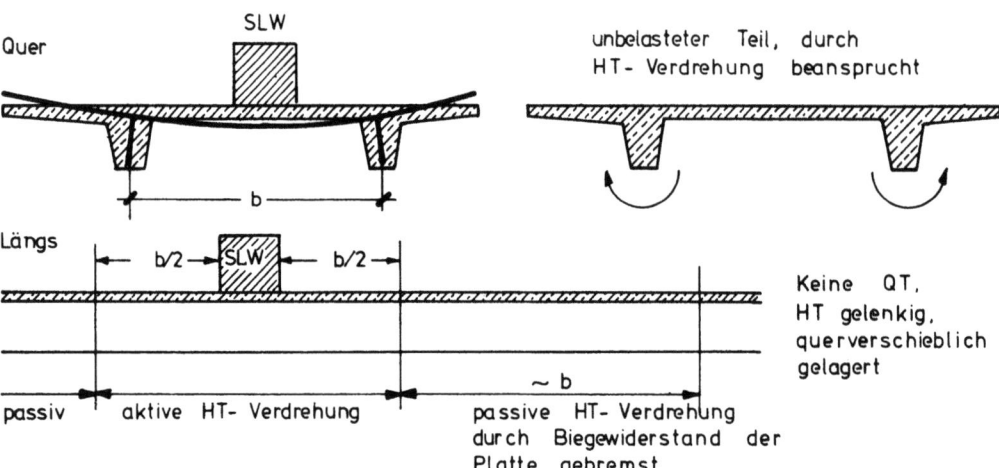

Bild 13.6 Unterscheidung zwischen aktiver und passiver (widerstehen-
der) Verdrehung infolge schwerer Einzellast SLW. Drehwiderstand im
unbelasteten Teil durch Biegewiderstand der Fahrbahnplatte

Bei einseitiger, unsymmetrischer Last verursachen die
unterschiedlichen Durchbiegungen der HT neben Scheibenschubkräften
zusätzliche Quer-Biegemomente in der Platte, die vom Verhältnis des
Torsionswiderstandes zum Biegewiderstand der HT abhängig sind
(Bild 13.7).

13.2 Bemessung der Fahrbahnplatten (Fb.Pl)

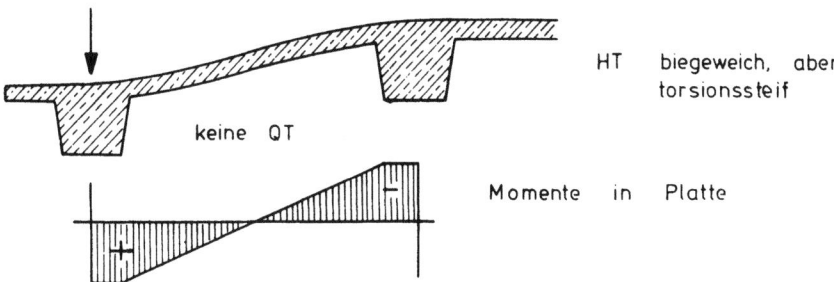

Bild 13.7 Einseitige Last auf Brücke mit zwei oder mehr biegeweichen (schlanken) aber torsionssteifen (dicken) HT erzeugt ungewöhnliche Biegemomente in Fb-Platte

Diese Zusatzmomente können kritische Werte annehmen, wenn die Abstände der HT klein, ihre Torsionssteifigkeit groß und ihre Biegesteifigkeit klein ist, also bei sehr schlanken und zur Unterbringung des Stahles dicken HT. Man beachte vor allem die positiven Momente am HT, wo sonst durch Lasten nur negative M entstehen. Werden diese Plattenmomente zu groß, dann müssen QT vorgesehen werden.

Für Eigengewicht versucht man in der Regel Torsion der HT dadurch zu vermeiden, daß die Platte am Rand um etwa 0,3 b auskragt und die Feldweiten zwischen den HT gleich groß gewählt werden. Die Einspannmomente von rechts und links gleichen sich dann aus und Torsion in den HT wird nur durch Verkehrslasten hervorgerufen (Bild 13.8).

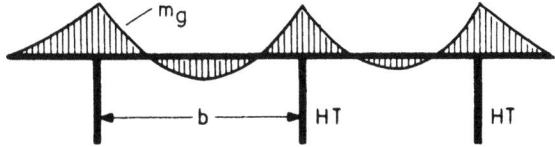

Erstrebenswertes Momentenbild für Eigengewicht.

Bild 13.8 Erstrebenswertes Momentenbild der Fahrbahnplatte bei mehreren HT

Bei großen Kragweiten der Fahrbahnplatten muß am Rand ein versteifender Längsträger angeordnet werden, um die Durchbiegungen und die Gefahr von Schwingungen zu verringern. Diesen Randträger kann man durch das an die Kappe anschließende Gesims gewinnen, in das oben und unten durchgehende Längsbewehrung einzulegen ist (Bild 13.9). Der Randträger kann gleichzeitig zur Verminderung der Platten-Kragmomente aus Verkehr herangezogen werden, indem die Kragplatte (nach Homberg [36]) jedoch am Rand auf elastisch gebettetem Längsträger gelagert gerechnet wird. Am Ende der Brücke ist dieser Träger im Endquerträger zu lagern.

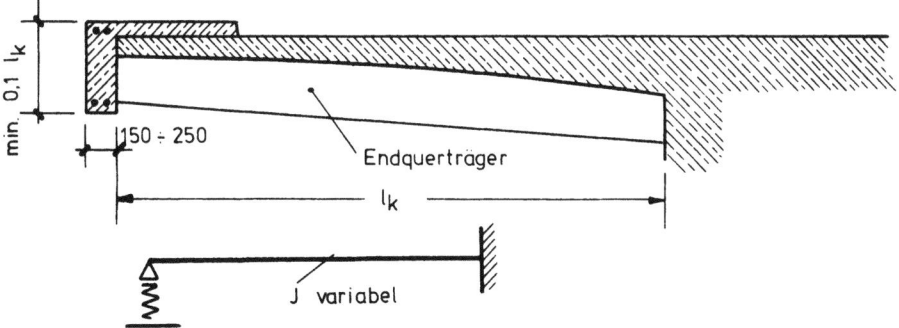

Bild 13.9 Weit auskragende Fahrbahnplatte sollte am Rand mit hohem Gesimsträger "elastisch gebettet" werden, um große örtliche Durchbiegungen zu vermeiden

Negative Feldmomente der Fahrbahnplatte ergeben sich bei hohen Einspanngraden mit diesen üblichen Berechnungsmethoden meist nicht. Man muß jedoch beachten, daß bei konsequenter Anwendung der Sicherheitstheorie der Grenzzustände für die Tragfähigkeit für die γ_f-fachen Lasten in weiten Bereichen der Tragwerke Zustand II entsteht und damit die Torsionssteifigkeit der HT fast ausfallen kann. Negative Stützmomente pflanzen sich dann in die anschließenden Felder fort. Die Tragfähigkeit bleibt dann nur erhalten, wenn obere Feldbewehrung vorhanden ist. Da genaue Nachweise mit Steifigkeiten für Zustand II kompliziert und wegen fehlender zuverlässiger Daten auch problematisch sind, ist es richtiger bei den üblichen Schnittkraftermittlungen zu bleiben und deren Mängel durch die konstruktive Regel auszugleichen, in Fahrbahnplatten eine obere Feldbewehrung einzubauen, mit der ein negatives m_{Feld} in Feldmitte von etwa $0,2\ m_{Stütze}$ aufgenommen werden kann:

$$\text{Mindestwert für negatives } m_{Feld} \approx 0,2 \max m_{Stütze}$$

13.2.3 Querkräfte der Fahrbahnplatten

Für die Querkräfte kann die Ausbreitung der Radlasten im Grundriß unter 45° angenommen werden. Lasten, auch Radlasten, die näher als $y = 1,2\ h$ vom Stegrand stehen, können bei der Ermittlung von V bzw. v vernachlässigt werden, weil sie fast keine schiefe Hauptzugspannung erzeugen und über eine Druckstrebe abgetragen werden, vorausgesetzt, daß an Durchlaufplatten die obere und an Endauflagern die untere Bewehrung die Zuggurtkraft aufnehmen kann (Bild 13.10). In der Regel ist in Brücken-Fahrbahnplatten keine Schubbewehrung nötig, vor allem nicht, wenn sie vorgespannt sind. Vorsicht ist jedoch am Platz, wenn in der Fahrbahnplatte nahe am Steg Hüllrohre großer HT-Spannglieder liegen. Die Schubtragfähigkeit solcher Platten ist allerdings noch nicht genügend erforscht und es gibt hierzu noch keine Bemessungsregeln. (Auf die Stuttgarter Arbeit von H. Aster, Heft 213 des DAfStb. wird verwiesen).

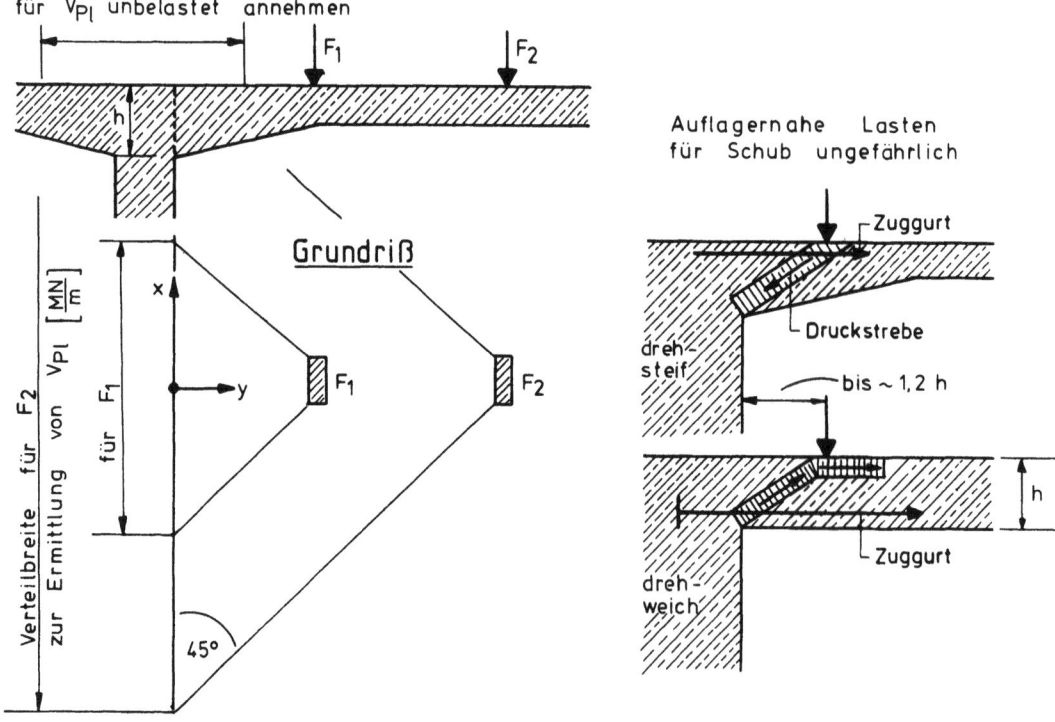

Bild 13.10 Verteilbreite für Radlasten zur Ermittlung der bezogenen Querkraft v der FbPlatte am HT-Auflager. Radlasten mit Abstand $y < 1,2\ h$ vom HT-Rand entfallen für Schubnachweise, wenn Zuggurte ausreichen.

13.2 Bemessung der Fahrbahnplatten (Fb.Pl)

13.2.4 Quervorspannung der Fahrbahnplatten (Bemessung)

Fahrbahnplatten sollten quer vorgespannt werden, wenn die Brückenbreite etwa 10 m überschreitet. Schlaff bewehrte Fahrbahnplatten haben sich zwar durchaus bewährt, wenn in Gebieten mit Frost mögliche Haarrisse mit einer Dichtung, vor allem gegen Streusalzlösung abgedeckt sind. Sie können unter dieser Voraussetzung auch künftig gebaut werden. Bei breiten Brücken treten jedoch neben den Lastspannungen auch Zwangsspannungen infolge ΔT zwischen Querträger und Fahrbahnplatte oder durch Lagerreibung usw. auf, die zu Trennrissen führen könnten. Auch die zur Gewichtsminderung stets angestrebte große Schlankheit der Platten macht eine mindestens leichte Vorspannung erwünscht, um die Durchbiegungen, die Rissebildung und die Spannungswechsel im Stahl zu mildern.

Den Vorspanngrad sollte man so wählen, daß bei vollem g und etwa 0,3 q in der Platte aus m_y mit n_{p_∞} noch keine σ_b-Zugspannungen in y-Querrichtung entstehen. Die Tragsicherheit muß ohnehin durch den Beitrag einer ziemlich kräftigen schlaffen Bewehrung abgedeckt werden, weil die Spannglieder mindestens im Feld, eingeengt durch Betondeckung und zwei zweilagige Bewehrungsnetze keine große Ausmittigkeit und damit keinen großen Hebelarm erhalten können. Im Voutenbereich an den HT-Stegen sind sie wirkungsvoller.

Volle Vorspannung ist bei Fahrbahnplatten nicht nötig und auch schwierig zu erreichen, weil m_g klein ist gegenüber $\pm m_q$

Die Wirkung gekrümmter Spannglieder auf die Momente wird am besten mit Hilfe der Umlenkkräfte ermittelt, für die die m-Einflußflächen auszuwerten sind.

13.2.5 Mittig vorgespannte Platten nach Y. Guyon

(in Deutschland nicht ohne Ausnahmegenehmigung zugelassen)
(vgl. Y. Guyon, Béton Précontraint (1958) Eyrolles Paris Bd. II S. 561 ff.)

Siehe auch J. Schlaich: Gewölbewirkung von durchlaufenden Stahlbetonplatten; Beton- und Stahlbetonbau, 59. Jahrg. 1964, Hefte 11 und 12.

Für Fahrbahnplatten auf oder zwischen vorgefertigten Balken wird von Frankreich ausgehend im Ausland oft die folgende sparsame Bemessung gewählt (Bild 13.11).

Für den Grenzzustand der Tragfähigkeit wird angenommen, daß die Platte an der Einspannstelle und in Feldmitte je bis zur Mittellinie gerissen ist. Die SLW-Last (oder entsprechende Ersatzlast) stützt sich mit flachen Druckstreben auf das von Spanngliedern gebildete Zugband ab. Als Zugband können alle Spannglieder angerechnet werden, die im Grundriß mit 45° Ausbreitung vom Rand der Lastflächen bis zur Mitte des nächsten Steges erfaßt werden, weil die Platte als Scheibe diese Verteilung bewirkt. Am Scheibenrand (Brückenrand) entsteht allerdings Längszug, der in der Regel durch die Längsvorspannung aufgenommen ist.

Die erforderliche Vorspannkraft P_u wird ermittelt aus

$$\text{erf } P_u = \frac{M_y^{(o)}}{f}$$

Dabei ist $M_y^{(o)}$ das für die voll mitwirkende Plattenbreite (Länge der Lastfläche $+ \sim \ell_{Pl}$) sich ergebende $M^{(o)}$-Moment (Platte mit ℓ_{Pl} frei drehbar gelagert) bei F in $\ell/2$ infolge $\gamma_f (g+F)$.

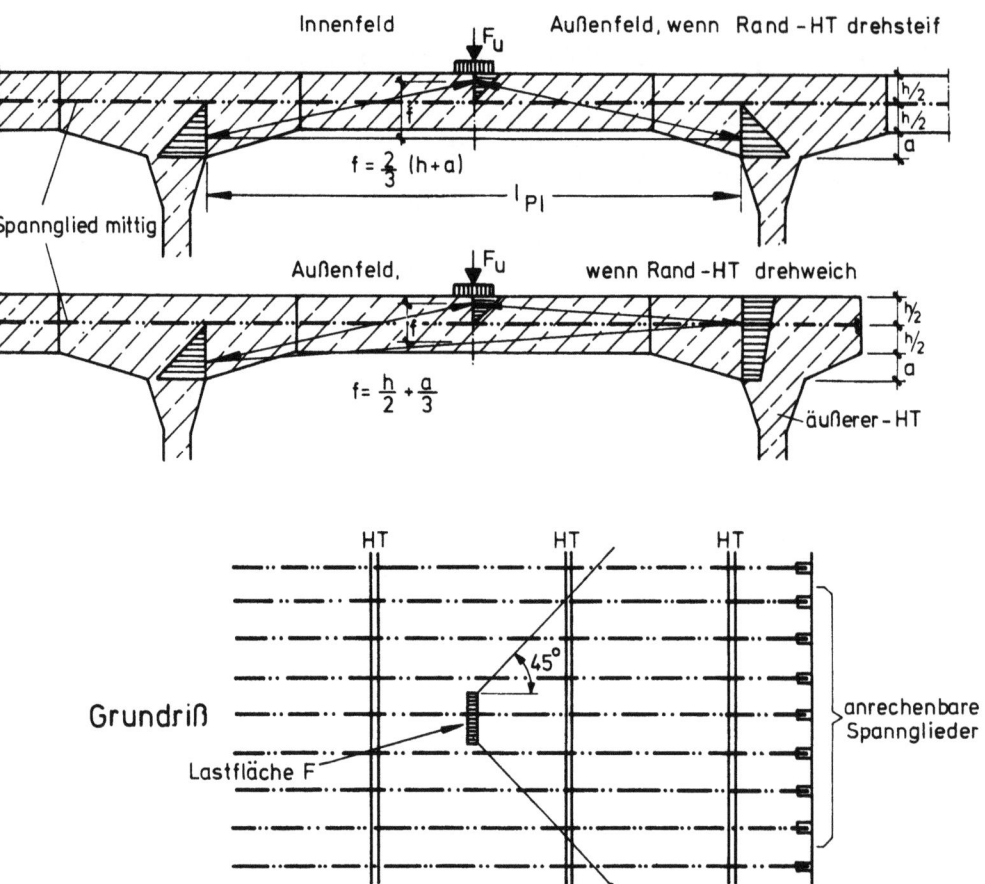

Bild 13.11 Mittige Vorspannung von Fahrbahnplatten zwischen Fertigteilträgern nach Y. Guyon (französische Bauart). Annahmen für Verlauf der "Stützlinien" (Druckstreben) infolge Radlasten F

f ist die Pfeilhöhe der Druckstreben, wie sie sich aus Bild 13.11 ergibt. Die Dreiecksform der σ_c ist absichtlich gewählt! Am Brückenrand kann der obere Anriß der Platte am HT nur angenommen werden, wenn die HT durch Querschotte z.B. in $\ell/3$ oder $\ell/4$ gegen Verdrehen gesichert sind, andernfalls muß dort die Platte über volles d auf Druck wirkend angenommen werden.

Zusätzlich zur Vorspannung genügt eine leichte schlaffe Bewehrung oben und unten, die mit ⌀ 10 mm, e = 150 mm angenommen werden kann und an den Arbeitsfugen mit vorstehenden Schlaufen gestoßen wird.

Diese Bemessungsregeln haben sich bei vielen Brücken bewährt.

13.3 Die Hauptträger der Plattenbalkenbrücken

13.3.1 Hauptträgerteile und ihre Beanspruchungsarten

Begriffe: Der Hauptträger einer Plattenbalkenbrücke besteht aus:

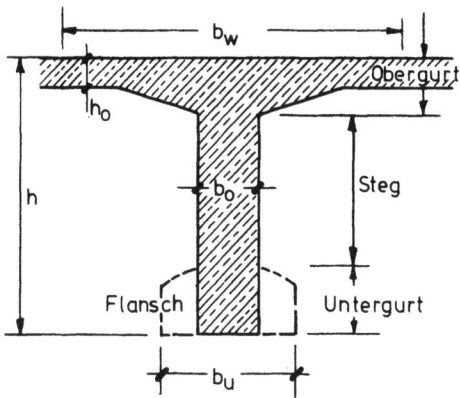

1. Obere Gurtplatte, als Teil der Fahrbahnplatte, mitwirkende Breite b_w ist variabel, abhängig von HT-Spannweite, HT-Abstand, Stellung schwerer Einzellasten, Entfernung von Lagern usw.
(siehe hierzu DIN 1072, 5.5.2 oder Heft 240 des DAfStb oder G. Brendel [37] u. [38])

2. Steg mit konstanter oder variabler Dicke b_o.

3. Untergurt als unterer Teil des Steges mit einer Höhe von etwa 0,2 h, eventuell als Flansch einseitig oder beidseitig verbreitert.

Beanspruchungsarten der Hauptträgerteile:

1.1 Die obere Gurtplatte wird nach Abschnitt 12.2 als Fahrbahnplatte auf Biegung zweiachsig beansprucht mit m_1, m_2, v. Die vorgespannte Fahrbahnplatte wird außerdem quer gedrückt mit n_p.

1.2 Aus HT-Wirkung wird die obere Platte im Bereich positiver M längs gedrückt, soweit gleichzeitig HT-Querkräfte wirken, verlaufen die Längsdruckspannungen zum Steg geneigt und rechtwinklig dazu wirken Hauptzugspannungen (Schubfluß in Gurtplatte), (Bild 13.12).

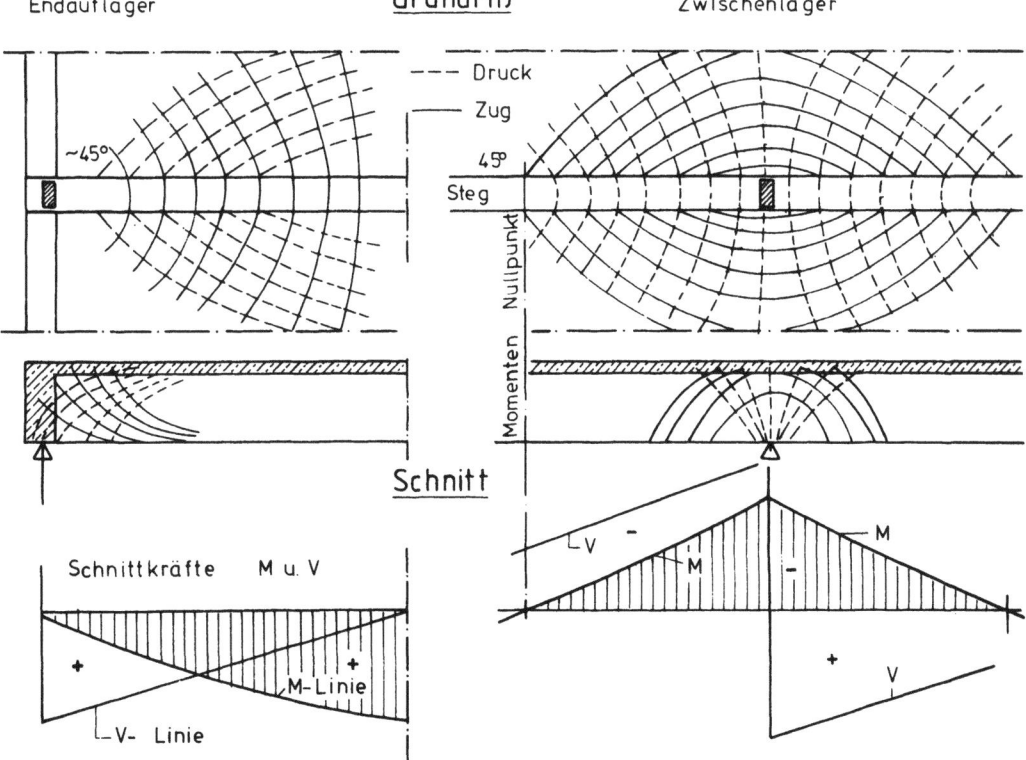

Bild 13.12 Trajektorien der Hauptspannungen in der Fahrbahnplatte bei Gleichlast zur Erläuterung des Schubflusses

Im Bereich negativer M der HT wird die obere Platte längs schräg auf Zug beansprucht mit zugehörigen, steil zum Steg geneigten Hauptdruckspannungen. Gurt-Zug muß durch Bewehrung oder durch Längsvorspannung aufgenommen werden.

Liegen Teile des Zuggurtes außerhalb des Steges, dann entsteht auch hier Querzug in der Platte.

Bachmann, Zürich [42] hat durch Versuche nachgewiesen, daß die Hauptspannungen der Balken-Biegelehre für die Querzugkräfte aus HT-Schubfluß in der Gurtplatte zu einer mangelhaften Verteilung der Querbewehrung bzw. Quervorspannung führen. Das Fachwerkmodell ergibt auch in Gurtplatten richtigere Werte, wobei in Druckgurten die Neigung der Druckstreben in der Platte zum Steg mit $\beta = 30°$ ganz durch angenommen werden darf (Bild 13.13). In Zuggurten (obere Platte über Zwischenstützen), in denen Zugglieder teilweise oder ganz neben dem Steg liegen, sollte die Druckstrebenneigung im Zustand II mit $\beta = 45°$ angenommen werden. Im Bereich des Versatzmaßes v rechts und links der Zwischenstütze bleibt nach Fachwerkmodell die Zuggurtkraft konstant, so daß dort die Querbewehrung für Plattenbiegung genügt (Bild 13.13).

1.3 Die obere Gurtplatte wird außerdem als Scheibe auf Schub beansprucht, wenn einer der HT stärker belastet wird als ein benachbarter, sein Obergurt sich also mehr verkürzt oder dehnt als der benachbarte (Faltwerkswirkung).

1.4 Die obere Gurtplatte erhält als Teil der ganzen Fahrbahnplatte in ihrer Funktion als Windträgerscheibe schiefe Hauptzug- und -druckspannungen, am Rand Längszug- oder -druckspannungen.

In der Regel werden die Spannungen in der Platte aus diesen vier Wirkungen getrennt betrachtet. Die erforderlichen Bewehrungen aus Quer-Biegung und Quer-Schub müssen überlagert werden, soweit die Lastfälle gleich sind. Die Scheibenwirkungen aus 1.3 und 1.4 brauchen meist nicht berechnet werden. In Sonderfällen, z.B. Wind auf lange Talbrücken, dürfen diese Wirkungen jedoch nicht vergessen werden.

2. Der Steg hat primär die Aufgabe den Schubfluß zwischen den Gurten für HT-Belastungen zu übernehmen - er wird dabei mit den aus M und V sich ergebenden Hauptspannungen beansprucht, die im Grenzzustand mit der Fachwerkanalogie zu sich kreuzenden Zugstäben und Druckstreben werden.

Der Steg muß ferner die Einspannmomente der Fahrbahnplatte aufnehmen und weiterleiten. Dabei greifen oben Querbiegemomente an, die Torsionsmomente auslösen, wenn an den Lagern oder Querträgern die Verdrehung der Stege behindert oder verhindert wird. (Bild 13.14).

Hängen am Steg unten breite Gurtflansche oder gar ausgekragte Gehwegplatten, dann wird der Steg lotrecht noch auf Zug beansprucht, die unterhalb der Schwerlinie des Steges liegenden Bauteile und dort wirkende Lasten müssen in den Druckgurt aufgehängt werden.

Die vier Beanspruchungsarten des Steges überlagern sich und bedingen eine getrennte Berechnung und Bemessung, wenn die HT sehr torsionssteif und die Fahrbahnplatten weitgespannt sind. Bei torsionsweichen HT (dünne Stege) wird Querbiegung und Torsion meist vernachlässigt und gilt mit der für Schub und Biegung aus HT-Schnittkräften nötigen Bewehrung als abgegolten. Eine genauere Bemessung wird im Kap. 14.3 bei den Kastenträgern gegeben.

13.3 Die Hauptträger der Plattenbalkenbrücken

Endauflager

Fb-Platte Druckgurt

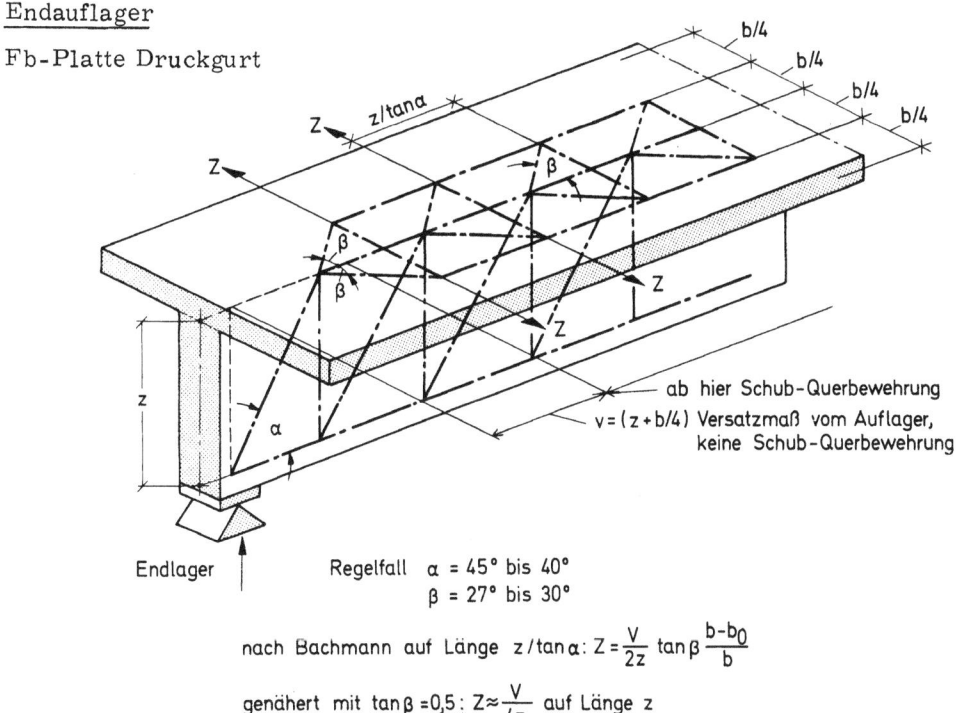

Zwischenauflager

Fb-Platte Zuggurt

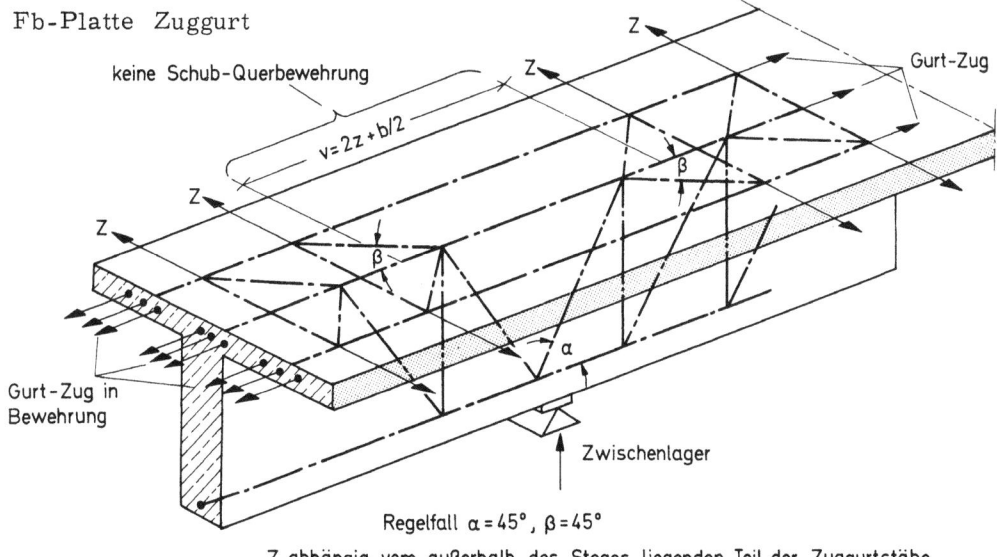

Bild 13.13 Fachwerkmodelle nach Bachmann führen zu besserer Verteilung der durch Schubfluß erf. Querbewehrung der Fahrbahnplatten als die Bemessung mit Hauptspannungen nach Elastizitätstheorie

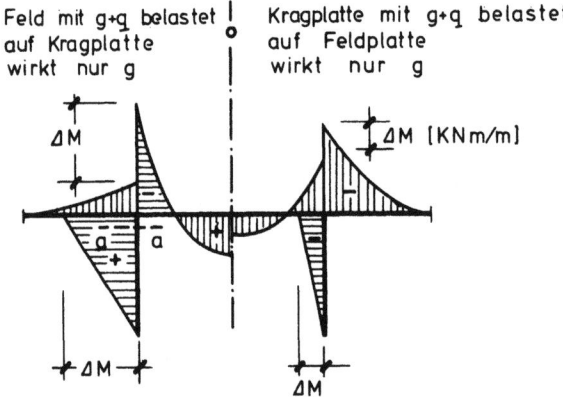

Bild 13.14 Biegemomente im Querschnitt der Plattenbalken bei drehbehinderten HT-Stegen

3. Der Untergurt erhält im wesentlichen nur seine Zug- oder Druckgurtkräfte. Bei breiten Flanschen muß ähnlich wie im Obergurt der Schubfluß beachtet werden, der Querbewehrung bedingt. Bei schlanken Durchlaufträgern kann es zweckmäßig sein, aus unteren Flanschen heraus eine untere Druckplatte zu entwickeln, die von Steg zu Steg reicht. Die Ausbreitung der Druckgurtkräfte darf jedoch im Mittel nur unter einem Winkel von etwa $35°$ zum Steg angenommen werden.

13.3.2 Der einstegige Plattenbalken

Der einstegige Plattenbalken eignet sich für schmale Brücken, für Fußgänger- oder Feldwege bis rund 7 m Breite. Der Steg muß dick sein, um die Torsionsmomente bei einseitiger Belastung aufnehmen zu können. Torsionstragfähigkeit ist hier für das Gleichgewicht nötig, die M_T sind daher Hauptkräfte (keine Zwangskräfte!), sie werden an den Enden am besten mit Doppellagern mit genügend großem Hebelarm aufgenommen, was meist Endquerträger bedingt (Bild 13.15). Zwischenstützen werden am besten in Querrichtung genügend biegesteif gemacht.

13.3.3 Der mehrstegige Plattenbalken (Trägerrost)

Bei der Ermittlung der HT-Schnittkräfte muß die Querverteilung der schweren Fahrzeuglasten und der Flächenlast der Hauptspur beachtet werden. Dies geschieht vereinfacht mit Querverteilungseinflußlinien (QVt) (Leonhardt und Andrä, Homberg [39] und [40]), sofern kein Programm für Trägerroste benützt wird. Schon bei zwei HT bewirkt die Schubsteifigkeit der oberen Gurtscheibe und die Torsionssteifigkeit der HT eine Entlastung des direkt belasteten HT (Bild 13.16). Die Ordinaten der Querverteilungseinflußlinie für HT I gibt den Anteil η F der Einzellast F an, der auf HT I entfällt, $(1 - \eta)$ F wird vom HT II getragen. Der zweistegige Plattenbalken kann auch nach der Theorie der Wölbkrafttorsion berechnet werden [41].

13.3 Die Hauptträger der Plattenbalkenbrücken

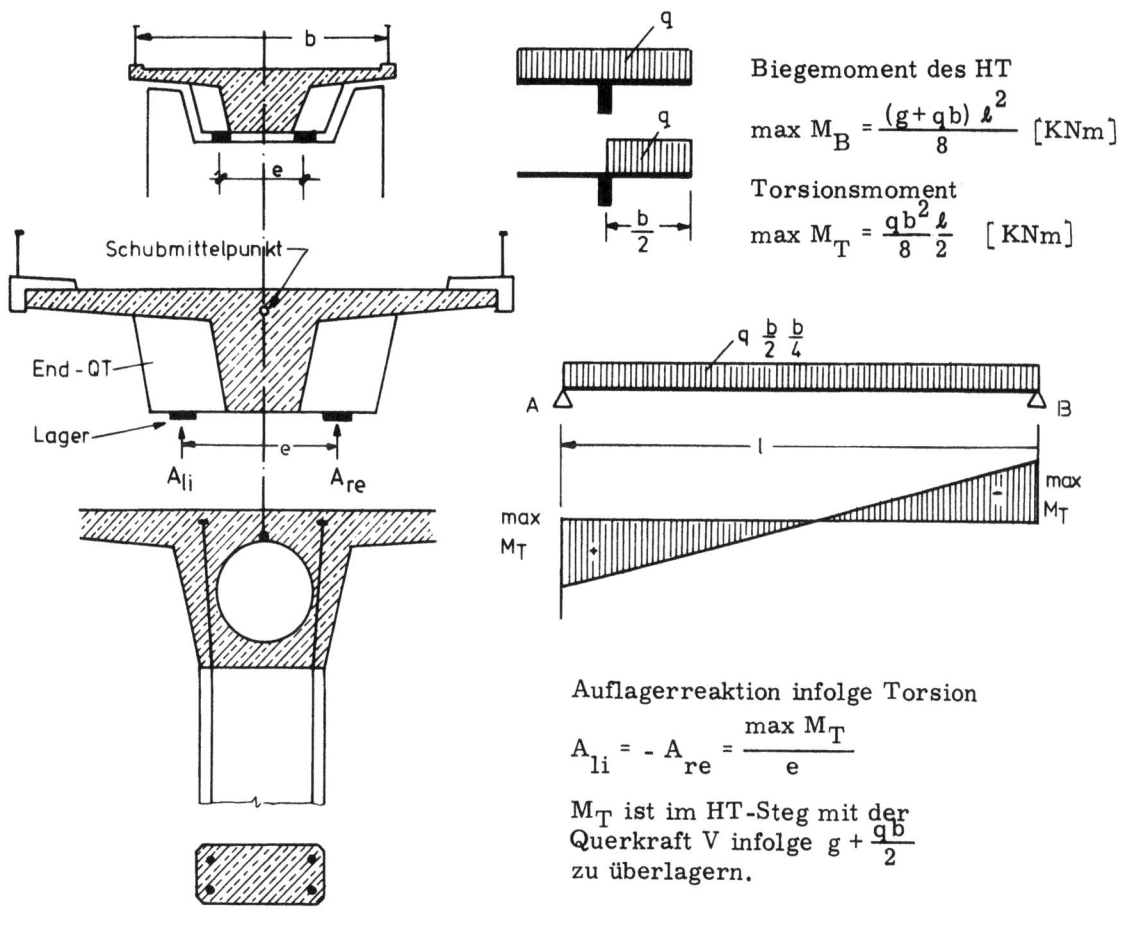

Bild 13.15 Torsionsmomente und ihre Aufnahme am einstegigen Plattenbalken

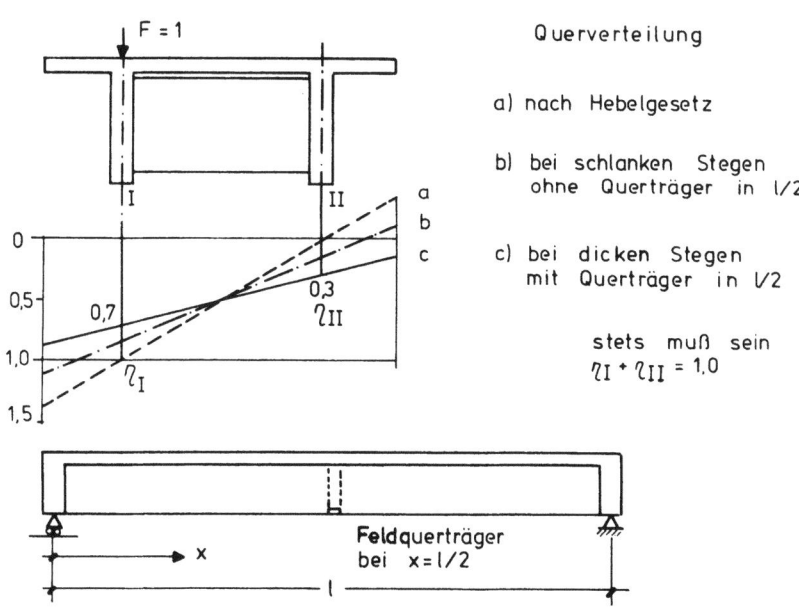

Bild 13.16 Beispiele von Querverteilungslinien eines zweistegigen Plattenbalkens für verschiedene Annahmen der Drehsteifigkeit

Bei drei und mehr HT wird eine wirkungsvolle Lastverteilung durch QT in $\ell/2$ oder in $\ell/3$ bewirkt. Die QVt-Einflußlinie ist dabei gekrümmt, sie hat die Form der Biegelinie des QT, wenn die Einzellast am QT über dem betrachteten HT steht (Bild 13.17).

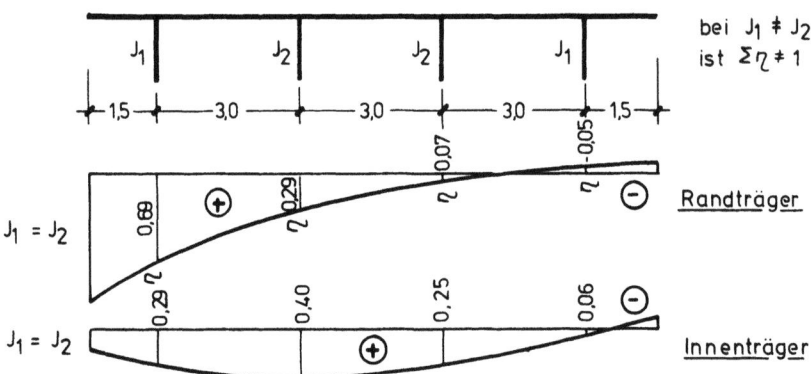

Bild 13.17 Querverteilungs-Einflußlinien eines Trägerrostes mit vier HT. Zahlenwerte als Beispiel

Mit den quer verteilten Lasten werden die M und V der einzelnen HT berechnet. Jeder HT wird einzeln für seine max M und max V an 2 bis 4 Schnitten bemessen, wobei im Druckgurt die mitwirkende Breite b_w angesetzt wird.

Für die Stege genügt in der Regel die Schubbemessung infolge V, im Mittelbereich der Spannweite ergänzt durch Längsbewehrung für Biegezug. Torsion im Steg kann bei der Bemessung vernachlässigt werden, wenn QT in $\ell/2$ oder $\ell/3$ vorhanden sind und die Stege nicht bewußt dick gemacht werden, um die Einspannung der Fahrbahnplatte zu verstärken. Für die Querbiegung der Stege siehe Kapitel 14.3, Hohlkasten.

Die Schnittkräfte der Feldquerträger erhält man durch Auswertung der Einflußflächen des Trägerrostes. Man beachte, daß bei Randlasten negative QT-Momente und bei Lasten in Brückenmitte positive QT-M und entsprechende positive und negative Querkräfte V entstehen (Bild 13.18). Bei torsionssteifen HT werden die QT zusätzlich durch die M_T der HT auf Biegung beansprucht.

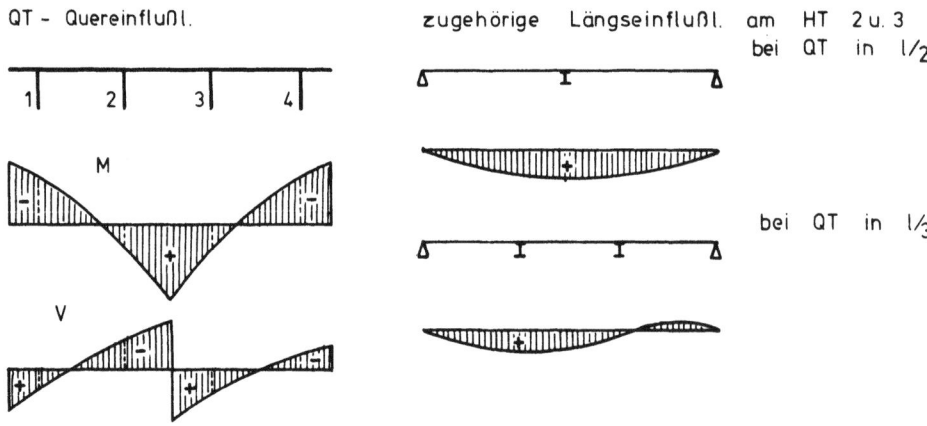

Bild 13.18 Einflußlinien für M und V in der Mitte des Feldquerträgers, entlang Querträger und Hauptträger als Schnittlinien der Einflußfläche

13.4 Bewehrung der Plattenbalkenbrücken

Die Bemessung für max, min M und V der QT wird ebenfalls wie für einen Einzelträger durchgeführt, wobei der Nachweis der mitwirkenden Breite und damit der Biegedruckspannungen für positive M entfallen kann, auch wenn der QT oben von der Fahrbahnplatte getrennt ist, weil diese auch dann auf Biegedruck mitwirkt.

Endquerträger sind in der Regel an jedem HT unterstützt, erhalten also aus Lasten nur kleine M und V. Sie werden aber in Höhe der Lager in ihrer Dehnung behindert; bei in Querrichtung festen Lagern entsteht dort Zug als Zwangskraft infolge Schwinden und $-\Delta T$. Solche Zwangskräfte entstehen aber auch, wenn die Lager quer beweglich sind durch Lagerreibung bzw. bei Elastomerelager durch Verformungswiderstand, der bei Kälte hoch sein kann (Bild 13.19). Häufig werden die Lager breiter gemacht als die HT-Stege, dies bedingt besonders am Randträger untere Querzugkräfte (Krafteinleitung an der Ecke einer Scheibe, s. [0] Teil 2). Torsionssteife HT geben ihre Torsionsmomente als Biegemomente in den Endquerträger ab. Wird der Überbau am Endquerträger indirekt (mittelbar) gelagert, dann muß zusätzlich zu den Einleitungskräften (vor allem Spalt- und Randzug) die Aufhängung der HT in den QT beachtet werden.

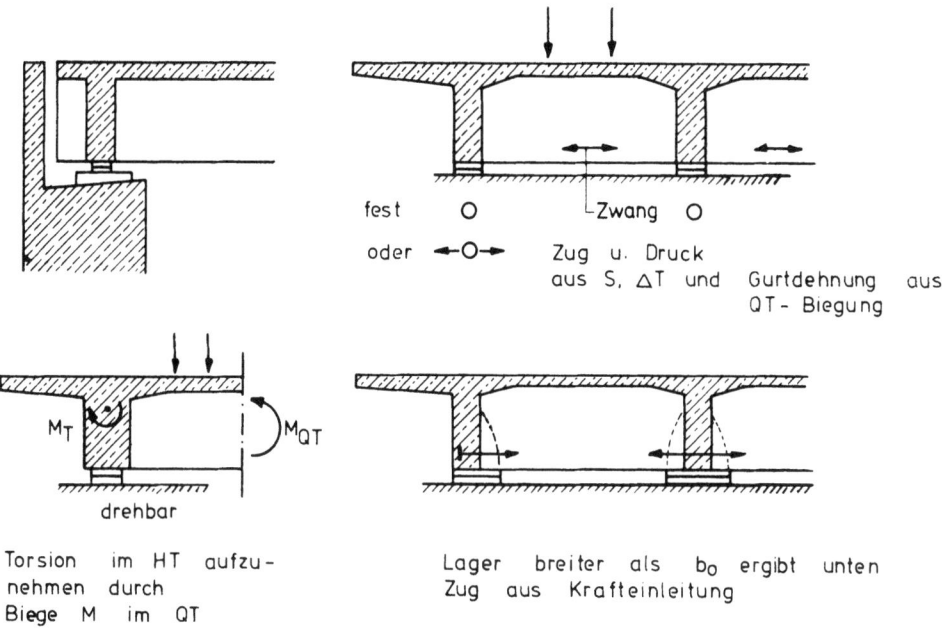

Bild 13.19. Zum Einfluß der Brückenlagerung am Endquerträger auf QT-Kräfte

13.4 Bewehrung der Plattenbalkenbrücken

13.4.1 Fahrbahnplatten

Für schlaff bewehrte Fahrbahnplatten ist gerippte Stabbewehrung aus B St 420/500 zu wählen und geschweißten Matten vorzuziehen, weil sie sich besser an die Erfordernisse anpassen läßt. In den Hauptzugbereichen sollten zur Beschränkung der Rißbreiten auf $w_k \approx 0,2$ mm die Stababstände 150 mm nicht überschreiten. In Druckrichtung sind Stababstände von 300 mm ausreichend.

Querbewehrung: Deckung der Zugkraftlinie für positive und negative M reichlich wählen. 1/2 der Feldbewehrung kann zur Deckung der Einspannmomente mit 30° bis 45° Neigung aufgebogen werden. Ein Teil der Einspannbewehrung kann in die Stege abgebogen und dort etwa in h/2 verankert werden. Die untere Bewehrung von Vouten und Kragplatten soll quer grundsätzlich mindestens ⌀ 12, e = 300 mm aufweisen, auch wenn keine positiven M dort ausgewiesen sind, sofern HT-Schubfluß nicht mehr erfordert.

Längsbewehrung: in HT-Druckzonen oben auf ganze Breite mind. ⌀ 10, e = 200 bis 300 mm, unten im Feld auf die mittleren 2/5 ℓ_y Durchmesser nach Bemessung für m_2 infolge hoher Einzellast mit e ≦ 150 mm, im auflagernahen Bereich (bis y = 0,3 ℓ_y von den HT-Stegen aus) zum Steg hin abnehmend bis herab zu ⌀ 10, e ≧ 300 mm. An Kragarmen sollte die untere Längsbewehrung nach außen zunehmen, falls nicht der Gesimsträger nach unten übersteht und so Längszug in der Platte verhindert. Im Gesims müssen kleine Stababstände ≦ 100 mm mit Stäben ⌀ 10 bis 12 mm zur Rißbreitenbeschränkung infolge ΔT und S eingehalten werden (μ_{zw} = 0,8 bis 1,0 %).

In HT-Zugzonen (Durchlaufträger oder Rahmen) kommt ein großer Teil der HT-Längsbewehrung in die Fahrbahnplatte. Zwischen diesen HT-Zuggurt-Zonen sollte jedoch die obere Längsbewehrung zur Rißbeschränkung mindestens ⌀ 12, e = 150 mm nicht unterschreiten, wobei ein Übergang der ⌀ erwünscht ist. (Bild 13.20).

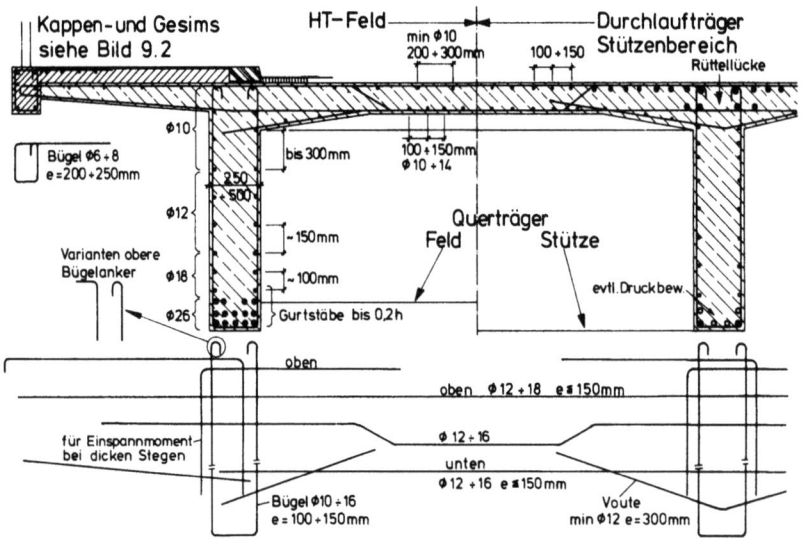

Bild 13.20 Bewehrung einer schlaff bewehrten Plattenbalkenbrücke im Querschnitt. Links Feldquerschnitt, rechts Stützenquerschnitt eines Durchlaufträgers.

13.4.2 Hauptträger

Längsgurtbewehrung für Feldmomente, dicke Stäbe ⌀ bis 28 mm dicht legen, bis 0,2 h von unten als Gurtbewehrung voll anrechenbar (Traglastverfahren). Bei mehr als 2 Lagen Rüttellücke in Stegmitte frei lassen (Bild 13.20), Stabbündel erlaubt.

Zur Gewichtsminderung werden Stege gerne dünn gemacht (min b_o = 200 mm, deutsche Vorschrift mit b_o ≧ h/5 unnötig streng) und für die Gurtbewehrung Flansche angeordnet (Bild 13.22).

13.4 Bewehrung der Plattenbalkenbrücken

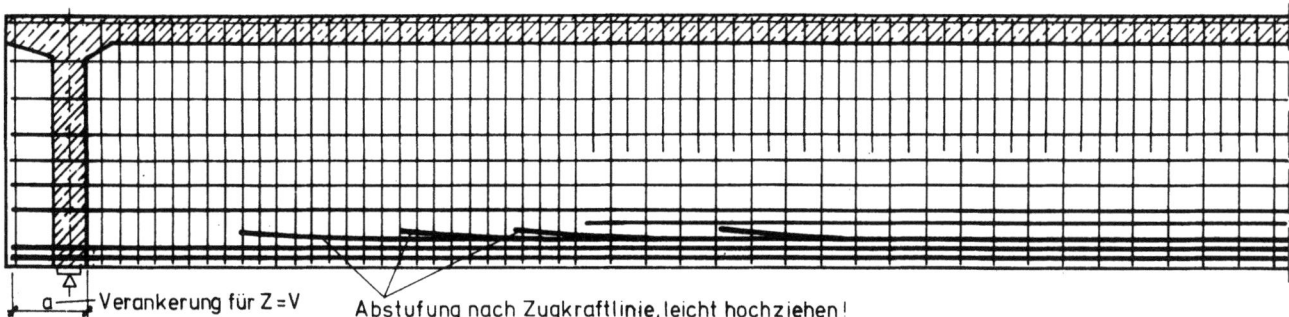

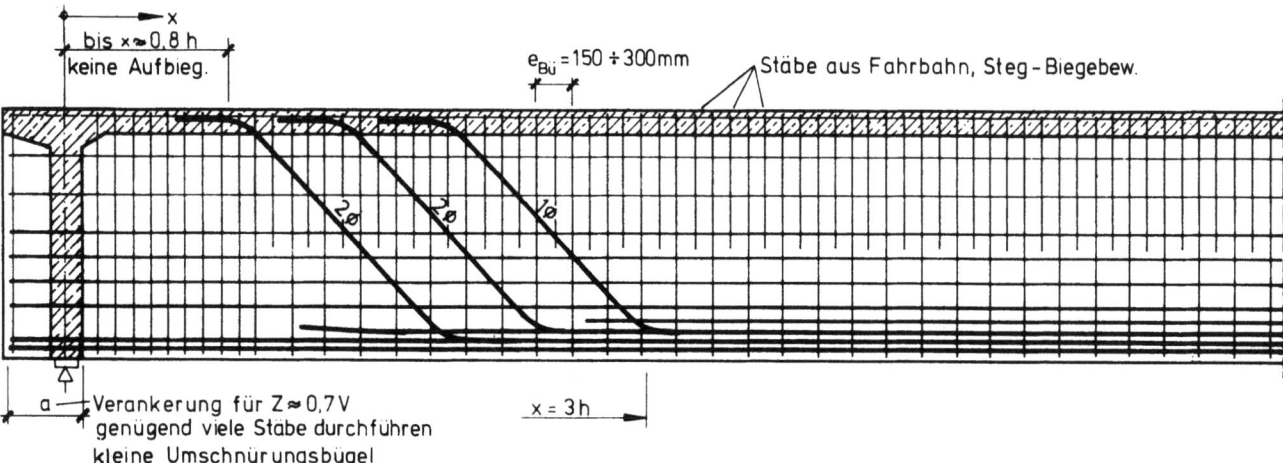

Bild 13.21 Bewehrung eines schlaff bewehrten Plattenbalkens im Längsschnitt, Bereich am Endauflager. Regelfall Abstufung mit geraden Stabenden. Darunter Abstufung teilweise mit Aufbiegungen, auch als Schubbewehrung.

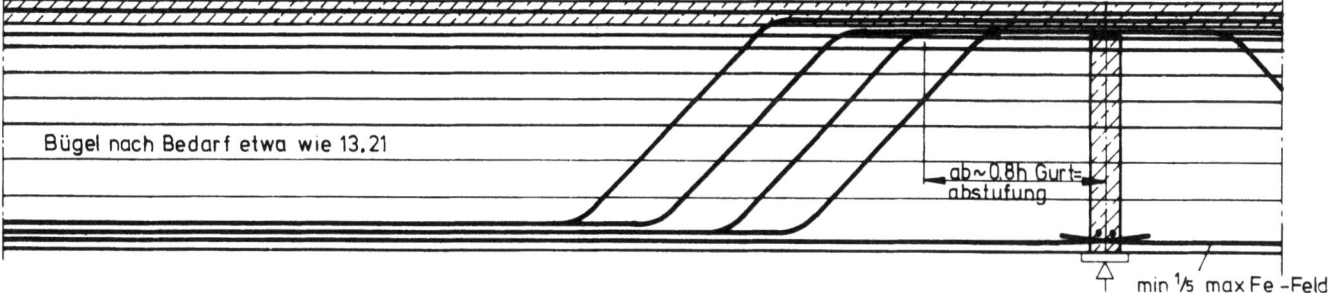

Bild 13.23 Hauptbewehrung im Stützenbereich eines Durchlaufträgers, im Regelfall Abstufung mit geraden Stabenden, hier mögliche Abstufung mit Aufbiegungen gezeichnet.

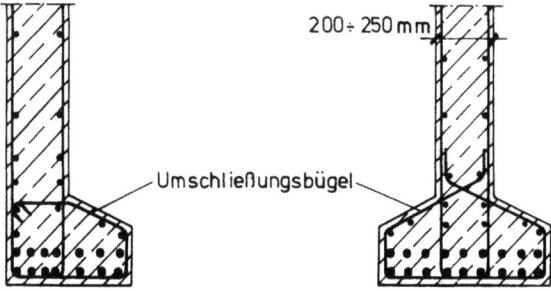

Bild 13.22 Gurtbewehrung für Feldmomente in Flanschen

Abstufung nach Zugkraftlinie, Versatzmaß min v = 0,7 h, bei Durchlaufträger im M = 0-Bereich 1,5 v wählen (siehe Bild 13.24). Möglichst keine Übergreifungsstöße, wenn Stöße unvermeidbar, dann besser Stumpfschweißung oder Muffenstoß.

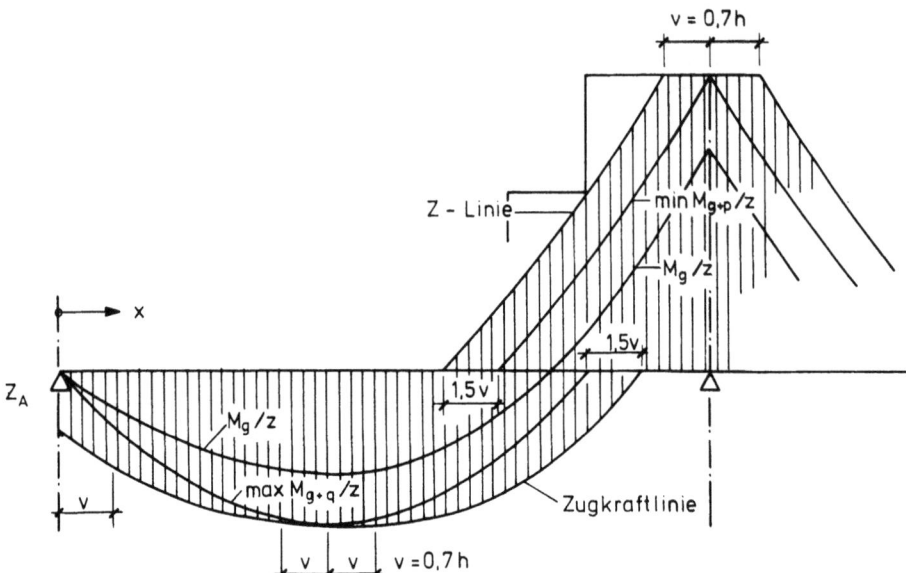

Bild 13.24 Abstufung der Gurtbewehrung nach der Zugkraftlinie, mit Versatzmaß v gegenüber der M/z-Linie horizontal verschoben

Gerade Stabenden zur Verankerung durch Unterlagen leicht hochziehen. Aufbiegungen zur Schubdeckung sind nur sinnvoll bei dicken Stegen im Bereich großer Querkräfte zwischen x = 0,8 h (am Obergurt) und x = 3 h (am Untergurt) mit Abständen < 0,4 h. Billiger und einfacher wird in der Regel das Abstufen mit geraden Verbundankerlängen. Am Endauflager sind Gurtstäbe für eine Zugkraft $Z_A = 0,7$ V zu verankern, der Höhenabstand der Lagen ist dort auf 3 bis 4 ∅ zu vergrößern und die Ankerzone mit Umschnürungsbügeln zu versehen.

<u>Die Längsgurtbewehrung für Stützmomente</u> wird oben weitgehend in die Fahrbahnplatte gelegt und seitlich verteilt. Dicke Stäbe mit $\emptyset > \frac{1}{10} h_{Pl}$ sollten im oder unmittelbar neben dem Steg liegen (Bild 13.20). Die Stabdicke ist nach außen zu verringern, z.B. ∅ 28 mm an Steg, ∅ 20 bis ∅ 16 mm außen. Die Gurtbewehrung kann auf die ganze mitwirkende Breite verteilt werden.

Bei der Abstufung ist die Zugkraftlinie nach Bild 13.24 zu beachten, die zunächst für Stäbe im Steg gilt. Stäbe außerhalb des Steges müssen an jedem Ende um $\Delta \ell = a_y$ länger gemacht werden, weil diese Stäbe mit Druckstreben von etwa 45° Neigung an den Steg anzuschließen sind (Bild 13.25). Man stuft die äußeren Stäbe zuerst ab und benützt die Stäbe nahe am oder im Steg zur Deckung bis zu Z = 0.

Bei dicken Stegen mit mehreren dicken Stäben innerhalb der Stegbügel können einige Stäbe mit Aufbiegungen vom Feld her geholt werden, obwohl solch dicke aufgebogene Stäbe bei Brücken meist Überlängen erfordern und beim Einbau unbequem sind (Bild 13.23).

<u>Die Steg-Längsbewehrung</u> muß dort, wo vorwiegend Biegezugbeanspruchung herrscht, nach den Regeln der Rißbeschränkung bemessen werden, um zu verhüten, daß über der Wirkungszone der dichten Gurtbewehrung deutlich sichtbare Sammelrisse entstehen (siehe [0] Teil 4 der Vorl. Bild 2.13 und Beispiel Bild 2.37). Nach der Nullinie hin können die Stabdurchmesser kleiner und die Stababstände größer werden.

13.4 Bewehrung der Plattenbalkenbrücken

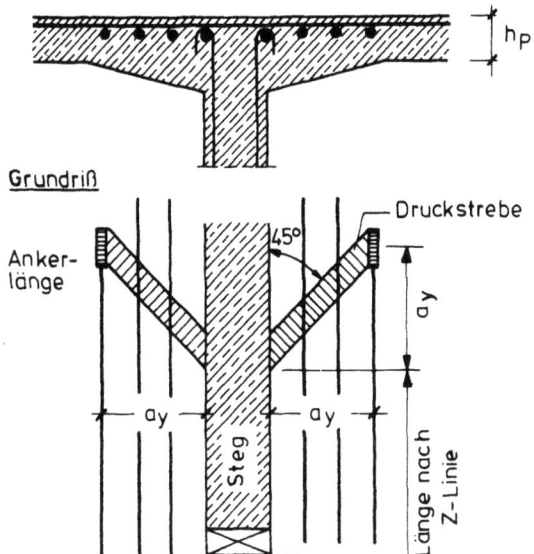

Bild 13.25 Gurtstäbe für negative M außerhalb des Steges müssen mit einer zusätzlichen Länge a_y abgestuft werden

Im Bereich negativer Stützmomente ist die Steglängsbewehrung unter der Platte eng zu legen und kann nach unten vermindert werden. Es ist jedoch besonders im Bereich $x = \pm h$ (von der Zwischenstütze aus) zu empfehlen, die ganze Steghöhe horizontal eng zu bewehren, weil dort die Stegrisse im Grenzzustand der Traglast steil (50° bis 90°) fächerartig verlaufen. Kräftige Eckstäbe sind auch unten im Druckgurt nötig, auch wenn planmäßig keine Druckbewehrung vorgesehen ist. Wurde Druckbewehrung gewählt, um eine Verbreiterung des Steges oder Druckflansche zu vermeiden, dann ist sie zu umschnüren.

Soweit Steg-Längsbewehrung für Torsion der HT nötig ist, ist sie auf ganze Steghöhe zu verteilen, bis zum Balkenende durchzuführen und dort gut zu verankern.

Die Steg-Querbewehrung = Schub- und Torsionsbewehrung wird am besten in Form von Bügeln ausgeführt, die unten die Gurtbewehrung umschließen und oben mit Haken oder Winkelhaken in der Gurtplatte verankert sind. Oben geschlossene Bügel sind nicht nötig. Oben nachträglich in die Platte abgebogene Bügel sind im Brückenbau unerwünscht, weil die Abbiegung sich kaum auf genauer Planhöhe machen läßt. Die Bügel können auch bei Hakenverankerungen als Steg-Biege- und Torsionsbewehrung angerechnet werden, weil die Voutenhöhe der Platte für die Verankerung gut ausreicht, wenn die Bügeldurchmesser $\phi_{Bü} \leq 1/20\ h_{Voute}$ sind. Die Bügelabstände sollten im Hinblick auf Schubrißbeschränkung klein gehalten werden, im Bereich hoher Schubbeanspruchung $e_{Bü} = 150 \div 80$ mm, im Bereich niedrigen Schubes $e_{Bü} = 300 \div 200$ mm. Übergreifungsstöße der Bügel mit Bügelkappen gehören verboten. Bügeldurchmesser > 16 mm bei Balken mit h < 3 m oder > 20 mm bei h < 5 m sollten wegen der oben meist kurzen Ankerlänge nicht gewählt werden.

Steg-Biegebewehrung zur Aufnahme der Einspannmomente der Fahrbahnplatte kann in Form von ⌈-Stäben nach Bild 13.20 zugelegt werden, wenn die Bügel allein nicht ausreichen. Sie können in der Regel etwa in Höhe h/2 enden, die nötige Länge kann für dreieckige M-Fläche nach Bild 13.14 ohne Versatzmaß ermittelt werden.

13.4.3 Querträger

Feldquerträger werden der wechselnden M und V wegen am besten mit oberen und unteren gerade durchgehenden Gurtstäben bewehrt, die in den Stegen der Rand HT z.B. mit liegenden Winkelhaken gut verankert sein müssen, weil sie dort auch Torsions-Reaktionen abzunehmen haben (Bild 13.26). Die obere Gurtbewehrung genügt mit etwa 1/3 der unteren, weil die Querbewehrung der Fahrbahnplatte primär oberen Biegezug aufnimmt. Gegen wechselnden Schub sind die QT mit engen Bügeln zu bewehren.

Auflagerquerträger sind wegen der horizontalen Zwängungskräfte und der Torsionsreaktionen im wesentlichen horizontal zu bewehren und erhalten weniger Bügel als die Feldquerträger. Auflager-QT bei schiefwinkligen Trägerrosten siehe Kap. 13.6.

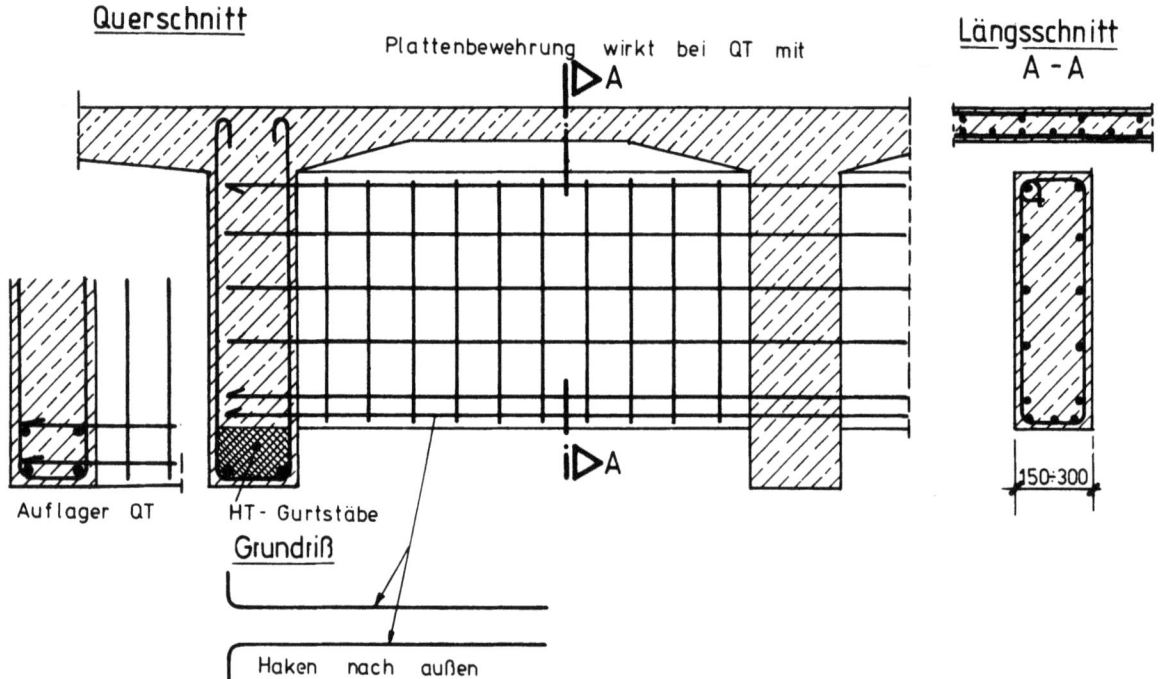

Bild 13.26 Bewehrung des Feldquerträgers eines Trägerrostes

13.5 Vorspannung der Plattenbalkenbrücken

13.5.1 Spanngliedführung in Fahrbahnplatten

Die Spannkraft je Spannglied sollte zwischen 300 und 600 kN liegen, damit die Anker keine zu große Plattendicke am Rand erfordern und Abstände der Spannglieder zwischen 0,5 und 1,0 m entstehen. Die Spannglieder können in der Regel nur wenig gekrümmt werden, weil im Feld zwischen den oberen und unteren Bewehrungsmatten bei der dort geringen Plattendicke (220 bis 300 mm) nur eine kleine Ausmitte nach unten von 30 bis 80 mm möglich ist. Im Stützbereich (über den HT) kann dagegen durch eine Voute eine große Ausmitte gegenüber der Plattenachse erzielt werden. Die Dicke und Länge der Voute hat somit erheblichen Einfluß auf das durch Vorspannung erreichbare entlastende Plattenmoment m_p.

13.5 Vorspannung der Plattenbalkenbrücken

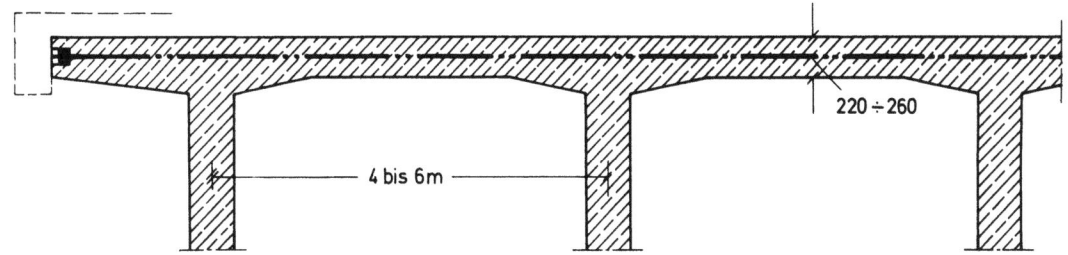

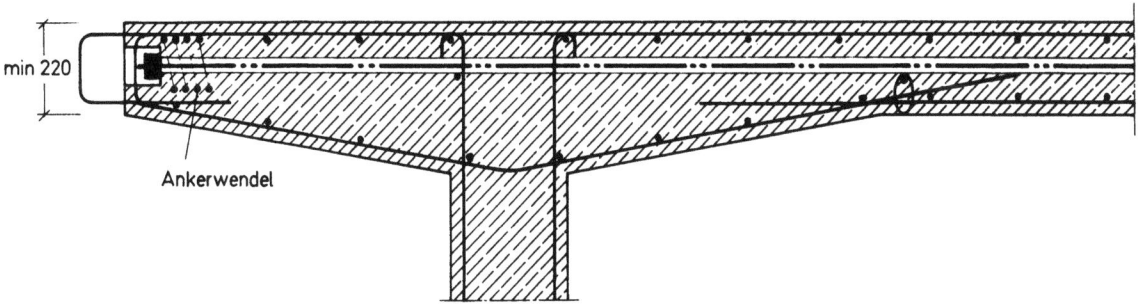

Bild 13.27 Anordnung der Spannglieder zum Vorspannen einer mehrfeldrigen Fahrbahnplatte

Bild 13.28 Abstufung der Spannglieder bei großer Kragweite

Bei mehrfeldrigen Fahrbahnplatten mit kleinen Feldweiten von rd. 4 bis 6 m werden die Spannglieder fast gerade geführt (Bild 13.27). Bei großen Feldweiten, die meist am Rand durch weite Auskragungen ergänzt werden, lohnt sich ein Durchhang im Feld, während die Spannglieder in der Kragplatte oben bleiben, bzw. etwa geradlinig zur Mitte des Plattenrandes geführt werden. In der Regel wechselt man feste und spannbare Anker wechselseitig ab, wobei das feste Anker je nach Kragweite des Plattenrandes innerhalb der Kragweite liegen kann (Bild 13.28).

Im Bereich negativer HT-Momente liegen große HT-Spannglieder mit ⌀ 50 bis 80 mm oben in der Fahrbahnplatte. Die Spannglieder der Fahrbahnplatte sollen dort grundsätzlich über den HT-Spanngliedern geführt werden, zum Ausgleich muß dort eventuell die Höhe und Länge der Voute vergrößert werden (Bild 13.29).

Für die schlaffe Bewehrung gelten hinsichtlich der Stababstände die Regeln wie in 13.4.1, die Stabdurchmesser können auf ⌀ 8 bis 10 mm reduziert werden, falls sie für die Tragsicherheit nicht größer sein müssen.

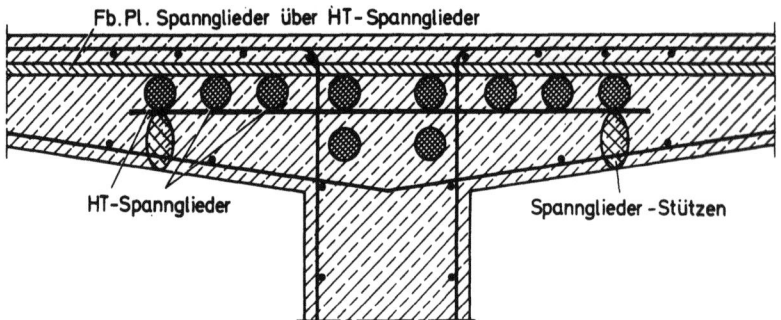

Bild 13.29 Im Bereich oben liegender HT-Längsspannglieder werden die Quer-Spannglieder möglichst darüber verlegt

13.5.2 Spanngliedführung für die Hauptträger

Für Hauptträger werden Spannglieder mit großer Spannkraft von 1000 bis 1600 kN bevorzugt, die Größe sollte jedoch so gewählt werden, daß je Hauptträger mindestens 3 Spannglieder nötig sind, damit das Versagen eines Spanngliedes noch keinen Einsturz verursacht.

Die Spannglieder einfeldriger Balken werden in $\ell/2$ so tief wie möglich angeordnet, jedoch unter Beachtung der Regeln für Mindestabstände (Bild 13.30). Sind Flansche vorhanden, so ist zu beachten, daß Spannglieder, die außerhalb der Stegbügel liegen, nicht im Steg hochgeführt werden können, sondern im Flanschbereich verankert werden müssen. Will man Flansch-Spannglieder hochführen, dann müssen Bügel nach Bild 13.31 c in den Bereichen gewählt werden, in denen diese Spannglieder quer verzogen werden.

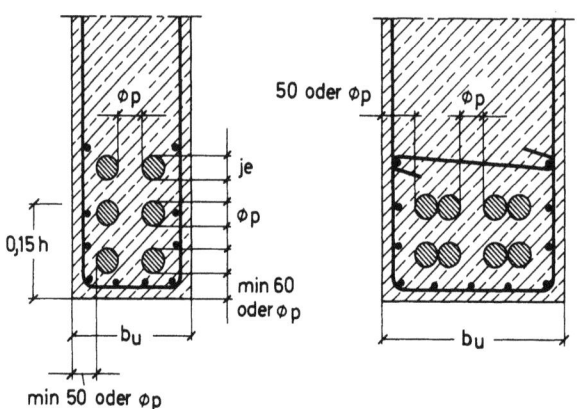

Bild 13.30 HT-Spannglieder im Steg-Untergurt. Mindestmaße der Betondeckung und der Abstände

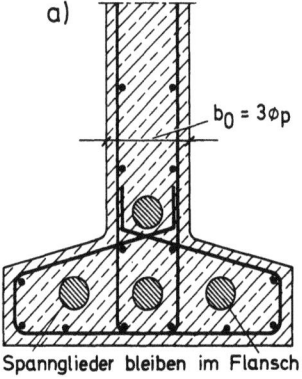
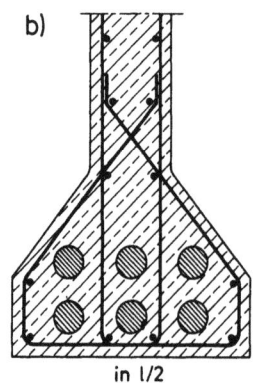
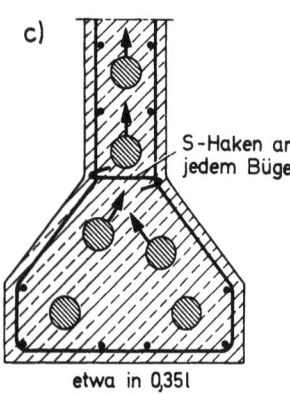

Bild 13.31 HT-Spannglieder in Untergurten mit Flanschen, Querbewehrung der Flansche und Bügel

13.5 Vorspannung der Plattenbalkenbrücken

Die schlaffe Längsbewehrung des Zuggurtes sollte im mittleren Drittel der Spannweite einen Bewehrungsgrad von $\mu_z = 0,6\%$ für volle Vorspannung und von $\mu_z \approx 0,9\%$ für beschränkte Vorspannung haben (μ_z je bezogen auf $A_c = b_u \cdot 0,15\,h$), um den mangelhaften Verbund großer Spannglieder bei Rißbildung auszugleichen. Sie kann dem Auflager zu vermindert werden.

An den Balkenenden sind die Verankerungen so anzuordnen, daß die resultierende Spannkraft unter der Schwerlinie des Querschnittes bleibt. Rund 1/3 der Spannkraft sollte im unteren Drittel der Steghöhe verankert werden (Bild 13.32), um die für die Schubtragfähigkeit günstige starke Neigung der letzten Druckstrebe zu erhalten (siehe Stuttgarter Schubversuche Heft 227 des DAfStb). Früher wurden Spannglieder z.T. schon weit vor dem Auflager steil hochgeführt und im Obergurt in Nischen verankert. Diese Anker stören die Querbewehrung der Fahrbahnplatte und erfordern eine "Betonplombe" in der Oberfläche; diese Spanngliedführung erbringt nur Nachteile (Bild 13.33).

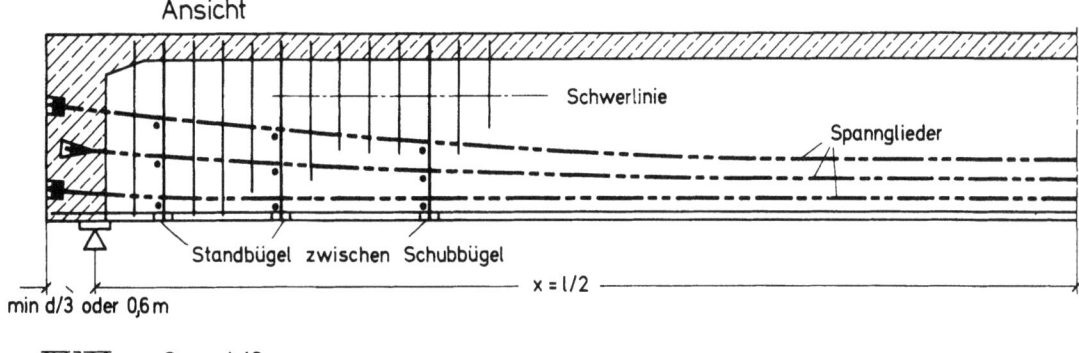

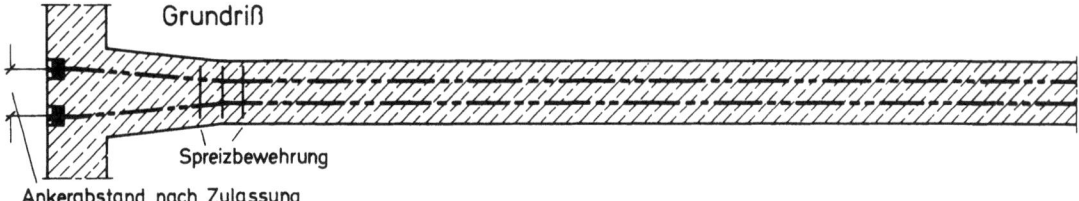

Bild 13.32 Führung der HT-Spannglieder im Längsschnitt, Verankerung am Balkenende

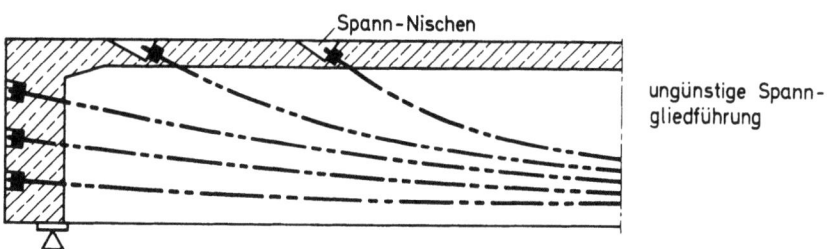

Bild 13.33 Das Verankern von HT-Spanngliedern im Obergurt bringt nur Nachteile

Das Balkenende soll wenigstens $h/3$ oder 0,6 m über die Auflagerachse überstehen, damit die Spannkräfte für die Einleitung der Auflagerkraft zur Wirkung kommen können.

Die Unterbringung der Anker erfordert bei nebeneinander liegenden Spanngliedern meist eine Stegverbreiterung vor dem Endquerträger. Die an der Spreizung entstehenden horizontalen Umlenkkräfte der Spannglieder müssen durch Querbügel aufgenommen werden (Bild 13.32).

Bei Einfeld-Balken können die Spannglieder wechselseitig mit festen Ankern und Spannankern versehen werden, die festen Anker sollten jedoch nicht im dünnen Stegbereich liegen.

Alle Hauptträger-Spannglieder sind in den der Zulassung zu entnehmenden Abständen zuverlässig zu unterstützen, wobei Höhen- und Seitenlage einwandfrei zu fixieren sind.

*) abgemindert durch Vorspannung siehe Bemessung nach CEB.

Die Steg-Querbewehrung für Schub und Querbiegung ist wie bei schlaff bewehrten Plattenbalken anzulegen. Die Stegzugkräfte infolge Schub* sind ganz mit Bügeln aufzunehmen, wobei in hohen Beanspruchungsbereichen kleine Abstände (100 bis 200 mm) empfohlen werden. Am Balkenende muß natürlich die zur Einleitung der Spannkräfte nötige Randzug- und Spaltbewehrung in guter Verteilung vorgesehen werden. Horizontale Steg-Querbewehrung ist oberhalb oder unterhalb gekrümmter Spannglieder in Form von S-Haken oder Leitern mit dünnen Stäben im Abstand von 200 bis 300 mm je nach Umlenkkraft $u = P/r$ gegen Spaltwirkung nötig.

Hoch auf Druck beanspruchte Zuggurte (infolge $g + p_o$), in denen große Spannglieder liegen, sollten mit Zwischenbügeln umschnürt oder mit S-Haken über den Spanngliedern gegen Längs-Spalten gesichert werden.

Die Steglängsbewehrung ist nur dort mit kleinen Stababständen einzubauen, wo unter Gebrauchslast Biegezug auftreten kann. In den übrigen Bereichen genügt eine leichte Montagebewehrung mit e bis 400 mm.

Bei Durchlaufträgern werden die Hauptträger-Spannglieder bevorzugt im Steg verlegt und hängewerkartig geführt mit etwa parabelförmiger Krümmung im Feld und kurzer Gegenkrümmung über den Zwischenstützen, damit die dort nach unten gerichteten Umlenkkräfte möglichst direkt zur Stütze gelangen (Sattelwirkung) (Bild 13.34). Der zulässige Radius der Gegenkrümmung ist nicht von Biegespannungen des Spannstahles (Irrtum der deutschen Vorschriften!), sondern nur von der zulässigen Umlenkpressung unterhalb der Spannglieder abhängig.

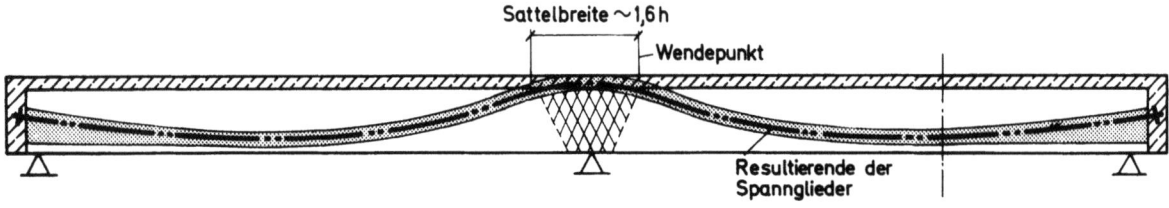

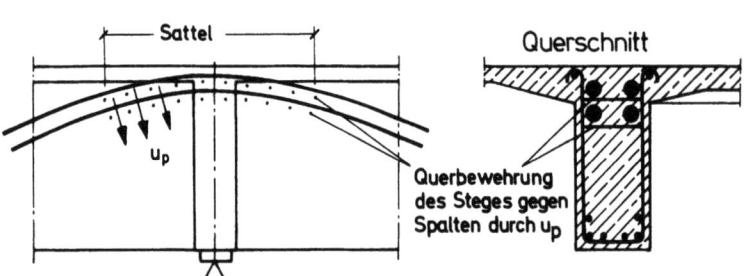

Bild 13.34 Hängewerkartige Führung der HT-Spannglieder in dicken Stegen für Durchlaufträger. Kurze Ausrundung über Zwischenstützen. Querbewehrung des Steges im Sattelbereich

13.5 Vorspannung der Plattenbalkenbrücken

Die Vorspannkräfte erzeugen so den Lastmomenten entgegenwirkende Momente mit fast gleichem Momentenverlauf. Spannt man stark vor, z.B. für volle Vorspannung im Feld, dann werden die unteren Druckspannungen über der Stütze σ_{g+p_o} sehr gering, ja es kann dort sogar Zug entstehen. An einigen Brücken der Jahre 1950 - 55 sind deshalb neben den Stützen lotrechte Risse entstanden (Bild 13.35). Als Ursache wurden positive Zwangsmomente infolge Temperatur ΔT gefunden, die entstehen, wenn die Fahrbahnplatte durch Sonnenbestrahlung wärmer wird als der untere Stegteil. Die gleiche Wirkung haben ungleiche Stützensenkungen. Plattenbalken sind dabei wegen der hoch liegenden Schwerlinie besonders empfindlich. Als zweite Ursache wurde eine zu flache Ausrundung der Spannglieder über der Stütze festgestellt. Ferner entstehen bei hohen Lagerpressungen an der Stütze Randzugspannungen neben dem Lager aus der Krafteinleitung. (Die Ursachen sind ausführlich dargestellt in der Stuttgarter Dissertation von K.H. Weber, 1966).

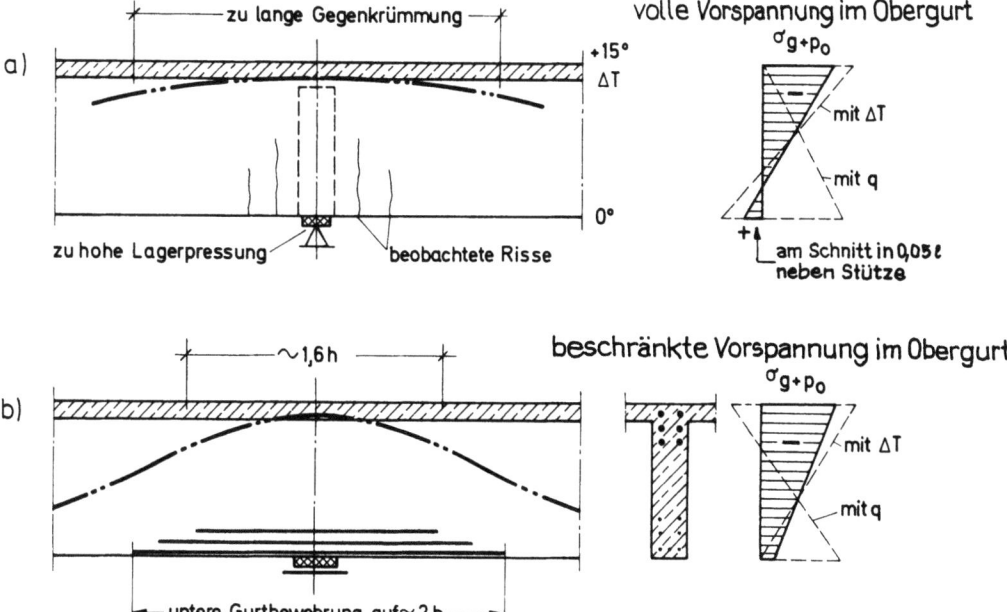

Bild 13.35 Rißbildung im Untergurt neben Zwischenstützen.
o b e n : Ursachen: zu starke Vorspannung und Zwangsmomente aus ΔT, zu lange Gegenkrümmung u n t e n : Maßnahmen zur Vermeidung schädlicher Risse

Um diese Risse zu vermeiden, muß man T-Durchlaufträger beschränkt oder teilweise vorspannen. Im Untergurt über den Stützen sollte eine Druckspannungs-Reserve von rund 1 MPa vorgesehen werden für den Lastfall $g+p_o+\Delta T$ mit ΔT = 10 bis 15 K (je nach Klima). Auch bei solcher Bemessung ist zu empfehlen, den Untergurt außerdem auf eine Länge von rund 2 h mit μ_z = 1,2 bis 2 % schlaff zu bewehren. Diese schlaffe Bewehrung verbessert gleichzeitig als Druckbewehrung die Tragsicherheit (Bild 13.35).

Die hängewerkartige Vorspannung kann noch durch in der Fahrbahnplatte neben den Stegen liegende gerade Spannglieder ergänzt werden, die in Nocken an der Unterfläche der Fahrbahnplatte gestaffelt verankert werden (Bild 13.36). Hierfür empfiehlt es sich, kleine Spannglied-Einheiten von 500 bis 800 kN zu verwenden, damit an den Ankerstellen keine zu großen Einleitungsspannungen entstehen.

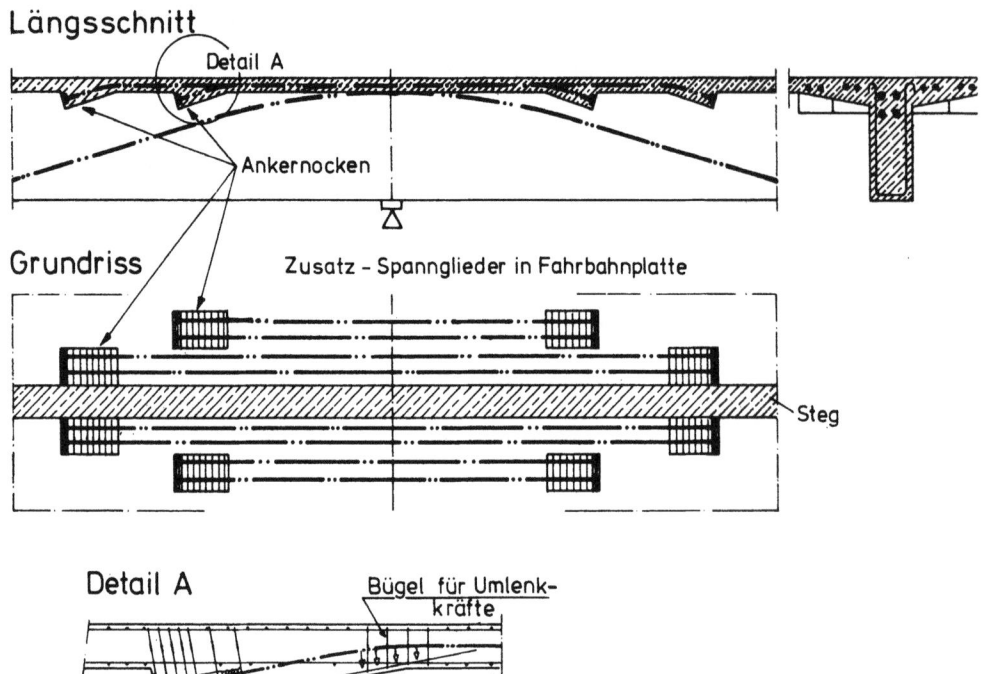

Bild 13.36 Ergänzung der hängewerkartigen HT-Spannglieder durch gerade Spannglieder in der Fahrbahnplatte im Stützenbereich von Durchlaufträgern. Versatzmaße beachten!

Durchlaufträger werden gerne Feld über Feld hergestellt. Die Fuge wird etwa in 0,2 ℓ (Momenten-Nullpunkt der M_g) angeordnet. Dort können die Spannglieder im Steg gespreizt oder aufgefächert und mit Koppelankern versehen werden (Koppelfugen, siehe Kapitel 15.3) Bild 13.37. Liegt die Koppelstelle nicht etwa im $M_g = 0$-Bereich, dann entstehen Momente aus den Bauzuständen, die sich später durch Kriechen verändern.

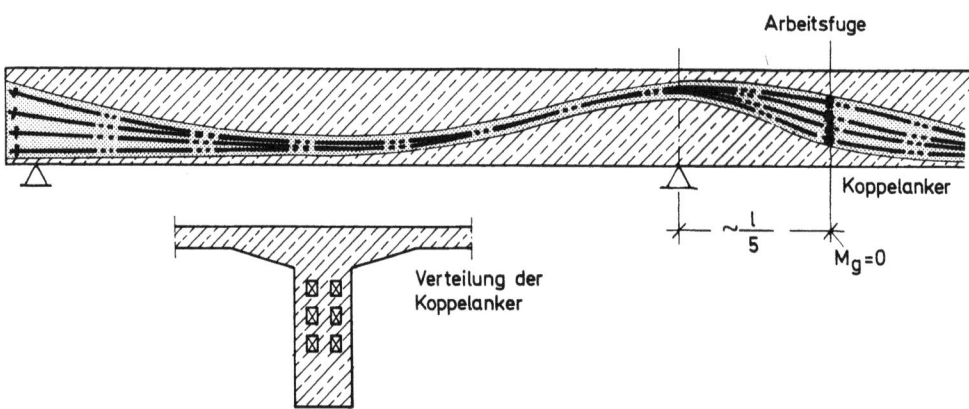

Bild 13.37 Spreizung der Spannglieder zum Koppeln an Arbeitsfugen etwa im M_g-Nullpunkt des Durchlaufträgers

13.6 Gekrümmte und schiefe Plattenbalkenbrücken

13.6.1 Gekrümmte Plattenbalken

Für gekrümmte Brücken ist der Plattenbalken nicht besonders geeignet, weil die Krümmung Torsion verursacht, die mit Platten oder Kastenträgern besser aufzunehmen ist. Dennoch sind schon viele gekrümmte Plattenbalkenbrücken gebaut worden. Dies ist in Grenzen möglich, die in erster Linie durch den Öffnungswinkel α zwischen den Lagern bestimmt werden, während der Krümmungsradius weniger Einfluß hat.

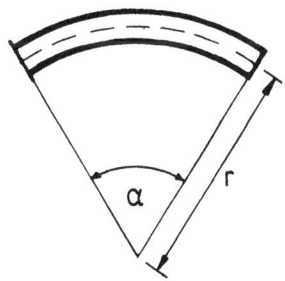

Gelegentlich sind die Stege gerade geführt worden, bei Durchlaufträgern also polygonartig. Es zeigte sich jedoch, daß die stetige Krümmung der Stege nicht nur wegen des besseren Aussehens, sondern auch fertigungstechnisch günstiger ist, weil dann die Rüstung, Schalung und Bewehrung der Fahrbahnplatte auf die ganze Länge gleich bleiben und diese sich bei den großen Radien leicht an den gekrümmten Steg anpassen lassen.

Die Torsionsmomente in den Hauptträgern können durch Biege-Einspannung an den Lagern, also auch durch Kontinuität über mehrere Öffnungen hinweg, wesentlich verkleinert werden (siehe W. Lippoth in [43]).

Bei Einfeldbalken sollte man mit Plattenbalken nicht über Öffnungswinkel α = 20°, bei Durchlaufträger nicht über α = 40° je Öffnung hinausgehen. Kräftige **Auflagerquerträger** sind angezeigt. Die Torsion kann durch Anordnen eines Lagers unter dem Querträger außerhalb des äußeren Hauptträgers vermindert werden (Bild 13.38). Die Längskräfte aus Wölbbehinderung an Auflagerquerträgern sind zu beachten.

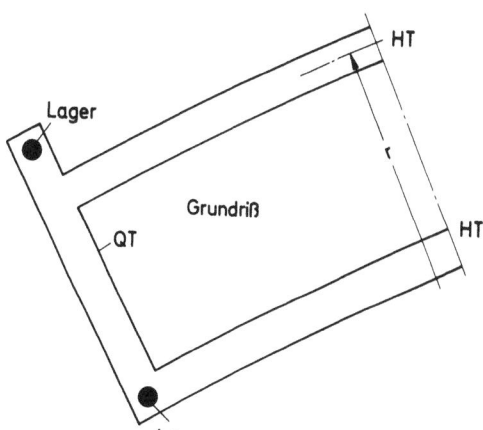

Bild 13.38 Verminderung der HT-Torsion gekrümmter Einfeldbrücken durch ein Lager unter dem QT außerhalb des HT

Feldquerträger sind hier in jedem Fall zweckmäßig, schon um die Stege bei der Aufnahme der horizontalen Umlenkkräfte der Zuggurte zu entlasten (Bild 13.39). Die Stege sollte man verhältnismäßig dick machen, um ihnen Torsionssteifigkeit zu geben. Diese wird durch den Zusammenhang mit der Fahrbahnplatte erhöht, der Verdreh-Mittelpunkt wandert nach oben. Auch Feldquerträger behindern die Verdrehung (Bild 13.40). Die Berechnung mit einfacher Stabstatik, Hauptträger als Rechteckbalken, führt daher zu zu hohen M_T. Eine genauere Berechnung mit FE oder Modellstatik lohnt sich hier in der Regel, wenn die Öffnungswinkel α nahe an den angegebenen Grenzen oder darüber liegen.

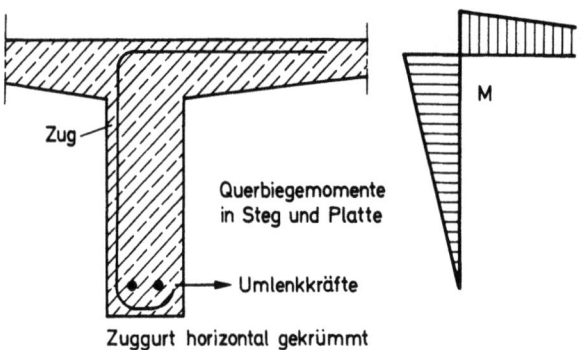

Bild 13.39 Die horizontalen Umlenkkräfte des Zuggurtes erzeugen Biegemomente im Steg

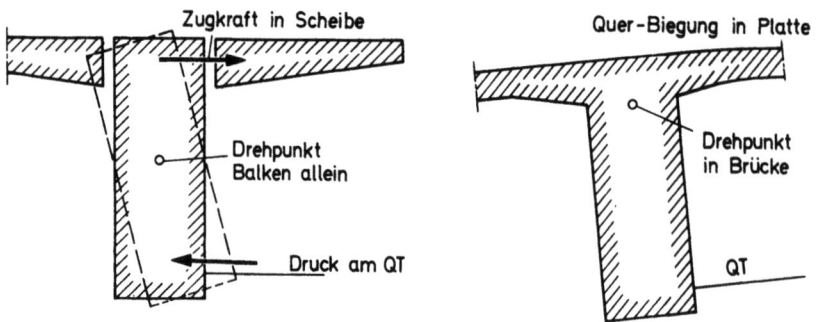

Bild 13.40 Feldquerträger behindern die Verdrehung und erzeugen Reaktionen

13.6.2 Schiefe Plattenbalken

Bis zu Kreuzungswinkeln von etwa $\varphi = 60°$ können schiefe Brücken mit Plattenbalken als Hauptträger genügend genau wie rechteckige Brücken berechnet und bemessen werden. Nur an der stumpfwinkligen Ecke sollte das Endauflager mit einem Zuschlag auf die lotrechten Lasten von etwa $1/\sin\varphi$ bemessen werden. Die Bewehrung der Fahrbahnplatte wird im Endbereich aufgefächert, dies ergibt von selbst eine dichtere obere Lage an der stumpfen Ecke, die die Endeinspannung in den Auflagerquerträger deckt (Bild 13.41).

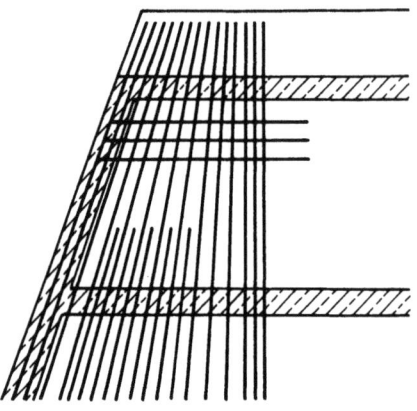

Bild 13.41 Fächerartige Bewehrung am schiefwinkligen Ende der Brücke

13.6 Gekrümmte und schiefe Plattenbalkenbrücken

Bei kleineren Kreuzungswinkeln gewinnen die unterschiedlichen Durchbiegungen der Hauptträger an rechtwinkligen Schnitten Bedeutung (Bild 13.42). Sie verursachen je nach dem Einspanngrad der Fahrbahnplatte in die HT-Stege Torsionsmomente in den Stegen, die umso größer werden, je größer das Verhältnis $K_T : K_B$ = Torsionssteifigkeit : Biegesteifigkeit der HT wird. Bechert beschreibt in [5] S. 1106 ein Beispiel, in dem diese Torsionsmomente Werte annehmen, die bereits an die Grenzen der zul τ_T führen, wobei für die Rand-Hauptträger die Einspannung in einen sehr steifen Endquerträger die Torsionsmomente noch erhöht.

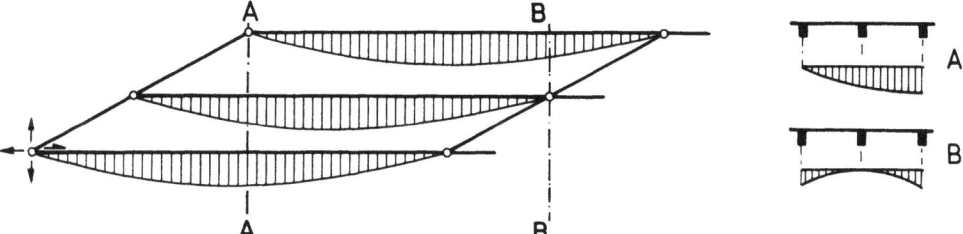

Bild 13.42 Unterschiedliche Durchbiegungen der HT einer schiefwinkligen Brücke in rechtwinkligen Schnitten A und B

Diese Torsionsmomente sind Zwangsmomente, die beim Übergang zum Grenzzustand der Tragfähigkeit durch Rißbildung weitgehend reduziert werden und deshalb keinen wesentlichen Beitrag zur Tragsicherheit bringen. Sie können wohl aber schon im Gebrauchszustand zu Rissen führen, vor allem in der Fahrbahnplatte, die große Zusatzmomente erfährt, wie durch Bild 13.7 erläutert wurde. Es ist daher richtiger, diese Zwangs-Torsionsmomente durch eine zweckmäßige Wahl der Steifigkeiten der notwendigen Tragglieder und damit auch unnötigen Aufwand an Baustoffen und Vorspannung zu vermeiden.

Dies geschieht durch folgende Maßnahmen (Bild 13.43):

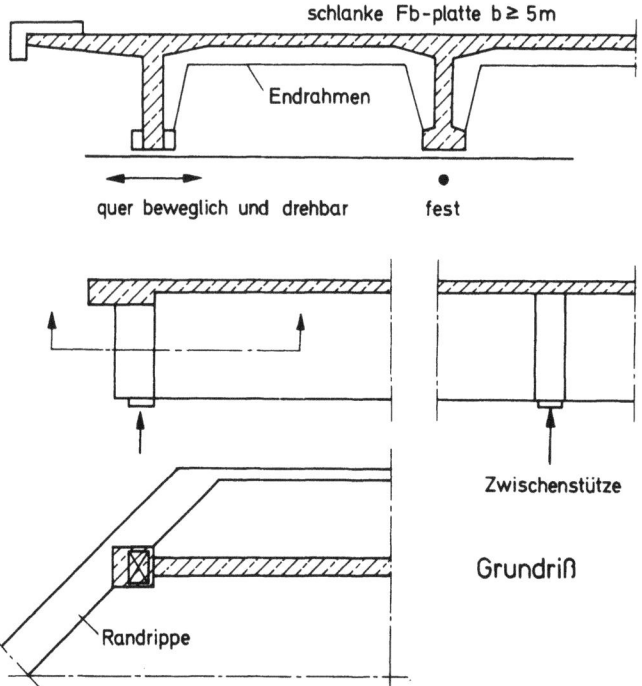

Bild 13.43 Maßnahmen zum Vermeiden schädlicher Zwangskräfte in schiefwinkligen Plattenbalkenbrücken

1. Kein steifer Auflager-Querträger, am Rand der Fahrbahnplatte genügt eine Randrippe.

2. Große HT-Abstände, um die Fahrbahnplatte biegeweich zu machen.

3. Dünne HT-Stege mit kleiner Torsionssteifigkeit.

4. Für Randträger an der spitzen Ecke horizontal bewegliche drehbare Lager, um ihre Verdrehung nur wenig zu behindern.

5. Am in der Querrichtung festen Lager ist der Steg durch Steifen zu verstärken, damit die H-Kräfte aus der Fahrbahnplatte einwandfrei abgeleitet werden.

6. Keine biegesteifen Querträger - nur eine Rand-Rippe am Ende der Fahrbahnplatte.

14. Bemessung und Konstruktion von Kastenträgerbrücken

14.1 Allgemeines

Die Kastenträgerbrücke besteht aus der Fahrbahnplatte, die die gleichen Funktionen erfüllt, wie sie in Kapitel 13.1 für Plattenbalken beschrieben wurden; sie ist also auch Obergurt des Kastenträgers, der als ganzes der Hauptträger ist. Der Kastenträger hat mindestens zwei Stege (einzelliger Kasten) oder mehr als zwei Stege (mehrzelliger Kasten). Die Stege sind unten mit der Bodenplatte verbunden, die den Untergurt bildet. Der geschlossene Kasten zeichnet sich durch seine große Biege- und Torsionssteifigkeit und durch seine große Kernweite aus, die die Spannungswechsel durch Verkehr mindert. Die hohe Torsionssteifigkeit wird in verschiedener Weise ausgenützt, z.B. zu großen Kragweiten der Fahrbahnplatte oder zu schlanken Zwischenstützen nur in der Mittelachse des Kastenträgers, oder zum Bau gekrümmter Brücken.

Die **Neigung der Stege** ist bei einzelligen Hohlkasten beliebt, weil der Träger schlanker und gefälliger aussieht und weil man damit die Breite der Bodenplatte verkleinert und so dünnere Bodenplatten ermöglicht. Stegneigungen bis zu 30° sind schon ausgeführt worden. Man muß beachten, daß der nach außen geneigte Steg seine Stegkräfte in der Stegebene, also geneigt an die Gurte abgibt und daß dadurch in den Gurtplatten schon aus Eigengewicht Normalkräfte oben in Form von Querzug, unten in Form von Querdruck entstehen (Bild 14.1).

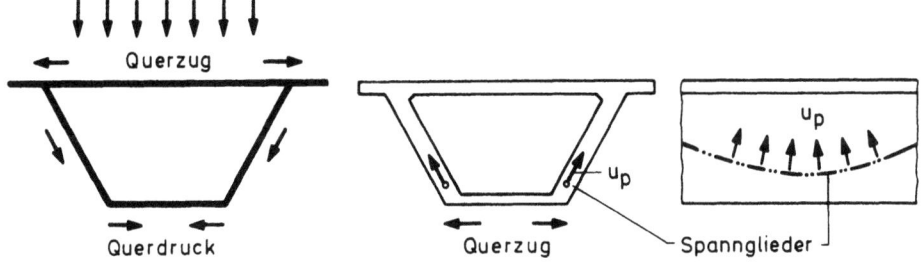

Bild 14.1 Querzug und Querdruck in den Gurtplatten der Kastenträger bei geneigten Stegen

Bei einseitiger Last sind diese H-Komponenten der Stegkräfte auf beiden Seiten verschieden, was zu einer Biegebeanspruchung der Gurtscheiben in ihrer Ebene, mit Kraftangriff innerhalb der Scheibe führt, was in der Regel nicht besonders untersucht wird. In den Stegen liegende Spannglieder, die vom Feld zur Stütze hochgeführt werden, erzeugen durch ihre Umlenkkräfte Querzug in der Bodenplatte (Bild 14.1). Siehe hierzu auch W. Lippoth in [53].

Die **Bodenplatte** hat je nach ihrer Beanspruchung wechselnde Dicke. Dies führt zu veränderlicher Höhenlage des Schwerpunktes des Querschnittes im Zustand I, ein gerader Kastenträger mit parallelen Kanten hat dann eine nicht gerade Stabachse und im Fachwerkmodell eine leicht geneigte Untergurtachse, was sich bei der Bemessung für Querkraft-Schub auswirken kann. Ein Kastenträger mit veränderlicher Bauhöhe, z.B. mit Vouten an Zwischenstützen ist im Hinblick auf Querkraft-Schub besonders günstig.

Zu beachten ist auch, daß sich die Luft in geschlossenen Kasten von der Fahrbahn her bis zu Temperaturen von + 40 °C aufheizen kann. Dadurch werden die Eigen- und Zwangsspannungen erhöht. Deshalb sind in Kastenträgern grundsätzlich an den Stegen oben Entlüftungsöffnungen und in der Bodenplatte Zuluftöffnungen anzuordnen. Werden letztere an den Tiefstpunkten angeordnet, dienen sie gleichzeitig zur Sicherung gegen Ansammlung von Wasser (Schwitzwasser oder Undichtheit).

14.2 Die Fahrbahnplatten der Kastenträger

Für Bemessung, Bewehrung und Vorspannung der Fahrbahnplatten von Kastenträgern in Querrichtung gilt im wesentlichen das gleiche wie in Kapitel 13.2 bis 13.5 für Plattenbalken dargestellt. Der Einspanngrad wird in der Regel dadurch erhöht, daß der Steg sich nicht verdrehen kann. Dadurch werden die Querbiegemomente des Steges größer. Für die Ermittlung des Einspanngrades, bzw. der Weiterleitung der Einspannmomente muß der Kastenträger als geschlossener Rahmen betrachtet werden. Im Bereich dünner Bodenplatten können dabei unten am Steg Gelenke angenommen werden, mit der Bodenplatte als Zugband dazwischen (Bild 14.2).

Bei dicken Bodenplatten kann umgekehrt der Fall eintreten, daß die Stege unten starr eingespannt sind und bei ΔT zwischen Fahrbahnplatte und Bodenplatte Zwangs-Normalkräfte in der Fahrbahnplatte und große Querbiegemomente in den Stegen auftreten (Bild 14.3).

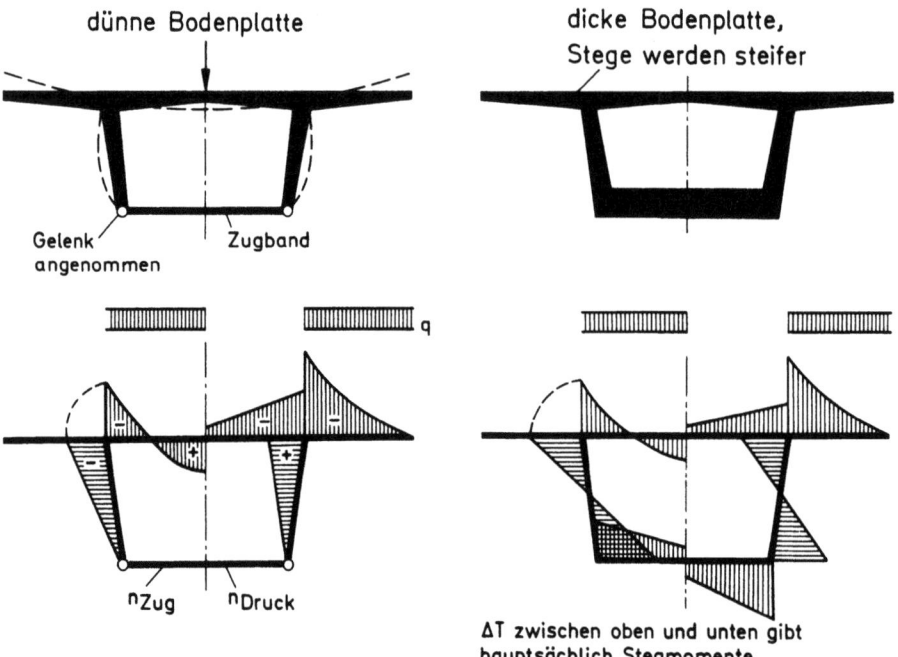

Bild 14.2 Querbiegemomente im Kastenträger bei dünner Bodenplatte

Bild 14.3 Querbiegemomente bei dicker Bodenplatte

14.3 Die Kastenträger als Hauptträger

Wird der Kastenträger stark auf Torsion beansprucht, dann muß der zwischen den Stegen liegende Teil der Fahrbahnplatte zusätzlich längs und quer bewehrt bzw. vorgespannt werden. In Biegedruckzonen (Fahrbahnplatte unter Längsdruck) kann die Längsdruckkraft infolge $g+p_\infty+q_T$ von der Torsions-Längszug-Komponente abgezogen werden. In Zuggurtbereichen müssen die Zugkräfte addiert werden, wobei nach CEB-FIP abgeminderte Lastfaktoren für Überlagerung von Lastfällen eingesetzt werden dürfen, wenn die Wahrscheinlichkeit gering ist, daß die maximalen Werte gleichzeitig auftreten. Das gleiche gilt für die Quer-Zugkomponente aus Torsion bei Überlagerung mit Querbiegung, Querzug aus HT-Schub und Querzwang.

q_T hier Verkehrslast, die max. Torsion erzeugt.

14.3 Die Kastenträger als Hauptträger

Die Kastenträger werden in der Regel mit den Methoden der Stabstatik berechnet und bemessen. Der einzellige Kasten wird als ein Stab-HT mit seiner Biege- und Torsionssteifigkeit behandelt, wobei für Biegung die mitwirkenden Breiten der Platten nach Kap. 13.3.1 angesetzt werden. Für Torsion wird die Torsionssteifigkeit im Zustand I nach der Bredt'schen Formel mit einem Abminderungsfaktor von 0,8 bis 0,9 (nach Versuchen - siehe Teil 4) ermittelt, wobei die auskragenden Teile der Fahrbahnplatte außerhalb der Stege vernachlässigt werden.

Voraussetzung für diese einfache Berechnungsart ist, daß die Kastenquerschnitte formtreu bleiben, d.h. daß die Querschnittsform sich auch bei Torsionsverwindung nicht spürbar verändert. Diese Voraussetzung ist bei Spannbetonbrücken in der Regel gegeben, wenn die Kasten an den Auflagern mit einem Querschott oder mit einem genügend steifen Querrahmen ausgesteift sind. Bei Durchlaufträgern genügt hier häufig die Quersteifigkeit, die sich bei verdickten Stegen und verdickter Bodenplatte ohnehin ergibt.

Bei dünnwandigen Querschnitten besonders großer Kastenträger kann die Verzerrung des Querschnittes bei Torsion Einfluß auf die Querbiegemomente des Kastenrahmens und auf die Stegbelastung haben. Näheres hierzu siehe [44]. Die Bemessung wird dadurch meist nur um wenige % verändert, so daß die Vernachlässigung dieser Einflüsse zur Vereinfachung vertretbar ist.

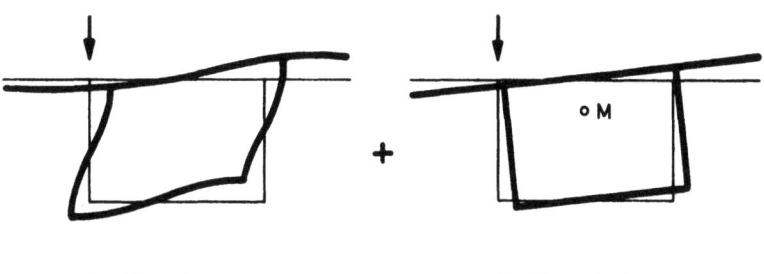

Profilverformung   Profilverdrehung

Die durch Profilverformung entstehenden Zusatzmomente des Profilrahmens können nach Steinle 10 bis 20 % der am unverformten Querschnitt errechneten Lastmomente betragen, wenn durchweg Zustand I angenommen wird. Sie sind jedoch Zwangsmomente, die beim Übergang zur Grenzlast der Tragfähigkeit im Zustand II weitgehend verschwinden. Für die Gebrauchsfähigkeit sind die vorwiegend betroffenen Rahmenecken zwischen Fahrbahnplatte und Steg ohnehin stark bewehrt, so daß die Vernachlässigung des Einflusses der Profilverformung für die Kastenträgerbrücken keinen Nachteil erbringt.

14. Bemessung und Konstruktion von Kastenträgerbrücken

Die Kastenträger haben in der Regel Querschnittsformen, die nicht wölbfrei sind, d.h. an Stellen der Eintragung von Torsionslasten und über Zwischenlagern entstehen Zwangs-Längsspannungen durch Wölbbehinderung (Wölbkrafttorsion), deren Ermittlung ebenfalls in [44] dargestellt ist. Auch diese Zwänge können in der Regel vernachlässigt werden, wenn die Kastenträger längs vorgespannt und nach den vorgesehenen Regeln ausreichend bewehrt sind.

Schließlich kann man Kastenträger auch als Faltwerke berechnen. Dabei können die Steifigkeitsänderungen beim Übergang zum Zustand II für die einzelnen Scheiben des Faltwerkes angesetzt werden, wobei in der Regel an den Faltwerkskanten Scharniergelenke angenommen werden. Will man auch noch die Querbiegung der Scheiben als Platten einbeziehen, dann wird die Rechnung sehr kompliziert.

Die Steifigkeitsänderungen im Zustand II, insbesondere $K_B : K_T$, wären für die Sicherheitsbetrachtung statisch unbestimmter Tragwerke sehr wichtig. Die Daten aus Versuchen sind jedoch noch sehr spärlich, so daß man sich in der Praxis mit groben Näherungswerten für den Steifigkeitsabfall zufrieden gibt (vgl. Heft 240 des DAfStb.) Hinweise für genauere Lösungen sind in [0] Teil 4, Kapitel 7.6 gegeben.

Bei Anwendung der üblichen Stabstatik werden die ungünstigsten Schnittgrößen wie folgt erhalten (Bild 14.4):

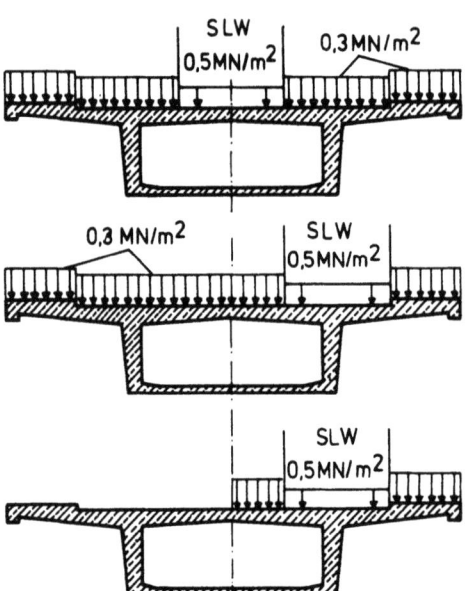

mittige Laststellung für max. Biegemoment und zugehörige Querkraft, kein Torsionsmoment

SLW und Hauptspur steht exzentrisch, gesamte Brücke belastet für max. Biegemoment, zugehörige Querkraft und zugeh. kleineres Torsionsmoment

Last auf einer Brückenhälfte für max. Torsionsmoment und zugeh. kleineres Biegemoment bzw. zugeh. Querkraft

Bild 14.4

Die Torsionsmomente können bei symmetrischem Querschnitt positiv und negativ sein. In beiden Stegen ist daher stets Schub aus Torsion und aus zugehöriger Querkraft V (nicht max V aus Vollast) infolge $g + q_T$ zu addieren.

Bei mehrzelligen Hohlkasten heben sich die Torsionsschübe der einzelnen Zellen an den inneren Stegen gegenseitig auf, so daß die inneren Stege schon bei Anwendung der Bredt'schen Formel vernachlässigt werden und keine Beanspruchung aus Torsion erhalten (Bild 14.5).

<u>Bei den Stegen</u> ist zu beachten, daß die Last der Bodenplatte unten am Steg angreift und daher in den Obergurt aufgehängt werden muß. Ferner muß bedacht werden, daß die Neigung der Hauptspannungen durch Torsion stark beeinflußt werden kann. Bei starker Torsion kann sich

14.3 Die Kastenträger als Hauptträger

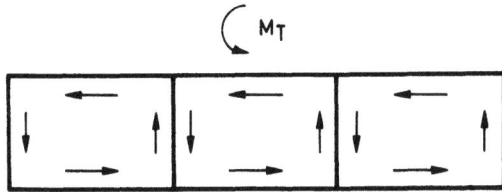

Bild 14.5 Die Torsionsschübe heben sich an den inneren Stegen gegenseitig auf.

die Neigung am lastfernen Steg gegenüber derjenigen aus Querkraftschub umkehren - mit allen Zwischenneigungen -, so daß eine gut verteilte Horizontalbewehrung der Stege im Bereich großer M_T dringend nötig ist (vgl. auch [45] Versuchsbericht).

Für die Bemessung der Stegdicke ist es falsch, schiefe Hauptzugspannungen zu begrenzen, weil damit unnötig dicke Stege entstehen, in denen die gefährlichen Eigen- und Zwangsspannungen größer werden als in dünnen Stegen. Die schlimmsten Stegrisse an Brücken sind in dicken Stegen durch Zwangsspannungen entstanden! Die Stegdicke wird richtiger so bemessen, daß die aus der Fachwerkanalogie sich ergebenden Druckstrebenkräfte für γ_f-fache Lasten mit $\sigma_b \leq 0{,}7\, f_{ck}$ aufgenommen werden können. Dabei ist bekanntlich die Richtung der Steg-Schubbewehrung von Einfluß; unter $45°$ bis $60°$ geneigte Bügel vermindern die Druckstrebenkräfte. Die Neigung der Druckstreben kann derjenigen der Hauptdruckspannungen in Schwerlinienhöhe bei Gebrauchslast gleichgesetzt werden. (Diese Regel führt zu größeren Stegdicken als der Nachweis nach alter DIN 4227 mit $\sigma_{II} = |\sigma_I| + |\sigma_{II}|$, mit dem diese Druckspannungen stark unterschätzt werden [52]).

Werden Hauptspannglieder im Steg geführt, dann richtet sich die Stegdicke nach deren $\emptyset$, Abständen und Betondeckung (vgl. Bild 13.29) Für den Druckstrebennachweis darf dann nur

$$\text{red } b_o = b_o - 2/3 \, \Sigma \emptyset$$

angesetzt werden.

Die Stegquerbewehrung (Schubbewehrung) kann auch bei hohen Querkräften mit verminderter Schubdeckung, also mit dem Abzugswert V_{cd} für die Verminderung der Stegzugkräfte durch Beteiligung der Biegedruckzone an der Querkraft und/oder durch Druckstreben flacher als $45°$, bemessen werden (Standard-Methode nach CEB-FIP Model Code 1978). Die für Torsion nötige Stegbewehrung ist zusätzlich vorzusehen. Bei hohen Schubbewehrungsgraden wird die kombinierte Anordnung von vertikalen und geneigten Bügeln empfohlen. Bügelabstände bis herab zu 80 mm sind möglich. Eine Vorspannung der Stege ist nur dort angezeigt, wo am Untergurt Lasten angreifen (z.B. dicke Bodenplatte im geraden Kasten). Dabei sind vertikale Spannstäbe geneigten "Schubnadeln" aus konstruktiven Gründen vorzuziehen.

Bei großen Kastenträgern (Stegabstand > 5 m) spielt für die Bemessung der Stegquerbewehrung häufig die Kombination von Querbiegung im Steg mit Schub aus V und M_T eine Rolle. Wir gehen dabei vom Grenzzustand für die γ_f-fachen Schnittgrößen aus und bemessen die Bügel zunächst für Schub aus Querkraft und Torsion mit Lastfällen wie in Bild 14.4 angegeben. Kommt nun Querbiegung hinzu, dann entstehen Biegerisse, die die Schubrisse kreuzen (Bild 14.6). Die Bügel werden zusätzlich durch Biegezug und Biegedruck beansprucht. Für die Druckstreben D_S reduziert sich die Druckfläche auf die Höhe der Biegedruckzone x_o, die sich aus M_{Steg} mit $-V_u$ als Normalkraft (Druck)-abhängig von $A_{s,Bü}$ - ergibt. Falls innerhalb x_o Spannglieder liegen mit $\emptyset_p \geq b_o/8$, dann ist

$$\text{red } x_o = x_o - 2/3 \, \Sigma \emptyset_p \quad \text{anzusetzen.}$$

14. Bemessung und Konstruktion von Kastenträgerbrücken

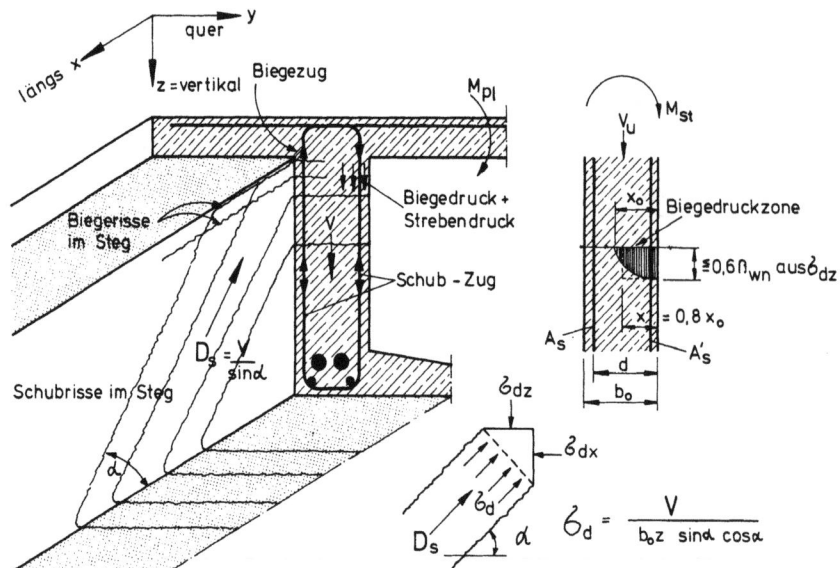

Bild 14.6 Zusammenwirken von Steg-, Zug- und Druckkräften aus Schub infolge Querkraft V und Torsion M_T mit Querbiegung im Steg

Das mit der als erforderlich ermittelten Schubbewehrung $A_{s,Bü}$ für $\sigma_s = f_y$ bei gleichzeitig wirkender Normalkraft-V_u aufnehmbare Moment M_S wird ermittelt, wobei in der Biegedruckzone bei rechteckigem σ_c-Diagramm mit $x = 0,8\, x_o$ eine maximale Druckspannung (Vertikalkomponente) von

$$\max \sigma_{dz} = 0,6\, \beta_{wn} \approx 0,7\, f_{ck}$$

angesetzt werden darf. Ist das Querbiegemoment am oberen Stegrand

$$M_{Steg} > M_S$$

dann ist die Bügelbewehrung auf der Zugseite um

$$\Delta A_{s,Bü} = \frac{M_{Steg} - M_S}{\left(d - \frac{x}{2}\right) f_{s,y}}$$

zu verstärken.

Beträgt $\Delta A_{s,Bü}$ mehr als 30 % des für Schub allein erforderlichen $A_{s,Bü}$, dann kann der aus Nutzlast herrührende Anteil von $\Delta A_{s,Bü}$ um bis zu 30 % abgemindert werden, wenn wenig Wahrscheinlichkeit besteht, daß die betrachteten ungünstigen Lastfälle gleichzeitig auftreten.

Überwiegt das Querbiegemoment für eine Richtung (z.B. bei sehr breiter Kragplatte), dann ist eine unsymmetrische Stegbewehrung mit einseitigen Zulagestäben zwischen den Bügeln angezeigt.

Diese Bemessungsregel beruht auf Versuchen von Kaufmann und Menn, ETH Zürich [49]. Die Münchener Versuche von 1973 (Kupfer und Ewald) sind noch nicht veröffentlicht. Ein einfaches Bemessungsdiagramm hierzu hat B. Thürlimann in [50] angegeben.

14.3 Die Kastenträger als Hauptträger

Die Bodenplatte ist Untergurt des HT-Kastenträgers und wird auf folgende Arten beansprucht:

1. Biegung in Querrichtung durch Eigengewicht und Nutzlast; letztere ist für das Begehen mit mind 10 kN/m^2 anzusetzen.

2. Aus HT-Biegung und Querkraft ergibt sich bei + M Längszug, bei - M Längsdruck mit einem von der Querkraft abhängigen Neigungswinkel der Spannungstrajektorien zum Steg (Schubfluß). Der Schubfluß ergibt entsprechend auch quergerichtete Normalkraft-Komponenten in der Bodenplatte, bei zunehmendem positivem M als Querzug, bei zunehmendem negativem M als Querdruck (Bild 14.12).

3. Aus HT-Torsion erfährt die Bodenplatte sich kreuzende Hauptzug- und Druckspannungen mit Winkeln bis zu 45°/135°.

4. Die Vorspannung der HT wird in der Regel so gewählt, daß in der Bodenplatte die Längszugspannungen aus + $M_{g+\psi q}$ überdrückt werden, während die quer gerichteten Zugkomponenten der Bewehrung zugewiesen werden. Bei starker Torsion ist jedoch dringend zu empfehlen, die Bodenplatte auch quer vorzuspannen.

5. <u>Dünne Bodenplatten</u> neben dickeren Stegen werden ganz wesentlich auch durch ΔT und $\Delta S + \Delta K$ beansprucht. Es gibt wohl kein Bauteil in unseren Spannbetonbrücken, in dem tatsächliche Spannungen so weit von den aus Lasten gerechneten abweichen, wie die Bodenplatten der Kastenträger. In vielen Kastenträgern sind die Bodenplatten quer gerissen, obwohl sie rechnerisch 3 bis 4 N/mm^2 Druckspannungen aufweisen müßten. Für Bodenplatten sind daher Mindestbewehrungen zur <u>Rißbreitenbeschränkung</u> nach Kapitel 11 oder nach [0] - Teil 4 besonders wichtig.

Die Bodenplatte wird im Bereich von positiven Feldmomenten so dünn wie möglich gewählt, um Eigengewicht zu sparen. Sie muß jedoch mindestens 120 mm oder 1/30 von ℓ_{pl} bzw. vom Abstand der Voutenenden sein, vgl. Kapitel 8.5. Schlankere Platten müssen mit Querrippen ausgesteift sein.

Mit der Ausnützung von zul σ_c oder f_{ck}/γ_m auf Druck in dünnen Bodenplatten (z.B. durch Vorspannung), muß man vorsichtig sein, da die Spannungen über die Breite der Platte nicht gleichmäßig verteilt sind, weil sich Eigenspannungen überlagern und weil durch ungleiche Verdichtung des Betons oder durch Spannglieder Ausmittigkeiten des inneren Widerstandes auftreten können, so daß Beulgefahr entsteht. (Ein Einsturz durch Beulen einer im Zuggurt vorgedrückten Bodenplatte kam schon vor!)

Soweit in der Bodenplatte HT-Spannglieder liegen, ist eine ausreichende Dicke mit min 3 $\phi_{Hüllrohr}$ dringend zu empfehlen. Dies gilt besonders, wenn die Bodenplatte auch quer vorgespannt wird. Die HT-Spannglieder sollten nahe an den Stegen liegen (Bild 14.10).

<u>Im Bereich negativer Momente</u> wird die Dicke der Bodenplatte der erforderlichen Druckgurtkraft des Grenzzustandes angepaßt. Bei großen Brücken und schmalen Kasten wurde die Bodenplatte wiederholt über 1 m dick, so daß der Dickeneinfluß hinsichtlich Abbindewärme, Schwinden, Kriechen etc. beachtet werden muß.

In dicken Bodenplatten, die als Druckgurt wirken, kann man ohne Bedenken die Druckfestigkeit des Betons mit f_{ck}/γ_m voll ausnützen, obwohl an Zwischenstützen von Durchlaufträgern das ε-Diagramm infolge der Querkräfte V nicht gerade ist (Bild 14.8), und die Druckresultierende durch den von der Biegedruckzone übernommenen Anteil V_{cd} von V_u

gegenüber der Kastenachse leicht geneigt ist, was zu der stark ausmittigen Beanspruchung der Bodenplatte führt. Die Randdehnungen ε_c erreichen jedoch 4 bis 6 ‰, bevor ein Bruch eintritt.

Bei Durchlaufträgern mit gekrümmtem Untergurt entstehen in der Bodenplatte nach oben gerichtete Umlenkkräfte. Diese führen zu Querbiegemomenten, die den Eigengewichtsmomenten entgegenwirken (Bild 14.9).

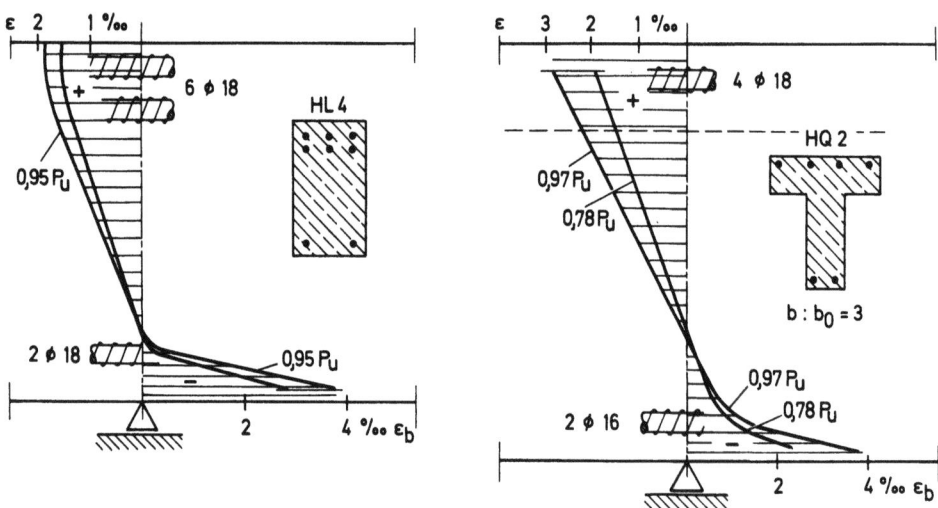

Bild 14.8 Gemessene Dehnungsdiagramme über Zwischenstütze von Durchlaufträgern (aus Heft 163 des DAfStb) zeigen eine extrem exzentrische Druckbeanspruchung der Biegedruckzone, wenn M und V gleichzeitig groß sind

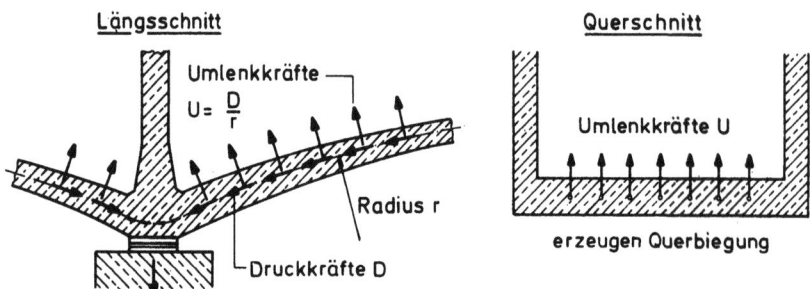

Bild 14.9 Die Umlenkung der Biegedruckkräfte in einer gekrümmten Bodenplatte eines Kastenträgers erzeugt Querbiegemomente im Kasten

14.4 Bewehrung und Vorspannung von Kastenträgern

Für Bewehrung und Spanngliedführung in den Fahrbahnplatten der Kastenträger gilt das in Kapitel 13.5 für Plattenbalken Gesagte.

Hohlkastenträger können mit Erfolg auch nur schlaff bewehrt werden, wenn die Gurtbewehrungen nach den Regeln der Rißbreitenbeschränkung über die ganzen Breiten der Gurtplatten abgestuft verteilt und mit Querbewehrung an die Stege angeschlossen werden. Ein gutes Beispiel hierfür ist die schon 1949 erbaute Rhônebrücke Aproz (Wallis) mit über 100 m Gesamtlänge und 52 m Spannweite der Hauptöffnung (siehe [1], S. 169).

14.4.1 Spanngliedführung für die Hauptträger

Heute werden jedoch Kastenträgerbrücken in der Regel vorgespannt. Bei kleinen und mittleren Spannweiten (bis ~ 60 m) werden dabei die Spannglieder gerne in den ausreichend dick bemessenen Stegen geführt (Bild 14.10), wobei die gleichen Regeln wie bei Plattenbalken zu beachten sind (Kap. 13). Da im Steg nicht viele Spannglieder untergebracht werden können, ohne dabei an innerem Hebelarm zu verlieren, werden gerne Spannglieder in die Gurtplatten neben die Stege verlegt, deren Länge aus der Zugkraftlinie mit reichlichem Versatzmaß bestimmt werden kann. Bei Durchlaufträgern sollten sich diese Spannglieder oben und unten wenigstens mit 3 bis 4 h übergreifen, wenn die Verkehrslastmomente nicht noch mehr Übergreifung bedingen (Bild 13.23 und 14.11).

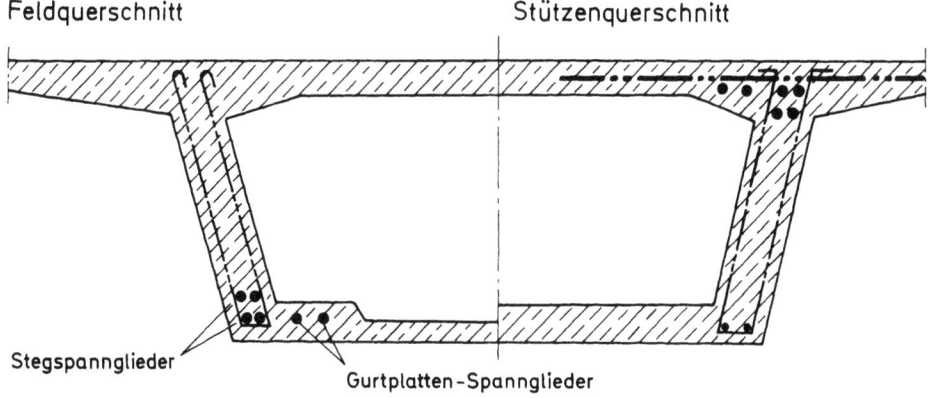

Bild 14.10 Anordnung der HT-Spannglieder für einen Durchlaufträger im Querschnitt. Häufig genügen die Stegspannglieder.

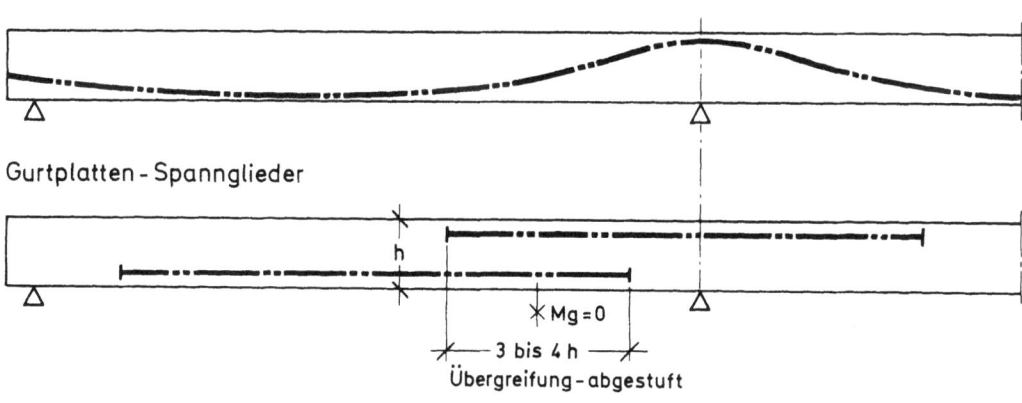

Bild 14.11 Anordnung der Spannglieder für einen Durchlaufträger im Längsschnitt

Bei großen Kastenträgern geht man mehr und mehr dazu über, die HT-Spannglieder ganz in die Gurtplatten zu legen und die Stege von großen Spanngliedern frei zu halten. N. Esquillan hat schon 1955 diese Spanngliedführung bei der Eisenbahnbrücke über die Rhône in La Voulte, Frankreich angewandt ([1], S. 299). Dabei sind bei Großbrücken oft zwei Lagen der 1600 kN-Spannglieder nötig, was natürlich eine ausreichende Verdickung der Gurtplatten bedingt. Bild 14.12 zeigt die Anordnung solcher Spannglieder bei der Kochertalbrücke Geislingen im

Stützen- und im Feldquerschnitt. Die Spannglieder werden entlang dem Steg im Voutenbereich an Arbeitsfugen verankert und gespannt. Die im Feld der Gurtplatte liegenden Spannglieder werden dazu der Reihe nach seitlich zum Steg hin verzogen, was Querzug in der Gurtplatte erzeugt (Bild 14.13). Soweit sie erst später gespannt werden können (z.B. Feldspannglieder bei Herstellung des Kastens im auskragenden Freivorbau), werden sie in Lisenen verankert, die aus der Bodenplatte heraus in das Kasteninnere entwickelt werden, also nach außen unsichtbar bleiben (Bild 14.14).

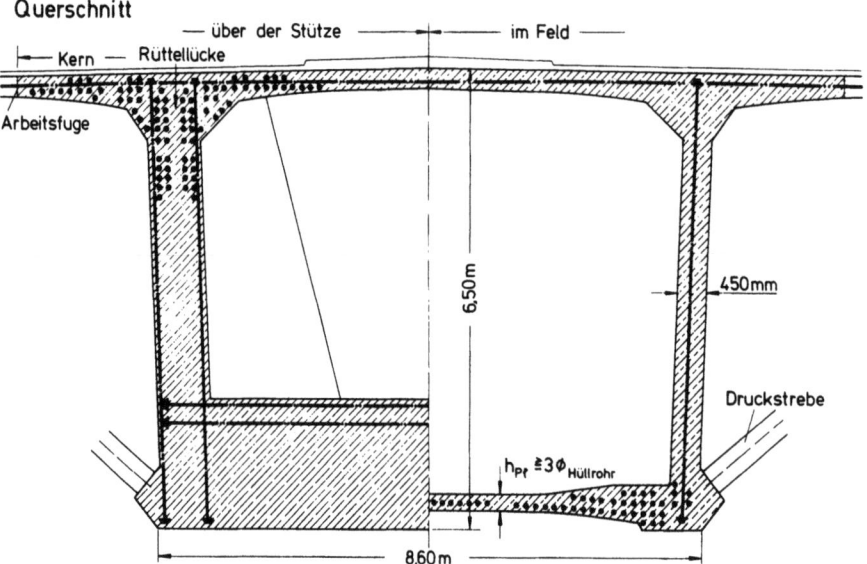

Bild 14.12 Anordnung der Spannglieder im Feld und über der Stütze bei der 138 m weit gespannten Kochertalbrücke Geislingen in einem stark ausgenützten Hohlkasten. Die Häufung der Spannglieder bedingt lotrechte Verbügelung der Platten.

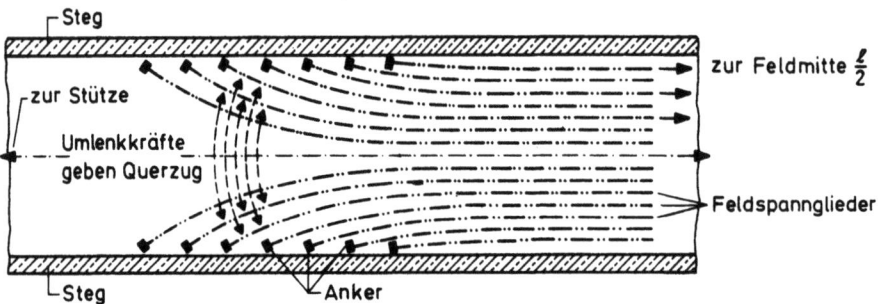

Bild 14.13 Die Feldspannglieder in der Bodenplatte werden zu den Stegen hin umgelenkt und in Stegnähe gestaffelt verankert. Umlenkung erzeugt Querzug in der Plattenebene und rechtwinklig dazu.

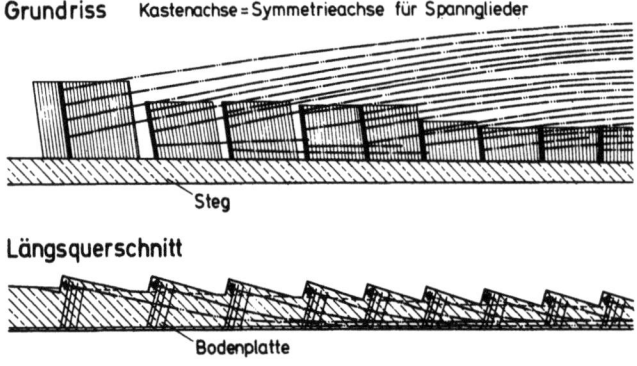

Bild 14.14 Aus der Bodenplatte hochgeführte gestaffelte Nocken zur Verankerung der Gurt-Spannglieder

14.4 Bewehrung und Vorspannung von Kastenträgern

Die Führung und Verankerung der HT-Spannglieder hängt stark vom Bauverfahren ab. Beim **Taktschiebeverfahren** wird für die Verschiebezustände zunächst eine mittige Vorspannung zur Aufnahme negativer Kragmomente und positiver Feldmomente gebraucht, die durch kleine über die Fahrbahnplatte und Bodenplatte verteilte Längsspannglieder ausgeübt wird (Bild 14.15). Diese werden an der Abschnittsfuge koppelbar verankert. Dünne Bodenplatten müssen an der Koppelstelle verdickt werden. In den Stegen werden zunächst nur die Hüllrohre der Hauptspannglieder eingelegt. Der Spannstahl wird erst eingefädelt und gespannt, wenn die Brücke ihre endgültige Lage erreicht hat. Lange Spannglieder, die über mehr als 3 oder 4 Öffnungen durchgehen, werden durch Übergreifen in Lisenen am Steg gestoßen (Bild 14.16).

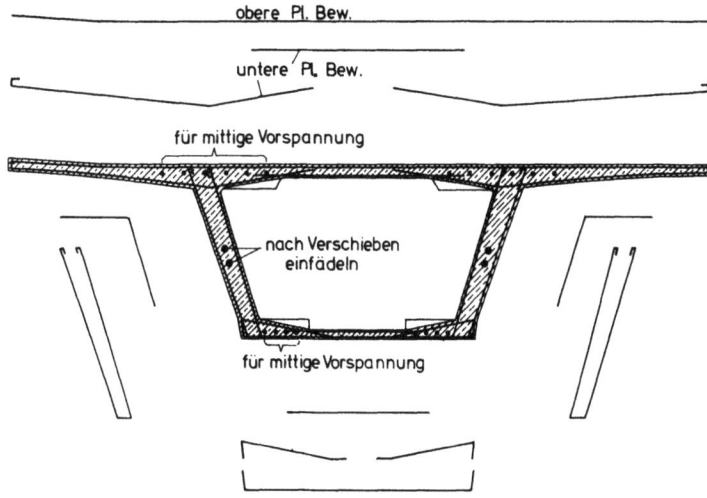

Bild 14.15 Spanngliedanordnung und Bewehrung in einem Kastenträger für das Taktschiebeverfahren. Die Spannglieder in den Platten erzeugen mittige Vorspannung für das Verschieben und werden gestaffelt in den Fugen gekoppelt.

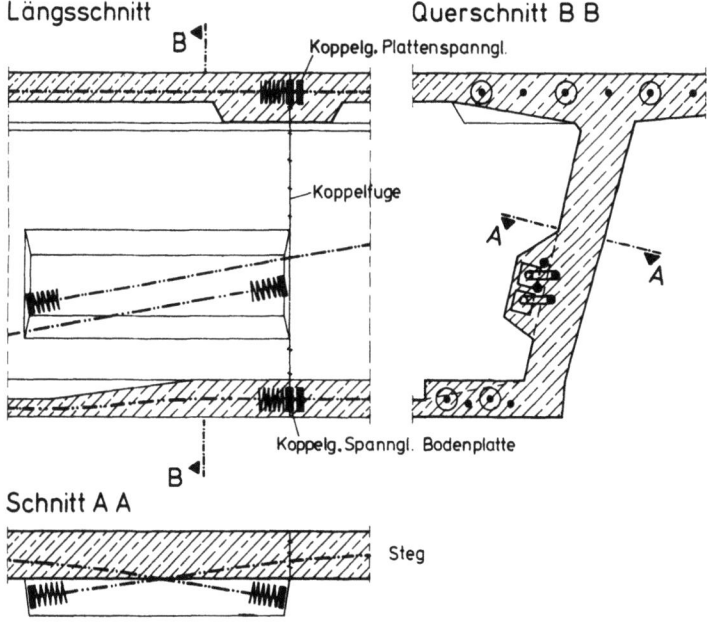

Bild 14.16 Stoß der nachträglich eingefädelten Stegspannglieder im Steg beim Taktschiebeverfahren. Horizontale Begrenzung der Stoß-Lisene wegen Fahren der Innenschalung.

Wird die Brücke Feld über Feld mit Vorschubrüstung hergestellt, dann werden die Spannglieder in der Regel mit dem Spannstahl eingebaut und mit Koppelankern an der Arbeitsfuge gestoßen (siehe Kap. 15). Beim abschnittsweisen Freivorbau dagegen werden mit wenigen Ausnahmen zunächst nur die Hüllrohre einbetoniert und die Spanndrahtbündel jeweils dann eingezogen, wenn ihre Ankerstellen erreicht sind, und sie dann an der Arbeitsfuge vorgespannt werden können.

Bei großen Brücken wurden die hängewerksartigen Hauptspannglieder wiederholt neben die Stege im Hohlkasten gelegt und an vertikalen Stegrippen polygonartig umgelenkt (Bild 14.17). Während früher hierfür sogenannte konzentrierte Litzenkabel nach dem Verfahren Baur-Leonhardt mit Spannkräften bis 60 MN verwendet wurden, die an den Enden mit Spannblöcken verankert und gespannt wurden (siehe [51] und [51a]), benützt man heute übliche Großspannglieder mit ihren normalen Verankerungen, die an den Brückenenden fächerartig gespreizt und einzeln verankert sind (Bild 14.17). Zwischen den Spreizpunkten werden die Litzen oder Drähte der Bündel ohne Hüllrohre dicht nebeneinander gelegt. An den Umlenkstellen liegen sie bündelweise getrennt in Gleitsätteln, damit die Bündel einzeln gespannt werden können. Diese Art der Vorspannung hat den großen Vorteil, daß dünne Stege ohne Störung durch Spannglieder einwandfrei betoniert werden können, daß die Reibung der Spannglieder sehr niedrig wird, und daß die Spannglieder mit Querbewehrung, die aus dem Steg herausgebogen wird, schubfest an den Steg angeschlossen werden (besserer Verbund als bei injizierten Spanngliedern!). Die Kabel werden mit Feinbeton einbetoniert.

14.4.2 Bewehrung und Vorspannung der Stege

Die Stege der Kastenträger werden in der Regel nur schlaff bewehrt, was ohne Bedenken zulässig ist, weil in längs vorgespannten Kastenträgern Schubrisse im Gebrauchszustand kaum auftreten und auch bisher fast nicht beobachtet wurden. Selbst wenn ein Schubriß entsteht, dann bleiben die Bügelspannungen im Gebrauchszustand niedrig, und die Rißbreite bleibt auch bei Lastwiederholungen sehr klein, was u.a. durch Münchener Dauerversuche bestätigt wurde.

Wichtig ist, daß kleine Bügelabstände und kleine Bügeldurchmesser gewählt werden (80 bis 200 mm, ∅ 12 bis 18 mm). In Kastenträgern bereitet es auch keine Schwierigkeiten, längs geneigte Bügel mit $50°$ bis $60°$ gegen die x-Achse einzubauen, deren Wirkung in mehrfacher Hinsicht günstig ist (viel kleinere Rißbreiten, niedrigere Druckstrebenkräfte). Der Bügelabstand kann dabei vergrößert werden. Bei großen Kastenträgern können in Stützennähe auch vertikale und schiefe Bügel kombiniert werden (Beispiel Kochertalbrücke Geislingen) (Bilder 14.18 und 14.19).

Wenn Stegvorspannung gewählt wird, z.B. bei Kasten, an deren Untergurt Kragstreben angreifen, wie in Bild 8.33, dann müssen die unteren Anker möglichst unterhalb der Bodenplatte liegen (Bild 14.20), und an den oberen Ankern ist eine genügend hohe Voute anzuordnen, damit die Krafteinleitungen für die Gurte wirksam werden.

14.4 Bewehrung und Vorspannung von Kastenträgern

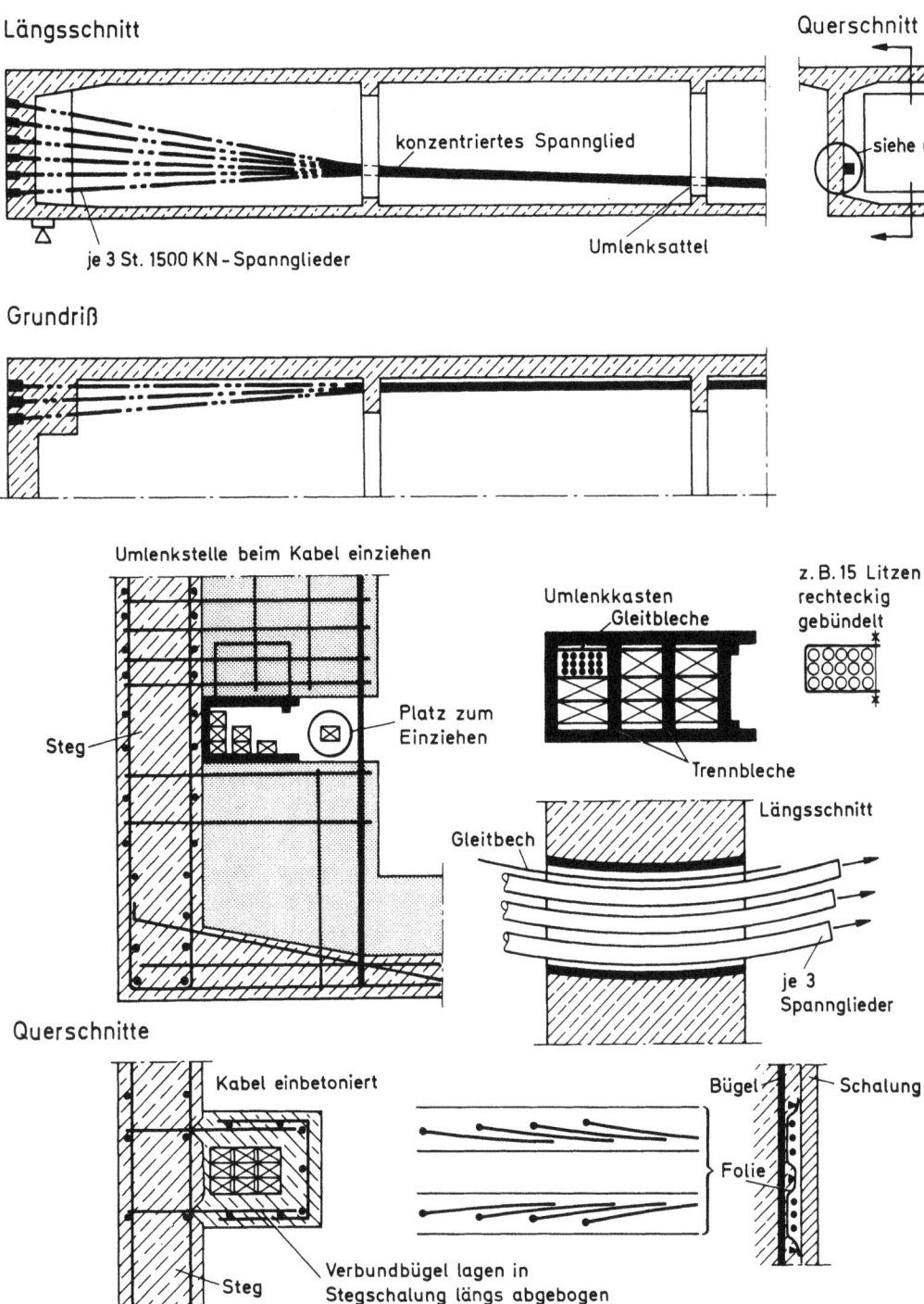

Bild 14.17 Haupt-Spannkabel neben den Stegen im Kasteninneren, Umlenkung an Stegrippen mit Umlenk-Gleitlager in Stahlkasten, Verankerung durch Spreizen der Bündel mit Typenankern. Verbund durch verbügelte Beton-Umhüllung gesichert.
(Brücke Posadas, Argentinien, Ing. H. Cabjolski [51a])

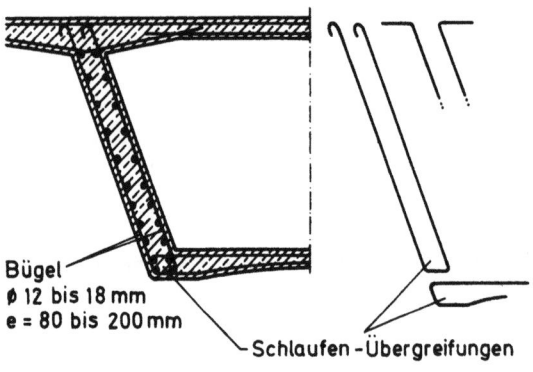

Bild 14.18 Normale Stegbewehrung mit vertikalen Bügeln und dichter Längsbewehrung

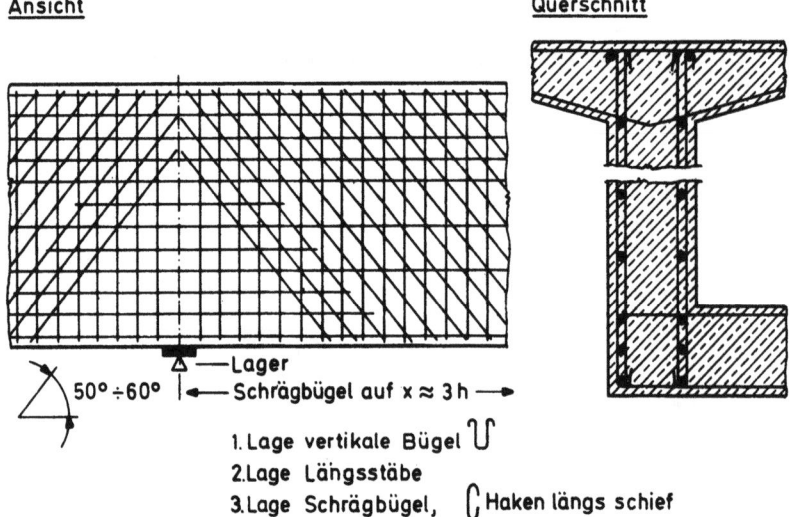

Bild 14.19 Stegbewehrung für hohe Schubbeanspruchung nahe der Zwischenstütze mit Schrägbügeln in Kombination mit vertikalen Bügeln und Längsstäben

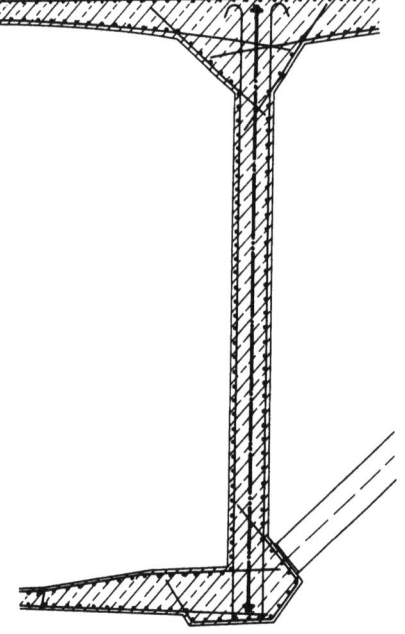

Bild 14.20 Vertikale Stegspannglieder bei Lastangriff am Untergurt (Kochertalbrücke), untere und obere Verankerung, Krafteinleitung durch Gurtverdickung und Querbewehrung gesichert.

14.4 Bewehrung und Vorspannung von Kastenträgern

Die Steglängsbewehrung richtet sich nach möglichen Biege- und Torsionslängsspannungen und nach Zwangsspannungen aus ΔT, ΔS oder ungleichen Stützensenkungen. Kleine Abstände der Stäbe zur Rißbeschränkung sind dort nötig, wo im Bereich positiver M die Nullinie der σ_x im Steg nach oben gehen kann, was u.a. von der in der Bodenplatte vorgesehenen Längsbewehrungs-Menge abhängt. Im Anschluß an dicke Bodenplatten ist auf eine Höhe von rd. 1 m oder h/3 enge Längsbewehrung gegen Temperaturrisse angezeigt.

14.4.3 Bewehrung und Vorspannung der Bodenplatte

Die Querbewehrung der Bodenplatte muß die Bügel des Steges schlaufenartig umschließen, wenn Torsion einen hohen Anteil hat (Bild 14.21). Dies ist jedoch nur möglich, wenn unten im Steg keine HT-Längsspannglieder liegen. Andernfalls ist die untere Querbewehrung am Steg außen hochzubiegen und die obere durch eine Abbiegung nach innen zu verankern.

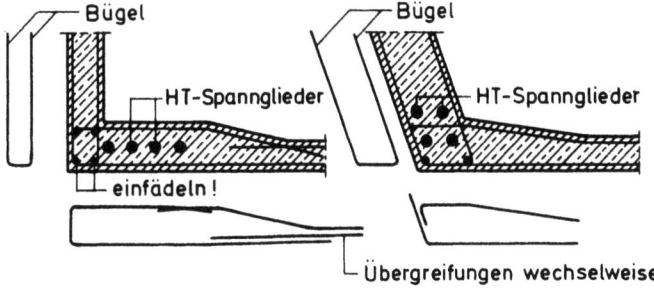

Bild 14.21 Anschluß der Bewehrung der Bodenplatte an den Steg

Treten hohe Torsionsmomente wechselnder Richtung auf (Hohlkasten auf Einzelstützen in der Kastenachse über mehrere Felder), dann ist eine mit rund 50° und 130° gegen die Kastenachse geneigte Querbewehrung der Bodenplatte mit zusätzlicher, aber verminderter Längsbewehrung zweckmäßig (Bild 14.22). Dadurch werden Torsionsrisse haarfein gehalten, die Torsionssteifigkeit bleibt auch im Zustand II ausreichend erhalten, und Druckstreben können über entstandene Risse hinweg wirken (vgl. [45] Torsionsversuche an Kastenträgern).

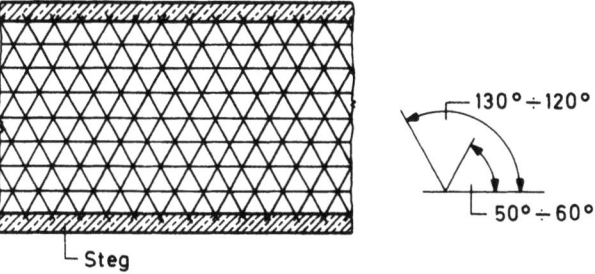

Bild 14.22 Schiefwinklige Bewehrung der Bodenplatte bei hoher Torsionsbeanspruchung

In dünnen Bodenplatten ist eine kräftige Längsbewehrung zur Sicherung gegen Zwangsspannungsrisse mit μ_z = 0,4 bis 0,6 %, Stababständen von 100 - 200 mm überall dort nötig, wo aus ΔT und ΔS Längszug auftreten kann. Bei der Ermittlung dieser Zonen sollte man annehmen, daß in der Bodenplatte bei $g + p_\infty$ nur die Hälfte der rechnerischen Druckspannungen wirkt.

Die Längsbewehrung ist auf die untere und obere Lage etwa gleich zu verteilen. Sie kann natürlich für die Traglast angerechnet werden.

In Zonen mit hohem Längsdruck ist eine Verbügelung der Bodenplatte mit etwa 9 Bügelschenkeln je m^2 angezeigt, wobei die Bügel die unterste Längsbewehrung umschließen sollten.

Eine Quervorspannung der Bodenplatte ist bei mehrzelligen breiten Hohlkasten zur Verhütung von Temperaturrissen und bei hoher Torsionsbeanspruchung sinnvoll. Auch im Bereich von HT-Feldspanngliedern, die zu den Stegen umgelenkt werden, sind einige Spannglieder zur Verhütung von Rissen durch Querzug angezeigt. Die Anker der Querspannglieder müssen so weit wie möglich außen am Steg liegen, evtl. in einem schmalen Flansch.

14.5 Querträger von Kastenträgern

Querträger werden in Kastenbrücken in der Regel nur noch an den Auflagern vorgesehen, weil sich mehr und mehr gezeigt hat, daß bei den üblichen Dicken der Stege und Platten weitere Aussteifungen zur Erhaltung der Querschnittsform nicht nötig sind. Für die Funktion der Querträger genügt meist eine verhältnismäßig dünne Scheibe mit b = 0,3 bis 0,5 m. Die Spannungen in solchen Querscheiben lassen sich nicht mit der Biegelehre berechnen. Sie müssen mit FE-Programmen als Scheiben behandelt oder besser mit einfachen Näherungen bemessen werden.

Die Querträger haben neben der Aussteifung des Kastens die Aufgabe, die Scheibenkräfte der Platten aus Windlasten, Torsion und Temperaturzwang (z.B. einseitige Sonnenbestrahlung auf einen Steg) in die Auflager abzuleiten. Bei indirekter Lagerung haben sie zudem die Stegquerkräfte des HT, die als Druckstrebenkräfte unten am Steg ankommen, in den Querträger einzuhängen, was größere Dicken von 0,5 bis 0,8 m bedingen kann.

Die Bewehrung und Vorspannung der Querträger ist daher primär von der Lagerungsart abhängig. Bei direkter Lagerung, Auflager unter den HT-Stegen, genügt eine schlaffe Bewehrung, die im wesentlichen horizontal sein muß. Die Stäbe sollten am Hauptträgersteg mit Haarnadelform die dortige lotrechte Bewehrung umschließen (Bild 14.23). Die Bodenplatte wird mit Bügeln angeschlossen. Zur bequemen Begehung des Kastens wird ein Durchgang in der Mitte angeordnet, an den ein Durchstieg durch die Bodenplatte zur Lagerinspektion anschließen kann.

Die Fahrbahnplatte wird oben im Voutenbereich an den QT angeschlossen, damit genügend Querschnitt für die Ableitung des Torsionsschubes mit Haarnadelankern entsteht. Zwischen den Vouten kann die Fahrbahnplatte frei bleiben, um negative m_x der Platte zu vermeiden.

Im Zusammenhang mit einer dicken Bodenplatte (z.B. Breite : Dicke $\leq$ 10), die in Querrichtung biegesteif ist, genügen zwei Stegrippen, um die Aufgaben des Querträgers zu erfüllen (Bild 14.24). Bei verdickten Stegen (z.B. $h : b_o \leq 7$) und dicker Bodenplatte kann auf einen Querträger ganz verzichtet werden, weil die Rahmenquersteifigkeit ausreicht.

14.5 Querträger von Kastenträgern

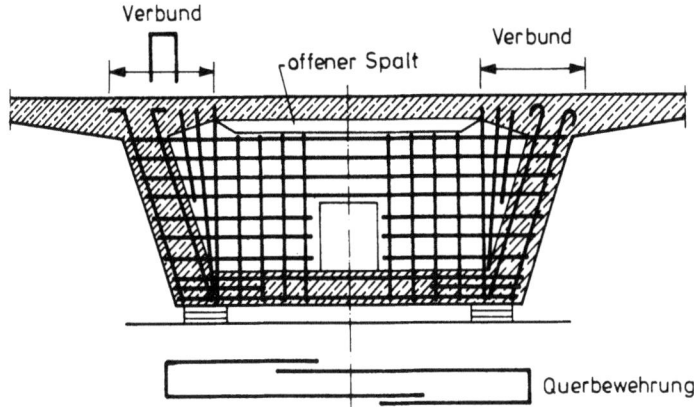

Bild 14.23 Bewehrung eines Auflagerquerträgers, wenn die Lager unter den HT-Stegen sitzen. Verbund mit Fb-Platte nur auf Voutenlänge

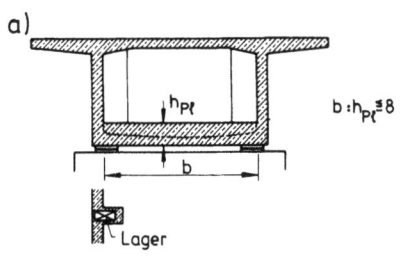 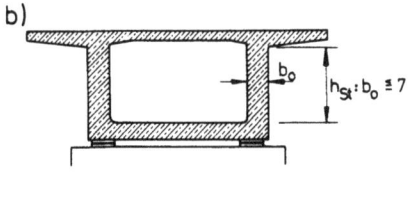

Bild 14.24 a) Bei dicker Bodenplatte genügen Stegrippen an den Auflagern

Bild 14.24 b) Bei dicker Platte und dicken Stegen kann auf Auflagerquerträger ganz verzichtet werden

Bei indirekter Lagerung, z.B. in Kastenachse, ist es zweckmäßig, einen Teil der "Aufhängung" (siehe [0] Teil 1, Kap. 8.4.2.3) mit Spanngliedern im Querträger vorzunehmen, die nahe am Untergurt der Hauptträger-Stege angreifen müssen (Bild 14.25). Die Spannglieder können auch als gerade Stäbe im Hauptträger- oder Querträger-Steg eingebaut werden. Da unten nicht viele Spannglieder Platz finden, kann ohne Bedenken 40 bis 60 % der Auflagerkraft mit Aufhängebewehrung aufgenommen werden, die auf die in DIN 1045 definierten und hier im Bild 14.26 dargestellten

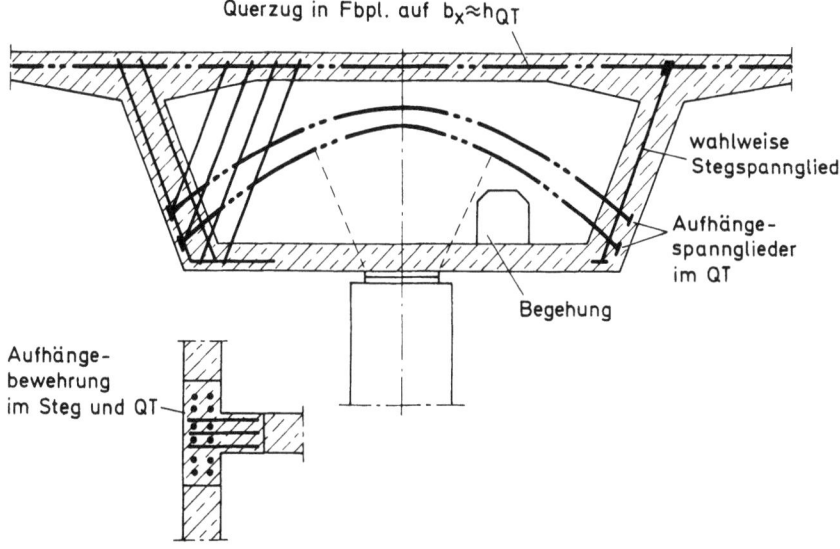

Bild 14.25 Bewehrung und/oder Vorspannung eines Auflager-Querträgers bei indirekter Lagerung, z.B. in Kastenlängsachse

Stegflächen zu verteilen ist. Zusätzliche Schubbewehrung ist in diesem Bereich nicht nötig. Hier ist es zweckmäßig, den Querträger auf ganze Breite an die Fahrbahnplatte anzuschließen, damit der Querzug oben einem breiten Streifen der Fahrbahnplatte zugewiesen werden kann ($b_w \approx h_{QT}$).

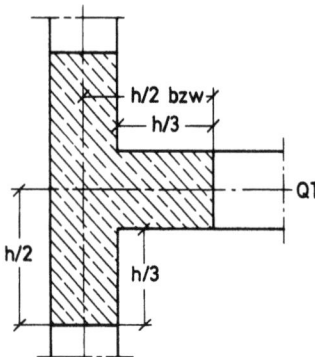

Bild 14.26 Horizontalschnitt an Zwischenauflager, Zone, in der Aufhängebewehrung oder Spannglieder für indirekte Lagerung unterzubringen sind.

Die Aufhängung muß nur dann für die volle Auflagerkraft bemessen werden, wenn $a_L > 0,5\,h$ ist. Ist $a_L < 0,5\,h$, dann kann die Aufhängekraft mit $2\,a_L/h$ abgemindert werden, dafür muß ausreichende horizontale Bewehrung zur Aufnahme des Querzuges in der Höhe von $0,8\,a_L$ bis $2\,a_L$ vorgesehen werden (Bild 14.27).

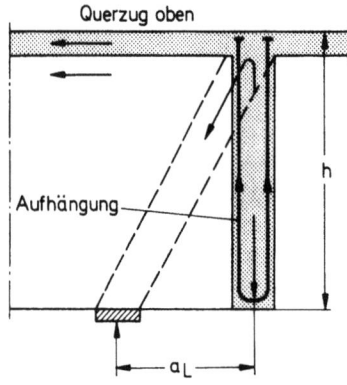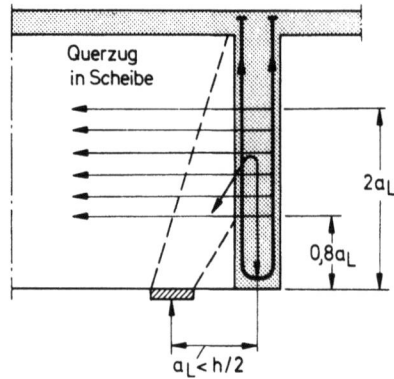

Bild 14.27 Zur Abminderung der Aufhängebewehrung und Anordnung der Querbewehrung bei indirekter Lagerung nahe am HT-Steg

14.6 Gekrümmte und schiefe Kastenträgerbrücken

14.6.1 Gekrümmte Kastenbrücken

Gekrümmte Kastenträgerbrücken müssen wegen den heutigen Anforderungen an zügige Linienführung der Straßen oft gebaut werden. Die genaue Ermittlung der Schnittkräfte ist kompliziert, weil sehr viele Parameter Einfluß haben, wie z.B. Biegesteifigkeit zu Torsionssteifigkeit EJ_B/GJ_T oder K_B/K_T, Öffnungswinkel α, Krümmungsradius r, Kastenbreite b_o, besonders $b_o : r$, Lagerungsart für Biegung und Torsion, Vorspannart usw. Geeignete Verfahren werden in der Vertiefungsvorlesung von W. Lippoth behandelt (erscheint demnächst in dieser Reihe). Als Schrifttum wird außerdem empfohlen [55], [50] und [68].

14.6 Gekrümmte und schiefe Kastenträgerbrücken

Geeignete Rechenprogramme für EDV sind an einigen Instituten vorhanden. Bisher gehen diese Verfahren von den Steifigkeiten des Zustandes I aus. Da jedoch die Bemessung für Tragfähigkeit nach Grenzzuständen gerissene Zugzonen des Betons voraussetzt, müßten K_B^{II} und K_T^{II} für Zustand II, evtl. für Zustand III angesetzt werden, wodurch sich K_B/K_T stark und vor allem nicht linear verändert. Die Berechnung würde dadurch sehr kompliziert. Man wird daher in der Praxis noch lange Zeit mit Zustand I-Werten, eventuell mit genäherten Abminderungen, wie in Heft 240 des DAfStb angegeben, rechnen. Dies bedingt eine sorgfältige konstruktive Durchbildung und vor allem Rißbeschränkungsbewehrung für hohe Anforderungen besonders in dünnen Bodenplatten, damit die Annahmen der Berechnung wenigstens näherungsweise erfüllt bleiben.

Hier kann nur auf einige <u>wesentliche Merkmale</u> gekrümmter Kastenbrücken hingewiesen werden:

1. Bis zu einem Öffnungswinkel $\alpha = 30°$ je Öffnung l kann der Einfluß der Krümmung auf M_B und M_T vernachlässigt werden. Bis $\alpha = 50°$ können die M_B wie für einen geraden Stab mit $l = r\alpha$ genügend genau gerechnet werden.

2. Am **Einfeldträger** läßt sich der große Einfluß einer Biegeeinspannung am Balkenende und der Einfluß von K_B / K_T zeigen (Bild 14.28). Bei Durchlaufträgern macht sich diese Wirkung günstig bemerkbar.

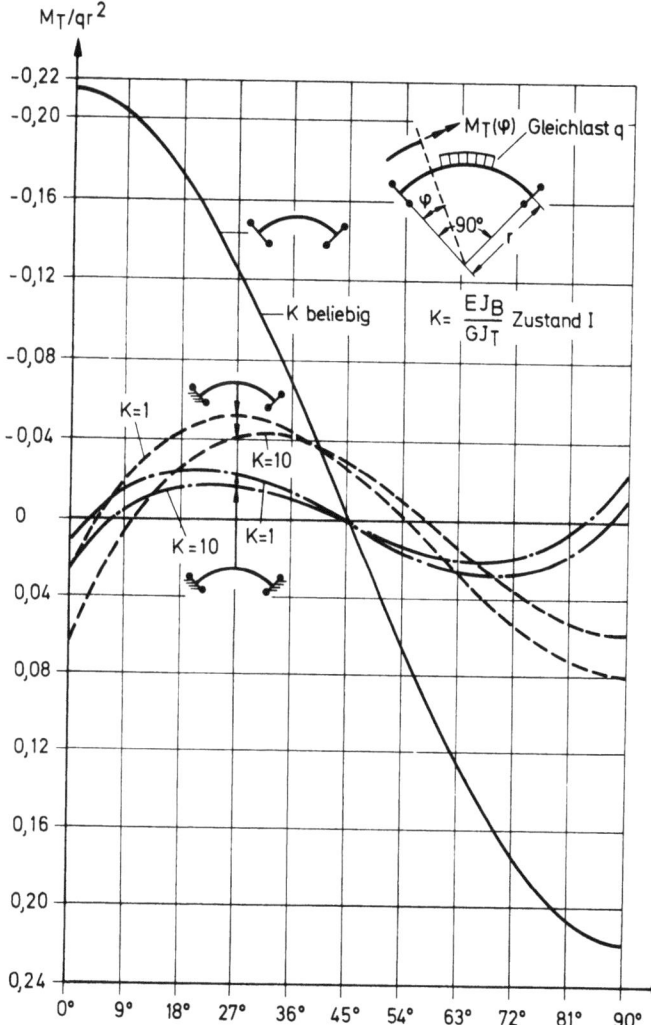

Bild 14.28 Verlauf der Torsionsmomente $M_T(\varphi)$ eines Einfeldträgers von $90°$ Öffnungswinkel unter Gleichlast q für folgende Auflagerbedingungen:

a) ohne Längs-Biege-Einspannung

b) Längs-Biege-Einspannung einseitig

c) Längs-Biege-Einspannung beidseitig

3. Am Beispiel eines Zweifeldträgers (Bild 14.29) mit $\alpha = 60°$ und mit für Biegung drehbaren Endlagern wird der Einfluß der Stützungsart an der Zwischenstütze für gleichförmig verteilte Last und für eine Einzellast gezeigt. Die in Querrichtung torsionsstarre Lagerung verringert demnach die Torsionsmomente gegenüber der quer frei drehbaren Lagerung (z.B. Pendelstütze in Balkenachse) bei $\alpha = 60°$ nicht wesentlich (Bilder 14.30 und 14.31). Bei kleinerem α muß sich jedoch ein größerer Unterschied ergeben. Je größer demnach α ist, umso mehr kann man quer gelenkig lagern und entsprechend bei vielen Feldern mehrere Pendelstützen hintereinander anordnen.

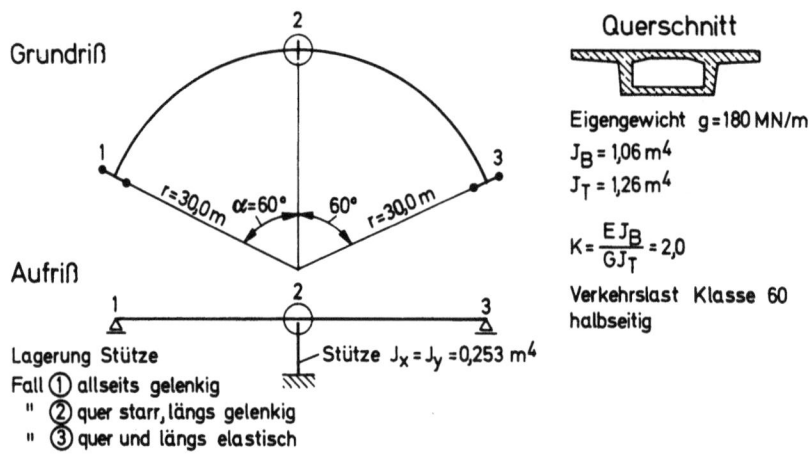

Bild 14.29 Gekrümmter Zweifeldträger für Vergleiche der Schnittkräfte. Die Lagerung an der Zwischenstütze wird variiert

4. Bei der Vorspannung wird man natürlich versuchen, durch geeignete Anordnung der Spannglieder und Wahl der Spannkräfte nicht nur den Last-Biegemomenten M_B durch M_p, sondern auch den Last-Torsionsmomenten M_T durch M_p entgegenzuwirken. Hierzu gibt es zwei wirksame Lösungen (Bilder 14.32 und 14.33).

Vorspannart 1 bei Öffnungswinkeln bis rd 50°

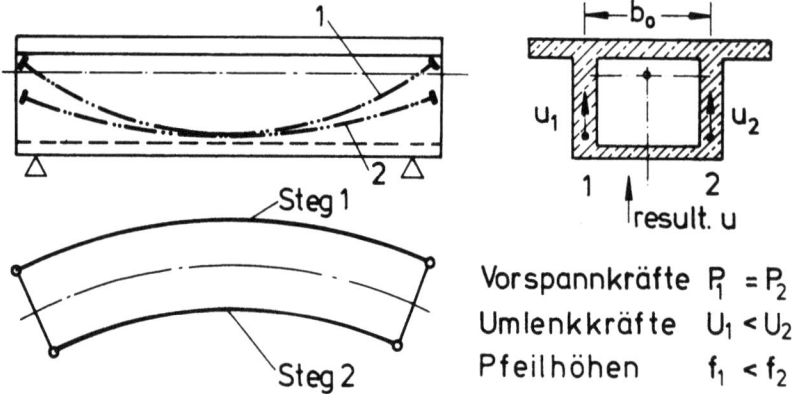

Bild 14.32 Vorspannart 1 bei Öffnungswinkeln bis rd 50°
Vorspannart 2 siehe S. 188

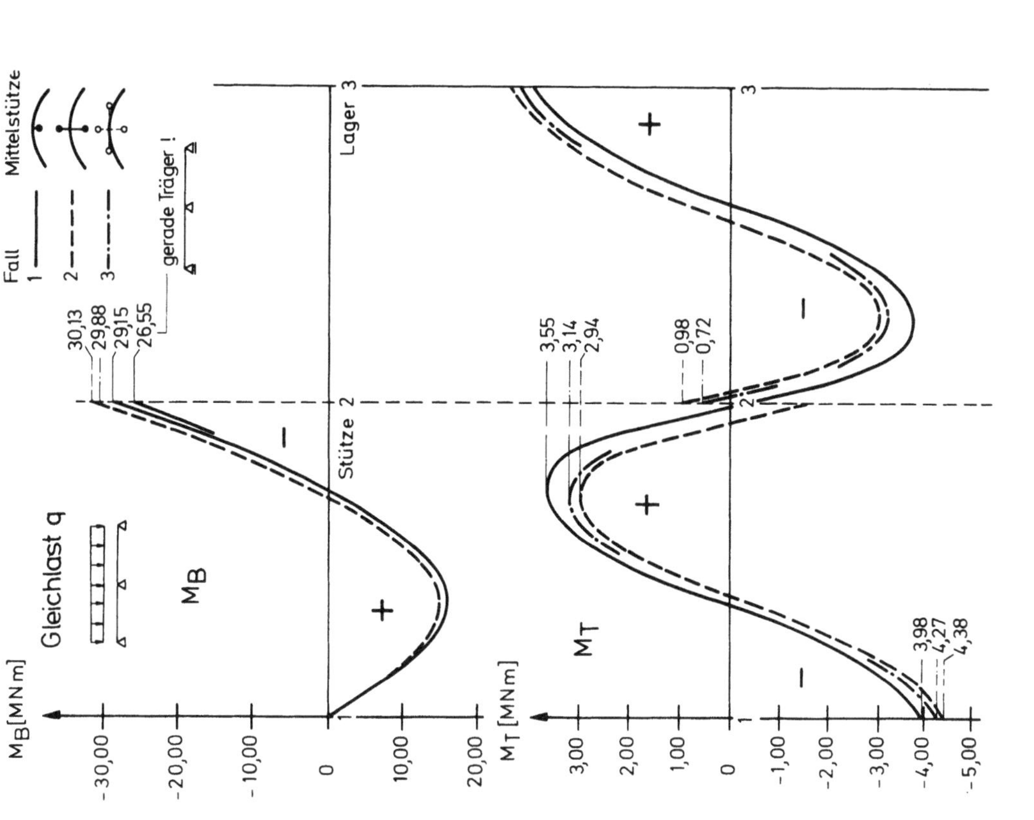

14.6 Gekrümmte und schiefe Kastenträgerbrücken

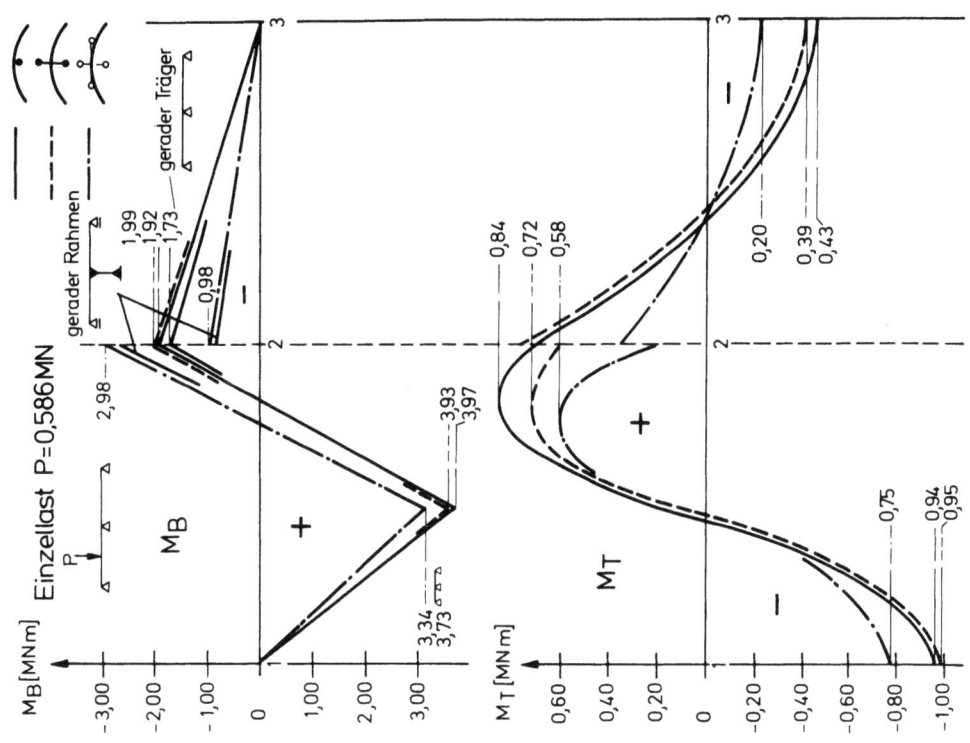

Bild 14.31 Biege- und Torsionsmomente am Zweifeldträger bei Einzellast

Bild 14.30 Biege- und Torsionsmomente am Zweifeldträger bei halbseitiger Gleichlast

Vorspannart 2

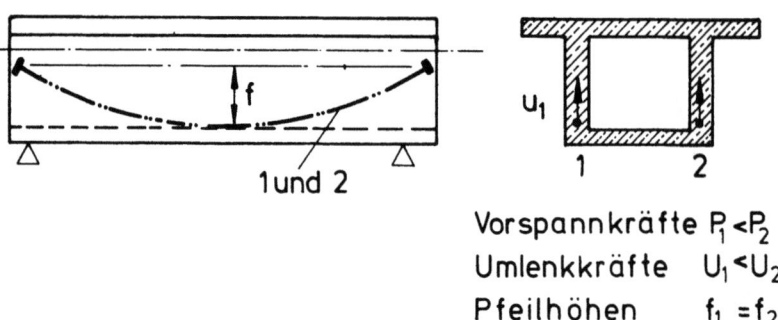

Vorspannkräfte $P_1 < P_2$
Umlenkkräfte $U_1 < U_2$
Pfeilhöhen $f_1 = f_2$

Bild 14.33 Vorspannart 2 für kleine Öffnungswinkel, bei $P_1 \neq P_2$ entsteht ein Querbiegemoment $M_{y,p}$, das zu beachten ist

Eine dritte Lösung, mit Spanngliedern in den Platten, die gegen die Lastwirkung gerichtete Torsion erzeugen, wird für weniger geeignet erachtet. Bei Durchlaufträgern kann sie jedoch günstig sein (Bild 14.34).

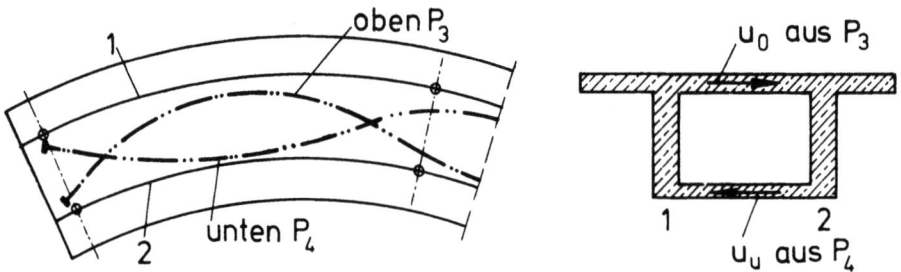

Bile 14.34 Weniger geeignete Vorspannart mit gekrümmten Spanngliedern in den Gurtplatten

Für größere Öffnungswinkel α geben Egger [56] und Zellner noch folgende Spanngliedführungen zum Abbau der $M_{T,g}$ an, abhängig von α, rechts für sehr großes α (Bild 14.35). In beiden Fällen muß $P_1 > P_2$ gewählt werden.

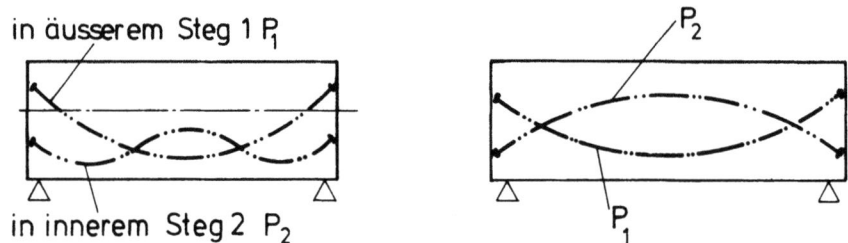

Bild 14.35 Spanngliedführung für große Öffnungswinkel $\alpha > 50°$, jeweils $P_1 > P_2$

Die Verminderung der $M_{T,g}$ durch Vorspannung ist dann wichtig, wenn die schiefen Hauptzugspannungen infolge τ_T insbesondere in dünnen Bodenplatten bei Gebrauchslast Werte erreichen, die etwa $\sigma_I = 0,6\, f_{ctk}$ (0,6 der 5 % Fraktile der Betonzugfestigkeit) überschreiten, so daß im Hinblick auf die in solchen Bodenplatten unvermeidlichen σ_z aus ΔT und ΔS Risse im Gebrauchszustand zu erwarten sind.

14.6 Gekrümmte und schiefe Kastenträgerbrücken

Die horizontalen Umlenkkräfte der Spannglieder infolge der Balkenkrümmung $1/r$ stehen im Gleichgewicht mit den Umlenkkräften der erzeugten Längsdruckspannungen im Beton. Sie können jedoch im Steg Querbiegung erzeugen, weil $u_{H,p}$ als Linienlast angreift, während $u_{H,c}$ die Umlenkkraft im Beton aus σ_x über die Steghöhe verteilt wirkt. Man muß ferner die Spannglieder in Bezug auf die Krümmung außen im Steg verlegen, um im Steg quergerichtete Zugspannungen außerhalb des Spanngliedes zu vermeiden (Bild 14.36). Bei starken Krümmungen kann Bewehrung zur Aufnahme dieser in der Stegdicke wirkenden Kräfte nötig werden.

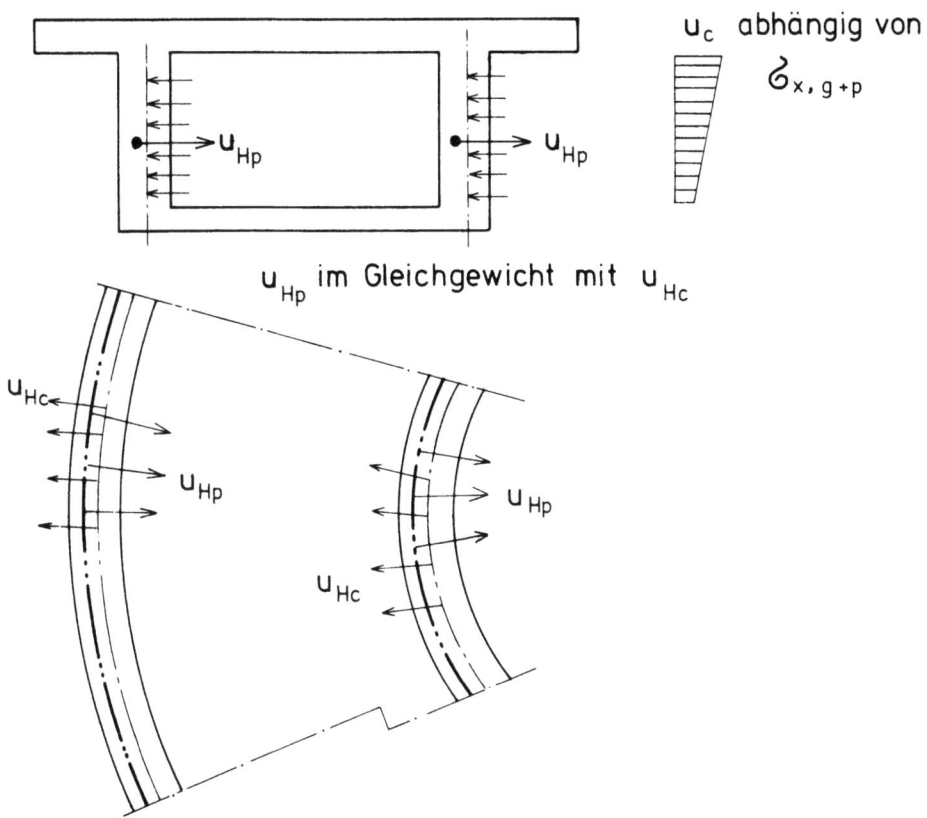

Bild 14.36 Die Stegkrümmung ergibt horizontale Umlenkkräfte $u_{H,p}$ der Spannglieder und $u_{H,c}$ des Längsdruckes σ_x im Beton

14.6.2 Schiefwinklige Kastenbrücken

In schiefwinkligen Kreuzungsbauwerken sollten die Kastenträger unbedingt mittig oder mit rechtwinklig zur Kastenachse angeordneten längs drehbaren Lagern aufgelagert werden. Würde man Lager schiefwinklig anordnen, dann würde das Lager an der stumpfwinkligen Ecke stets mehr Last erhalten als das andere, an dem sogar abhebende Kräfte auftreten können (Bild 14.37). Dabei ist es kaum möglich, die Auflagerkräfte richtig zu ermitteln, weil schon kleine Verformungen in, über oder unter den Lagern die Verteilung stark beeinflußen. Die Lager schiefer Brücken sind daher stets reichlich zu bemessen. Ist die Lagerung in der Kastenachse nicht möglich, dann ist es oft besser, nur ein Lager an der stumpfen Ecke anzuordnen und das spitzwinklige Ende auskragen zu lassen oder nur mit einem kleinen Gummilager zu unterstützen.

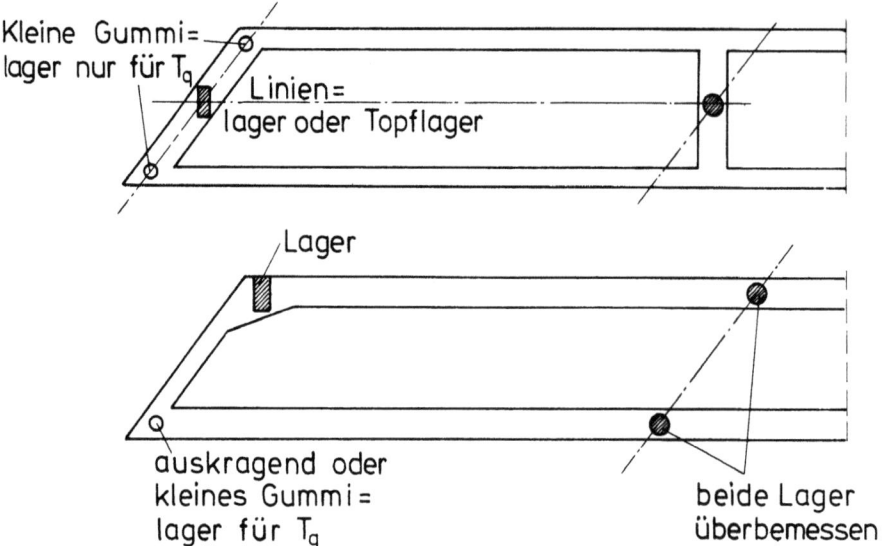

Bild 14.37 Lagerung schiefwinkliger Kastenbrücken

Zur Aufnahme von Torsion können nach dem Absetzen der Brücke auf das einzelne Hauptlager in der Mittelachse am Rand außen Gummilager eingebaut werden, die nur Torsion aus Verkehr oder ΔT abfangen und Verdrehungen verhindern, die evtl. am Fahrbahnübergang Schaden anrichten könnten.

Auch bei Durchlaufträgern gibt das mittige Einzellager die klarsten Verhältnisse. Es kann auch eine mittige oben und unten eingespannte Stütze sein. Will man jedoch jeden Steg in der schiefwinkligen Achse unterstützen, dann müssen die Lager oder Stützen überbemessen werden, um die Unsicherheiten in der Verteilung der Reaktionen abzudecken.

Die beste Lösung ist die in Bild 10.43 dargestellte mit genügend weit zurückgesetzten rechtwinkligen Widerlagern und mittigen Einzelstützen für Zwischenlager.

15. Arbeits- und Koppelfugen

Brücken sind heute meist lang und über mehrere Felder kontinuierlich. Dadurch sind Arbeitsfugen, in denen Spannglieder enden oder durchlaufen unvermeidbar. Bei mehreren Bauarten werden Spannglieder an Arbeitsfugen gespannt und verankert und im nächsten Bauabschnitt fortgesetzt, indem ein festes Anker an das gespannte Anker angekoppelt wird (Koppelfugen).

In beiden Fällen entstehen an den Fugen Verformungen durch die Einleitung der Ankerkräfte, die durch Kriechen des meist jungen Betons verstärkt werden. Schließt man den nächsten Bauabschnitt an, so können in der Fuge durch diese Verformungen leicht Risse entstehen, zudem die Zugfestigkeit des Betons über die Fuge hinweg nicht vollwertig wird. An den Fugen müssen auch die möglichen Temperaturunterschiede beachtet werden, die vor allem durch Hydratationswärme des jungen Betons gegenüber dem älteren Beton des vorhergehenden Abschnittes entstehen. An Arbeitsfugen müssen daher besondere Maßnahmen getroffen werden:

15.1 Maßnahmen gegen Temperaturrisse

Die mögliche Temperaturdifferenz zwischen altem und neuem Beton an Arbeitsfugen muß solange so klein wie möglich gehalten werden, bis der neue Beton genügend Festigkeit hat, um die vorgesehene Bewehrung oder Vorspannung wirksam werden zu lassen. Solange die Festigkeit niedrig ist, kann die in Vorschriften wie DIN 4227 vorgesehene Bewehrung parallel zu den Fugen wegen noch fehlender Verbundgüte grobe Risse nicht vermeiden. Daher muß man den alten Beton im Sommer warm halten oder im Winter auf eine Tiefe von 1 bis 2 m von der Fuge weg auf $T = 15°$ bis $25°C$ anwärmen und für den neuen Beton eine niedrige Frischbetontemperatur und Zement mit niedriger Wärmeentwicklung wählen, damit die Temperatur im neuen Abschnitt durch die Hydratationswärme nicht zu hoch ansteigt. Auch der neue Beton muß wärmegedämmt sein. Solche Maßnahmen sind besonders nötig, wenn die Bauteile dicker als etwa 0,3 m sind (Bild 15.1). Geht man so vor, dann braucht parallel zur Fuge keine Zusatzbewehrung eingebaut werden, zudem die Stegschubbewehrung bei richtiger Bemessung etwaige Risse genügend fein hält.

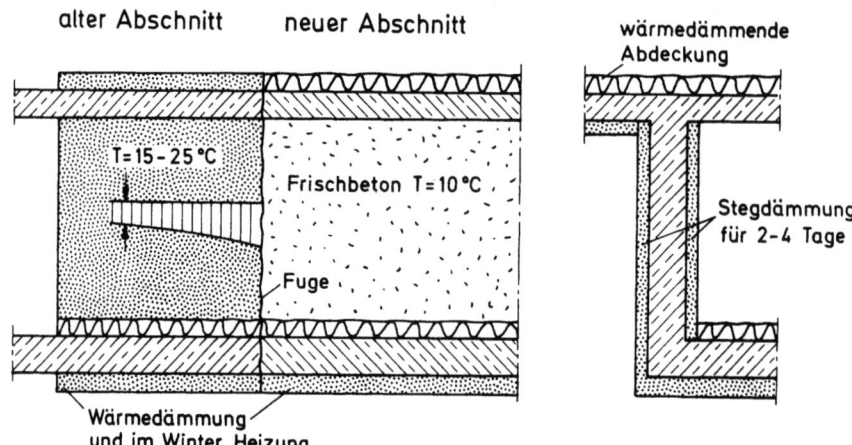

Bild 15.1 Wärmedämmung an Fugen zur Verminderung der ΔT infolge der Hydratationswärme

15.2 Maßnahmen an Fugenankern

Die Ankerkraft des Spanngliedes verformt die Scheibe und damit den Fugenrand. Der neue Beton schließt an die verformte Scheibe an und wird durch Vorspannung mit rechn. $\sigma_{c(p+g)}$ angepreßt (Bild 15.2).

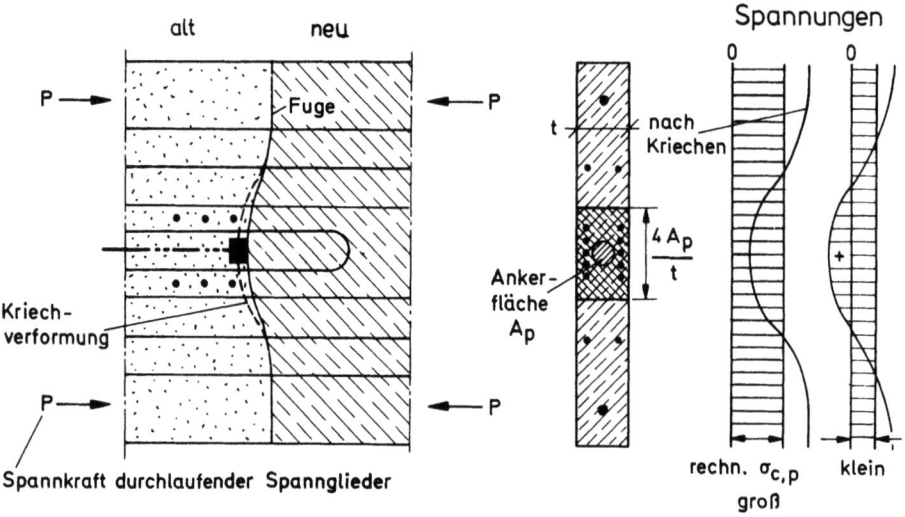

Bild 15.2 Arbeitsfuge mit Endverankerung eines Spanngliedes. Zone der Rückhängebewehrung für $t \leqq 2\,\emptyset$ von A_p. Spannungen in der Fuge durch Kriechen der Ankerzone.

Die Kriechverformung hinter dem Anker verändert diese $\sigma_{c(p+g)}$-Druckspannungen abhängig vom Kriechmaß. Im Ankerbereich kann Zug entstehen, selbst wenn $\sigma_{c,(p+g)} \approx -3\,\text{N/mm}^2$ ist. Das Öffnen der Fuge am Anker muß durch Bewehrung behindert werden. Nach [0], Teil 2, Kapitel 3.3.7 kann die Zugkraft $Z_2 + Z_3 = 0,3\,P$ erreichen. Hiervon kann bei Vorspanndruck $\sigma_{c(p+g)}$ etwa $\Delta Z = 4\,A_p \frac{1}{3} \sigma_{c(p+g)}$ abgezogen werden (A_p = Ankerfläche des Spanngliedes, $\frac{1}{3}\sigma_c$ wurde geschätzt). Die Bewehrung ist einerseits für $Z = 0,3\,P - \Delta Z$ mit zul σ_s zu bemessen, wobei

15.2 Maßnahmen an Fugenankern

σ_s streng genommen von der möglichen Dehnung in der Fuge abhängt und zwischen 150 und 240 N/mm² liegen mag. Wichtiger ist die Bemessung für Beschränkung der Rißbreite bei Zwang, wobei μ_z auf eine Fläche $A_c \approx 4 A_p$ zu beziehen ist. Nach Falkner-Diagramm (Bild 11.7) ist für $\emptyset$ 10 mm und $w_{95} = 0,2$ mm $\mu_z = 0,85$ % zu wählen. Diese Bewehrung ist auf die genannte Fläche von $4 A_p$ rund um den Anker, die Fuge rechtwinklig kreuzend, zu verteilen und mit etwa $4 \sqrt{A_p} + a_0$ Länge von der Fuge weg zu verankern.

Natürlich hängt die mögliche Zugspannung oder Rißbildung auch vom Abstand der Spanngliedanker und vom Verhältnis der ankerfreien Scheibenfläche zur Fläche der Ankerbereiche ab. Der Ingenieur muß die voraussichtlichen Verformungen abschätzen und seine Fugenbewehrung danach wählen.

Bei der im Ausland üblichen "Segmentbauweise" aus vorgefertigten Trägersegmenten ist eine an den Fugen durchgehende Längsbewehrung nicht möglich. Man muß die Fuge stark überdrücken, wird aber bei großem Ankerabstand ein örtliches Öffnen der Fuge nicht zuverlässig vermeiden können.

15.3 Maßnahmen an Koppelfugen

An Koppelfugen sind die Spannungsverhältnisse fast umgekehrt wie an Ankerfugen. Die Ankerkräfte der für die Koppelung vorgesehenen Spannglieder verformen die Steg- oder Gurtscheibe am Fugenrand. Die Verformung wird durch Kriechen vergrößert. Der neue Abschnitt wird an den verformten Querschnitt anbetoniert. Der neue Beton erhärtet. Danach werden die gekoppelten Spannglieder gespannt, wodurch die Ankerkraft im alten Beton örtlich von den Ankern weggenommen wird. Der elastische Teil der Scheibenverformungen des alten Abschnittes wird dadurch im Koppelankerbereich zum Teil rückgängig gemacht. Dadurch muß im Ankerbereich eine erhöhte Druckspannung und aus Gleichgewichtsgründen in den Querschnittsteilen außerhalb der Ankerbereiche eine verminderte Druckspannung entstehen. Bild 15.3 erläutert diese Vorgänge.

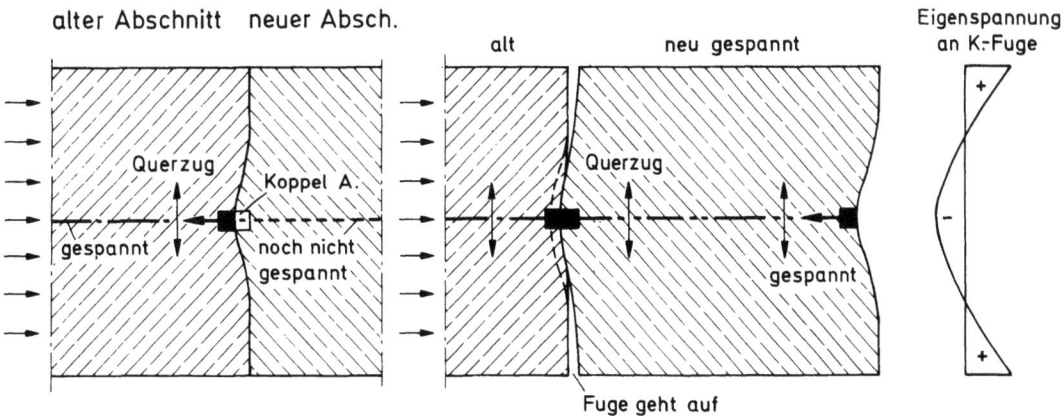

Bild 15.3 Verformungsvorgänge an Koppelfugen durch Spannen des gekoppelten Spanngliedes im neuen Abschnitt. Verlauf der Eigenspannungen

Bild 15.4 zeigt ein mit FE durchgerechnetes Beispiel eines Kastenträgers, dessen Hauptträger-Spannglieder im Momenten-Nullpunkt nur im Steg gekoppelt wurden.

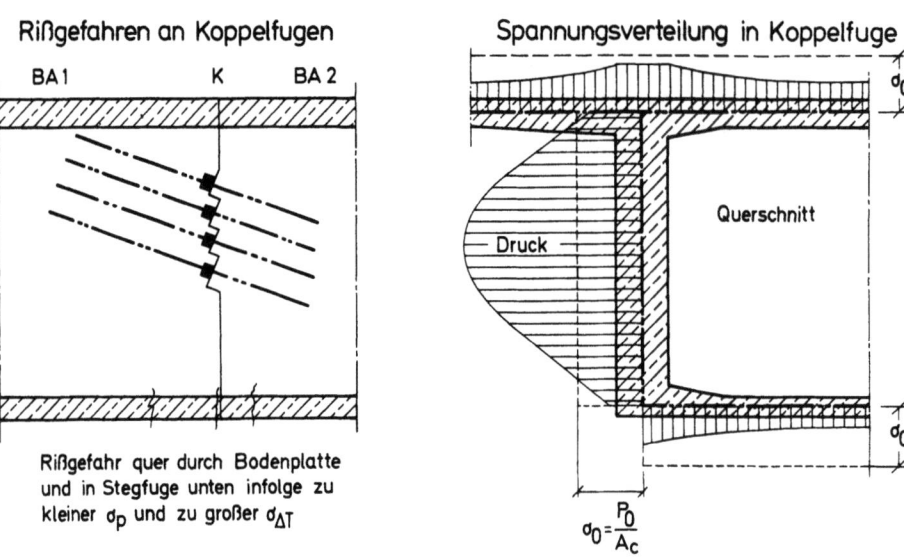

Bild 15.4 Eigenspannungen in einer Koppelfuge, Koppelanker im Steg konzentriert. Stark erhöhter Druck im Ankerbereich, Verminderung der Druckspannungen und Rißgefahr nur in den von den Ankern entfernten Bereichen der Gurtplatten. M = 0 angenommen.

Die Stabstatik ergibt mit linearer Biegetheorie die gestrichelte geradlinige σ_0-Verteilung. Dieser überlagern sich Scheibenspannungen aus den örtlichen Krafteinleitungen (Eigenspannungszustand), die zur Folge haben, daß die für die Bodenplatte gerechneten Druckspannungen fast verschwinden, während die Spannungen im Steg rund um die Anker bis zu 2,5-fach größer werden, als die σ_0 der Biegetheorie. Kriechen kann die hohen Spannungen mildern. Bei der Boden- und Deckplatte kann jedoch durch unterschiedliches Schwinden und durch ΔT gegenüber dem dickeren Steg noch ein weiterer Spannungsabfall von + 2 bis 3 N/mm^2 eintreten, so daß die Fuge dort aufgeht oder die dünne Bodenplatte neben der Fuge reißt. Beides wurde an mehreren Brücken beobachtet (vgl. W. Baur und B. Göhler in [54] und H. Pfohl in [65]).

Um schädliche Risse an Koppelfugen zu vermeiden, sind deshalb folgende Maßnahmen nötig:

1. Bei Plattenbalken sind die Spanngliedanker möglichst nicht auf die Stegmitte zu konzentrieren, sondern über die ganze Steghöhe zu verteilen (Bild 15.5).

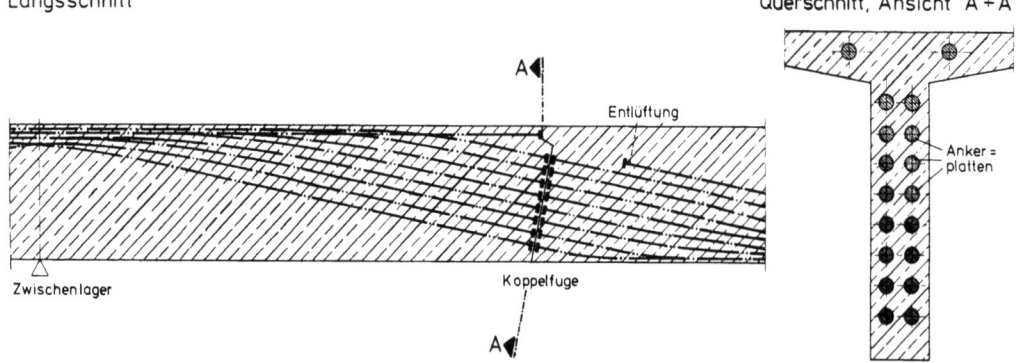

Bild 15.5 Verteilung der Koppelanker über die ganze Steghöhe eines Plattenbalkens

15.3 Maßnahmen an Koppelfugen

Bei Kastenträgern können die Spannglieder teilweise nahe an den Gurten, teilweise nahe Stegmitte gekoppelt werden, so daß ein Teil der erhöhten Druckspannungen in die Gurtplatten ausstrahlt (Bild 15.6).

Noch besser ist es, wenn kleinere Spannglieder über die Gurtplatte verteilt verlegt und die Hauptspannglieder im Steg gut verteilt werden. Diese Anordnung ist beim Taktschiebeverfahren üblich (Bild 15.7).

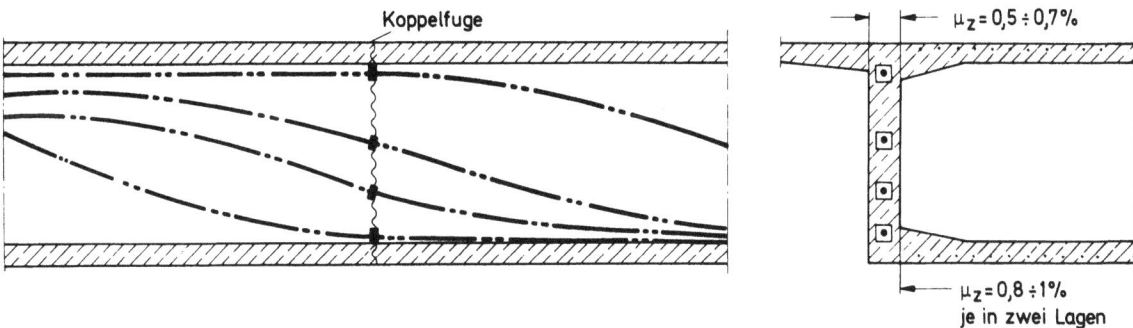

Bild 15.6 Verteilung der HT-Spannglieder eines Kastenträgers über die ganze Steghöhe

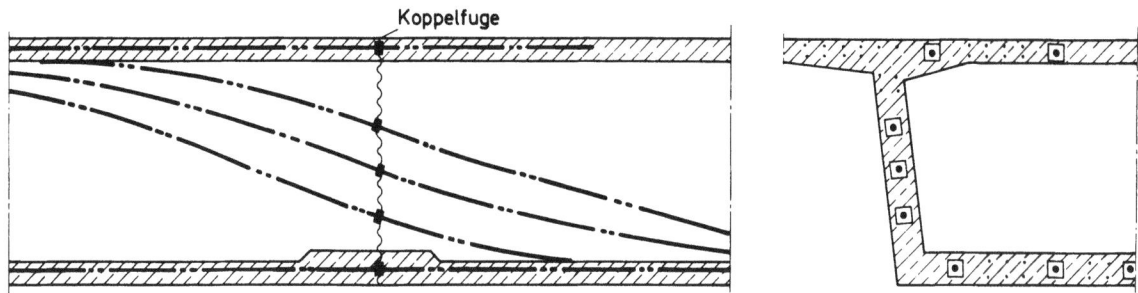

Bild 15.7 Beim Taktschiebeverfahren liegen Spannglieder in den Gurtplatten und Stegen, also über den ganzen Querschnitt verteilt, so daß nur in kleinen Bereichen Zulagebewehrung der Koppelfuge nötig wird, vorwiegend in den Kragplatten

2. Die Querschnittsteile, die mehr als $3\sqrt{A_p}$ von der Achse der Ankerstelle entfernt liegen und aus $(g + p_{\infty})$ weniger als etwa 4 N/mm^2 Druckspannung (nach Biegetheorie) aufweisen, müssen über die Fuge hinweg nach Regeln der Rißbreitenbeschränkung reichlich bewehrt werden.

In Fahrbahnplatten und Stegen genügen dabei $\mu_z = 0,5$ bis $0,7$ % bei Stababständen von 100 bis 150 mm. In dünnen Bodenplatten (< 240 mm) sind $0,8$ bis 1 % angezeigt, ebenfalls mit $e = 100$ bis 150 mm. Die Bewehrungen sind jeweils nahe an beiden Außenflächen mit 30 bis 40 mm Betondeckung zu verlegen.

In dickeren Bauteilen ist die erforderliche Bewehrungsmenge auf die Wirkungszone nach [0], Teil 4, Bild 2.13 zu beziehen, dann aber mit Werten $\mu_{zw} = 1$ % bis $1,5$ % zu bemessen und zwar wieder für beide Außenflächen-Zonen.

Diese Bewehrungen sind beidseitig der Fuge mindestens so lang zu machen, wie der Abstand vom nächsten Koppelanker + Ankerlänge a_o (Bild 15.8). Natürlich ist die normale Längsbewehrung der Stege und Platten anrechenbar. Hat man dort 200 mm Stababstand, dann wird man an Koppelfugen je 1 Stab dazwischen legen.

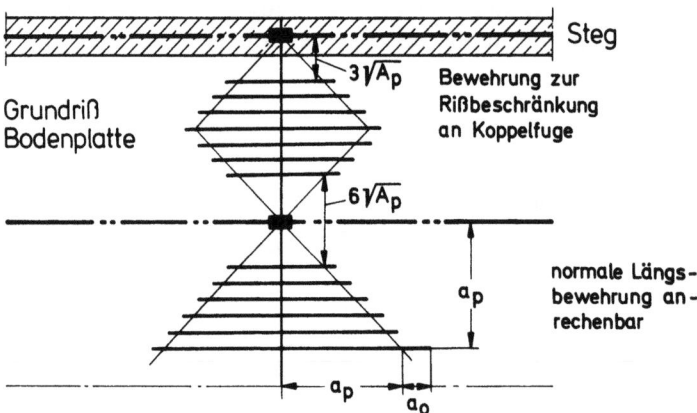

Bild 15.8 Zur Lage und Länge der Zulagebewehrung in Koppelfugen

3. Die Spannungshügel an Ankerstellen verursachen natürlich Querzug in den Scheiben, der durch geeignete Bewehrung oder Quervorspannung aufzunehmen ist.

Sind diese Bewehrungen mit kleinen Stababständen eingebaut, dann kann sich die Koppelfuge nicht weiter öffnen als das zugehörige w_{95} von etwa 0,2 mm. Damit wird auch verhütet, daß Koppelanker unter Verkehr stark beansprucht werden. Ein Dauerfestigkeitsnachweis der Anker kann entfallen, wenn diese Maßnahmen eingehalten sind.

Spielt ΔT zwischen Ober- und Untergurt eine wesentliche Rolle an der Koppelfuge, dann muß die dichte Bewehrung in Gurtplatten, die Zug erhalten können, über den Fugenbereich hinaus so weit geführt werden, bis der Gurt auch bei max $\Delta T + q$ nur noch Druck aufweisen kann.

16. Brückenlager

Vorbemerkung

In Kapitel 10 wurden die Stützungsarten der Brücken und die dabei an Brückenlager zu stellenden Anforderungen behandelt. Hier werden die verschiedenen üblichen Arten der Brückenlager gezeigt.

In der Regel sind Lager zu wählen, die eine Zulassung des Institutes für Bautechnik, Berlin, haben; im Zulassungsbescheid sind die Werkstoffgüten, Bemessungsregeln, konstruktive Bedingungen und Einbaurichtlinien festgelegt. Eine ausführliche Darstellung der Lager und der Lagerprobleme ist in [66] zu finden.

16.1 Anforderungen an Lager

Brückenlager müssen die senkrechten Auflagerkräfte des Überbaues in der Regel "zentrieren", d.h. die Kräfte so bündeln, daß ihre Wirkungslinie für die Beanspruchung des Unterbaues bestimmt ist. Eine absolute Zentrierung auf eine Linie oder einen Punkt gelingt in der Regel nicht, deshalb müssen bei jeder Lagerart die möglichen Ausmittigkeiten beachtet werden. Die Zentrierung dient auch der Gelenkbildung, die eine Lagerverdrehung erlaubt, damit sich der Überbau zwangsfrei durchbiegen und der Drehwinkel der Biegelinie sich am Auflager einstellen kann. Ein Liniengelenk erlaubt Drehwinkel in nur einer Drehrichtung, Punktgelenke erlauben Drehwinkel in jeder Richtung, entsprechend den Durchbiegungen der Hauptträger und der Auflagerquerträger oder einer variablen Plattendurchbiegung.

Feste Lager müssen außer den vertikalen Lasten auch Horizontalkräfte aufnehmen, die sich zusammensetzen aus Bremskräften, Windkräften, Reibung beweglicher Lager oder Widerstand elastisch verformbarer Stützen, Widerstand in Bewegungsfugen, Fahrbahnübergängen und - bei Erdbeben - Massenbeschleunigungskräfte. Diese Horizontalkräfte sollte man stets reichlich annehmen. Sie bedingen eine Verankerung oder Verdübelung der Lagerkörper im Über- und Unterbau.

Bewegliche Lager müssen Längenänderungen der Unterbauten erlauben, die von Temperaturänderung ΔT, von Schwinden und Kriechen des Betons, von Verkürzung der Überbauten durch Vorspannkräfte und von Durchbiegungen ($-\Delta l$ in Schwerachse, aber $+\Delta l$ in Auflagerhöhe (Bild 16.1) herrühren. Bei beweglichen Lagern auf Pfeilern oder Widerlagern können sich auch Längsbewegungen durch ungleiche Setzung innerhalb des Fundamentes ergeben. Auch in Querrichtung sind Pfeilerkopfverschiebungen möglich. Bei hohen Pfeilern sollte man die Kopfbewegungen durch Anschlagleisten an den beweglichen Lagern begrenzen und damit Rückstellkräfte wecken, die die Bodenpressung im Fundament verändern und damit die ungleiche Setzung beenden können (Bild 16.2).

16. Brückenlager

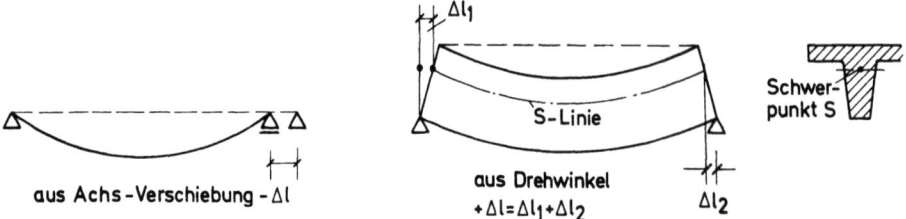

Bild 16.1 Einfluß der Biegelinie des HT auf erf. Lagerwege

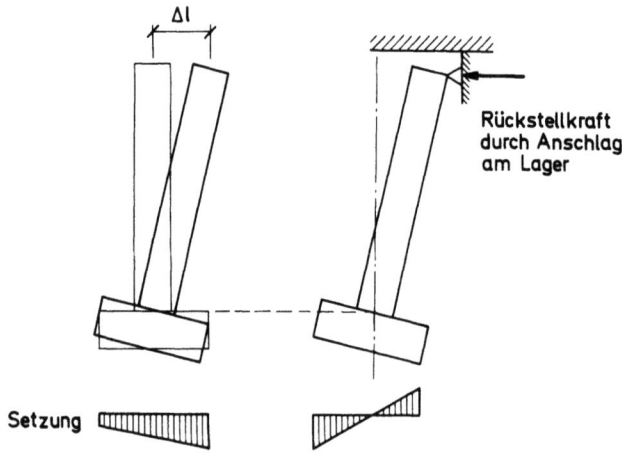

Bild 16.2 Einfluß von Drehbewegungen (längs oder quer) der Widerlager oder Pfeiler durch ungleiche Setzung der Fundamente auf erf. Lagerwege. Anschlag kann ungleiche Setzung beenden.

Die Bewegungswege sind mit reichlichen Annahmen zu rechnen, besonders ΔT wurde in früheren Jahren unterschätzt; man sollte wenigstens $\Delta T = \pm 30\,K$ annehmen, wenn von einer Aufstelltemperatur $T = +10\,°C$ ausgegangen wird (Fahrbahnplatten können im Mittel $40° - 50°C$ im Sommer und $-20°C$ im Winter in Deutschland aufweisen!) Errechnete Bewegungswege sind außerdem mit einem Sicherheitsfaktor $\nu_{\Delta \ell} = 1,3$ zu belegen.

Je nach dem Ort des Lagers in Bezug auf den Überbau muß die Bewegungsrichtung auf eine Richtung beschränkt werden (einseitig beweglich). Bei breiten Überbauten braucht man allseitig bewegliche Lager.

Bewegliche Lager sind am Unter- und Überbau so zu verankern, daß die Reibungskräfte oder andere Bewegungswiderstände mit reichlicher Sicherheit aufgenommen werden.

Lagerflächen müssen in der Regel horizontal sein, damit nicht schon durch Lasten horizontale Komponenten entstehen. Ausnahmen sind Lager von Bogen und Rahmen.

16.2 Lagerarten

16.2.1 Betongelenke

Die einfachste und billigste Art eines zentrierenden, drehbaren Lagers (Linien- oder Punktlager) ist das Betongelenk, dessen Bemessung und Bewehrung in [0], Teil 2, Kap. 4 behandelt ist (Bild 16.3). Betongelenke wurden wiederholt bei sehr großen Brücken für Auflagerkräfte bis über 10 MN angewandt (Seine-Brücke Tancarville, Eisenbahnbrücke Hardtturmviadukt, Schweiz).

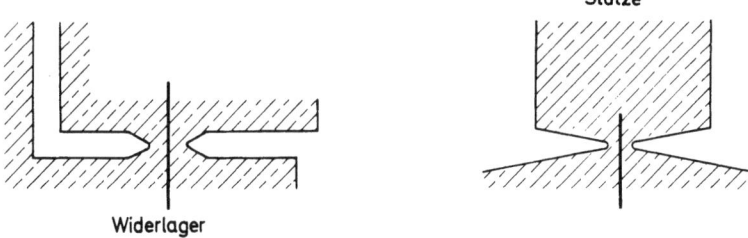

Bild 16.3 Betongelenk als festes, drehbares Linienlager

Bei Stützen, auch bei Pendelstützen können durch Betongelenk-Linienlager auch beachtliche Quermomente übertragen werden, was für torsionssteife Lagerung von Kastenträgern genützt werden kann (vgl. nochmals [0], Teil 2, Kap. 4).

16.2.2 Stahllager

Mit Stahl lassen sich alle Anforderungen an Brückenlager einwandfrei erfüllen:

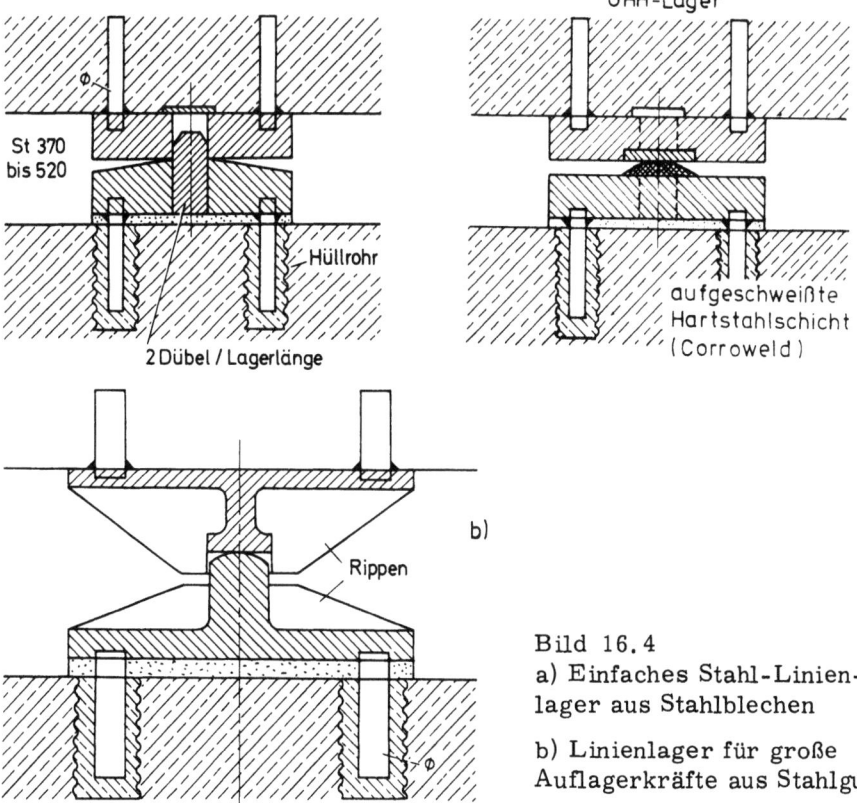

Bild 16.4
a) Einfaches Stahl-Linienlager aus Stahlblechen

b) Linienlager für große Auflagerkräfte aus Stahlguß

Feste Linienlager sind in Bild 16.4 dargestellt. Sie können aus dicken Stahlblechen hergestellt werden. Der Wulst des Linienlagers wird heute meist mit Hartstahl aufgeschweißt (Corroweld). Für große Auflagerkräfte eignet sich Stahlguß mit Aussteifungsrippen. Die Ankerbolzen aus Rundstahl sind in Bohrungen in die Lagerplatten einzulassen und anzuschweißen.

Feste Punktkipplager bedingen das Anarbeiten einer Kugelfläche, was teuer ist. Sie werden heute fast nicht mehr aus Stahl gemacht, weil Gummitopflager viel billiger sind und große Lasten besser zentrieren.

Neuerdings werden Kalottenlager mit kongruenten Kugelflächen (positiv und negativ) hergestellt, bei denen eine Teflonfolie als Gleitmittel die gegenseitige Verdrehung der Lagerteile in den Kugelflächen erlaubt (Bild 16.5). Die Kugelflächen sind mit Hartchrom beschichtet, um den Reibungswert niedrig zu halten. Sie ergeben allseitige Drehbarkeit und damit eine Zentrierung, die theoretisch der Punktlagerung entspricht. Man muß dabei jedoch beachten, daß im allgemeinen der Drehpunkt der Brücke nicht mit dem Kugelmittelpunkt der Gleitflächen zusammenfällt, so daß kinematisch eine zweite Gleitfläche nötig wird oder Zwänge entstehen, die den Grad der Zentrierung beeinträchtigen. Die Kalottenlager erhalten daher in der Regel eine horizontale Gleitfläche über dem oberen Stahlkörper, wie sie bei Neotopf-Gleitlagern in 16.2.5 beschrieben wird. Die Exzentrizität e ist dann vom Kugelradius r_K und den Reibungsbeiwerten der Gleitflächen u_K und u_H abhängig mit

$$e = r_K \left(u_K + u_H \right)$$

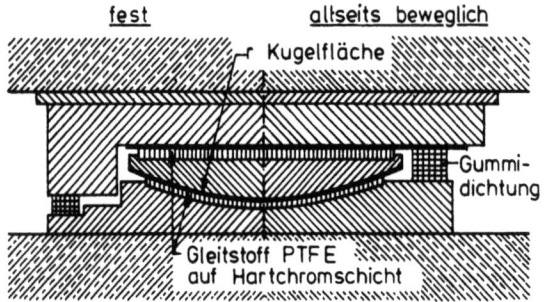

Bild 16.5 Kalottenlager mit Teflon-Gleitfolie mit allseitig drehbarer Kugelfläche

Bewegliche Linienlager = Rollenlager sind in Bild 16.6 a dargestellt. Sie erlauben Dreh- und Längsbewegung nur in einer Richtung. Sie sind gegen ausmittige Beanspruchung quer zur Rollenachse (z.B. infolge Durchbiegung des Auflagerquerträgers oder Torsion am Auflager) sehr empfindlich und sollen deshalb nicht zu lang gemacht werden. Für H-Kräfte quer zur Rolle werden Führungsleisten angeordnet, die in die Rolle eingreifen und in die Lagerplatten eingelassen sind.

Die Rolle kann kleiner werden, wenn die zul. Hertz'sche Pressung der Lagerplatten durch eine aufgeschweißte Corroweld-Hartstahlschicht erhöht wird (Zulassung beachten).

Lager mit mehreren Rollen kommen nur noch selten vor, weil sie ein Linienkipplager über den Rollen erfordern, damit die Rollen etwa gleichmäßig beansprucht werden (Bild 16.6 b).

Der Bewegungswiderstand (fälschlich auch Reibungswert genannt) ist mit 1 bis 2 % der Auflagerkraft anzusetzen, er kann bei angerosteten, alten Rollenlagern wesentlich höher liegen. Er ist umso kleiner, je größer der Rollendurchmesser und je kleiner die Hertzpressung ist.

16.2 Lagerarten

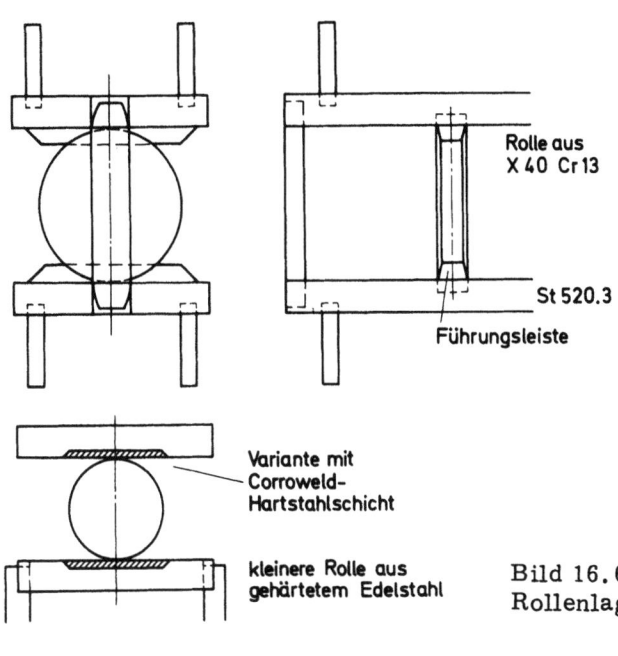

Bild 16.6 a Einfaches Stahl-Rollenlager

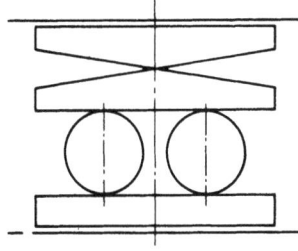

Bild 16.6 b Doppel-Rollenlager mit Linienkipplager (nicht empfohlen)

16.2.3 Elastomer-Schicht-Lager

Elastomer ist ein Sammelbegriff für gummiartige Werkstoffe. Für Brückenlager können nur alterungsbeständige Elastomere verwendet werden, wie z.B. der unter der Firmenbezeichnung "Neoprene" bekannte Kunstgummi, dessen chemische Bezeichnung "Poly-2-Chlorbutadien" ist. Dieses Elastomer hat die günstige Eigenschaft, daß sein "Schubmodul" G am Anfang der Schubverformung bis zu einem Schubwinkel $\varphi \approx 0,7$ niedrig ist (Bild 16.7), z.B. nur $G = 100 \text{ N/mm}^2$ bei Elastomer mit einer Shore-A-Härte von $60° \pm 5°$. Bei größerer Schubverformung nimmt G steil zu, d.h. die Schubverformung wird begrenzt. Bei Kälte wächst G ab T = -20 °C stark an und wird bei -30 °C etwa doppelt so groß wie bei normaler Temperatur.

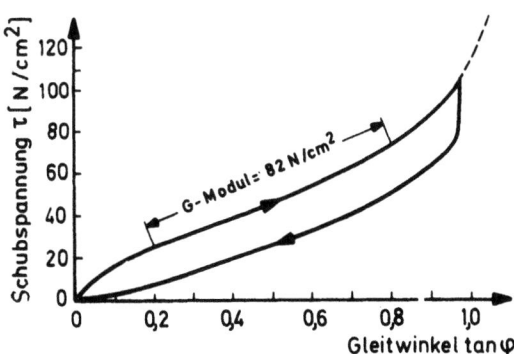

Bild 16.7 Diagramm: Schubkraft H zu Schubwinkel φ für Gummi, Schubmodul $G = H/ab\varphi$, wächst von $\varphi = 0,7$ ab stark an; aufgetragen mit Schubspannung $\tau = H/ab$

Die Schubverformbarkeit erlaubt Horizontalverschiebungen, die von der Dicke der Lagerplatte abhängig sind. Sie erlaubt aber auch Drehbewegungen mit einem gewissen Drehwiderstand. Das Elastomer wird dabei durch Schubverformung am stärker gedrückten Rand herausgewölbt (Bild 16.8). Der zulässige Drehwinkel α wird damit von a und t abhängig. In den Zulassungen ist zul α angegeben.

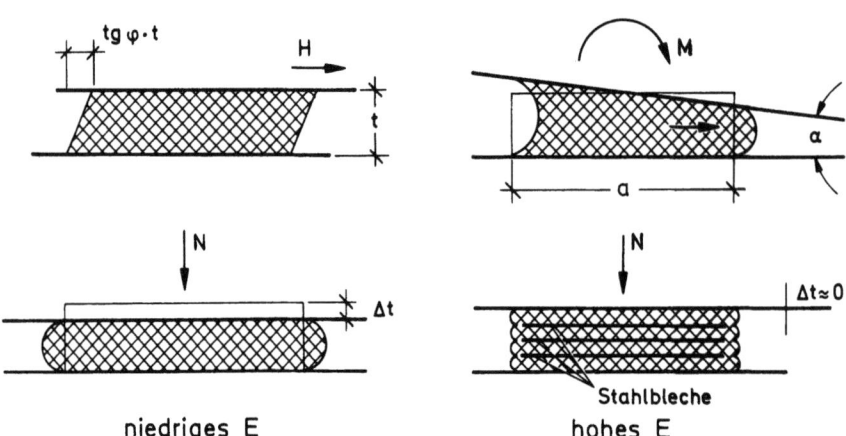

Bild 16.8 Verformungsverhalten von Elastomereplatten bei Beanspruchung durch H, M und N

Die unbewehrte dicke Elastomer-Platte gibt durch Schubverformung bzw. Querdehnung nach, d.h. sie drückt sich zusammen (Bild 16.8). Dies ist für Brücken nur beschränkt zulässig. Deshalb verhindert man die Querdehnung durch einvulkanisierte Stahlbleche und Beschränkung der Schichtdicke auf 5 bis 8 mm. Die Stahlbleche verändern die horizontale Beweglichkeit und die Verdrehbarkeit praktisch nicht. Sie machen die Lager jedoch vertikal sehr steif, fast inkompressibel, so daß bei veränderlicher Vertikallast keine Vertikalverformung zu beachten ist.

Die so entwickelten "Gummischichtlager" [62] werden heute "bewehrte Elastomerlager" genannt. Sie sind bis 1,8 MN zugelassen, können aber auch für größere Auflagerkräfte bis 12 MN hergestellt werden. Sie werden mit bis zu 7 Schichten von je t = 5 bis 8 mm Dicke hergestellt, wobei die Blechdicke 2 bis 4 mm (St 520) beträgt. Die Zugkräfte im Blech sind beachtlich groß. Die zulässige Lagerpressung auf Beton ≧ B 35 beträgt 10 bis 15 N/mm^2, je nach Lagergröße. In Bild 16.9 sind allseitig bewegliche Lager mit und ohne Verankerung gezeigt. Die Verankerung wird nötig, wenn die Lagerpressung p < 3 N/mm^2 werden kann. Verankerung ist in der Regel zu empfehlen. Sie wird dadurch erreicht, daß oben und unten ein dickeres, manchmal sogar profiliertes Stahlblech anvulkanisiert wird, das Ankerbolzen aufweist.

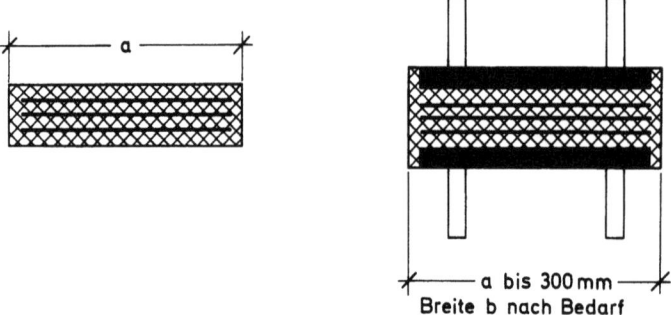

Bild 16.9 Gummi-Schichtlager mit einvulkanisierten Stahlblechen = bewehrte Elastomerlager, rechts mit Stahlplatten zur Verankerung

16.2 Lagerarten

Das Verhältnis der Länge des Lagers a (x-Richtung der Brücke) zur Breite b (y-Querträgerrichtung) hängt von der verfügbaren Breite unter dem HT und von den erforderlichen Drehwinkeln α ab. In der Regel wird man die verfügbare Breite b ausnützen und a so klein wie möglich machen, weil der Drehwiderstand, Rückstellmoment genannt, mit a^5 zunimmt:

$$M_R = \frac{\alpha}{n} \cdot \frac{a^5 \cdot b}{75\, t^3} \cdot G$$

mit α = Drehwinkel, n = Zahl der Elastomerschichten. Die Dicke n·t mit t = Schichtdicke hängt vom erforderlichen Verschiebeweg Δℓ ab, wobei

$$\text{zul } \Delta\ell = 0,7 \cdot n \cdot t$$

ist.

Allseitig feste, aber drehbare Lager entstehen dadurch, daß die obere und untere Stahlplatte je an den Schmalseiten (y-Richtung) übersteht und dort unten eine kräftige Knagge angeschweißt wird, die oben mit einem Dorn in ein Loch eingreift (Bild 16.10).

Längs bewegliche, quer feste drehbare Lager erhalten oben ein Langloch, in dem sich der Dorn längs bewegen kann. Bei geringer Lagerdicke genügen kräftige Dorne ohne Knagge (Bild 16.10).

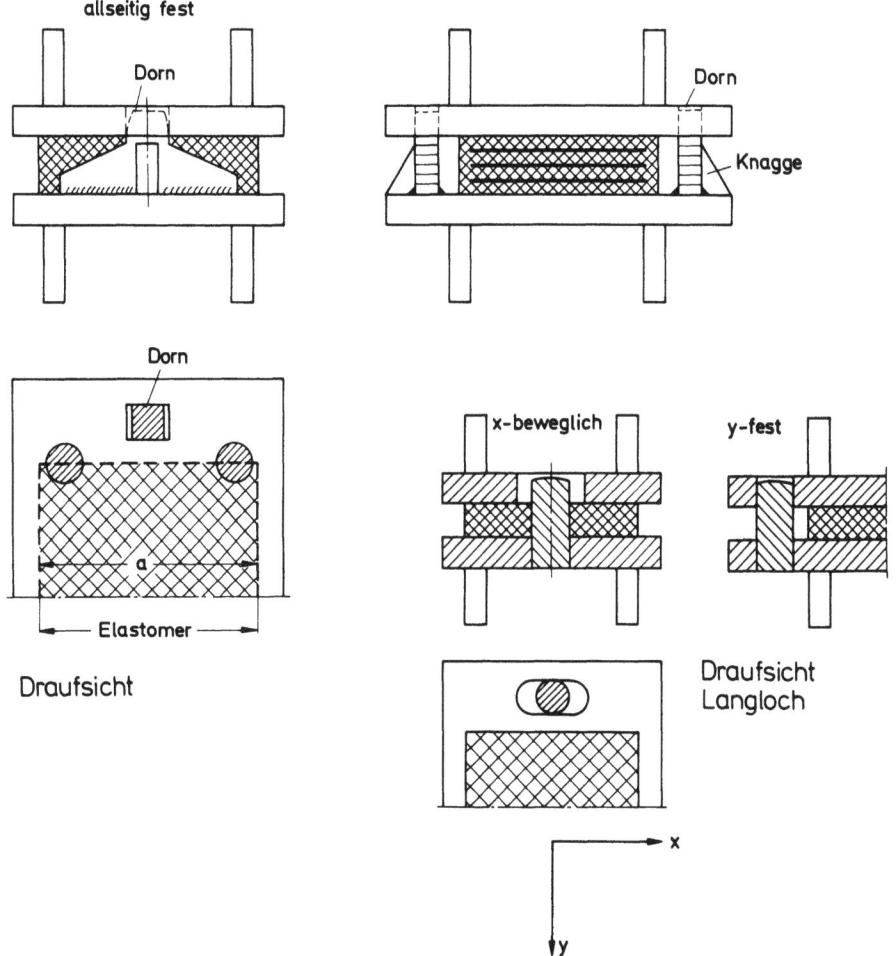

Bild 16.10 Gummischichtlager mit überstehenden Stahlplatten zur Begrenzung der Bewegung mit Dornen, z.B. in x-Richtung beweglich, in y-Richtung fest

16.2.4 Feste Neotopf-Lager

Ursprünglich nannte der Verfasser diese Lager Gummitopflager, was zur englischen Bezeichnung "rubber pot bearing" führte. Der Hersteller nennt sie Neotopflager (Neoprene-Topflager). Weiches Elastomer (etwa 50° Shore A Härte, Schubmodul G = 80 N/mm^2) wirkt in einem flachen stählernen "Topf" (Kreis- oder Rechteckgrundriß) unter hohem Druck wie eine zähe Flüssigkeit in einer hydraulischen Presse. Die den Topf schließende Deckelplatte, entsprechend dem Kolben der Presse, muß am Rand tadellos gegen die Zylinderwand gedichtet sein (Bild 16.11). Das Elastomer ist inkompressibel und kann sich seitlich nicht dehnen, das Lager ist daher in der Druckrichtung unnachgiebig. Das Elastomer übt auf Boden und Deckel gleichförmigen Druck aus, auch wenn der Deckel verdreht wird. Der Drehwiderstand ist wegen des niedrigen Schubmoduls gering, d.h.

<u>das Neotopflager ist leicht drehbar bei gleichförmig bleibender Lagerpressung - es zentriert die Lasten besser als Kugelkappen oder andere komplizierte Lager.</u>

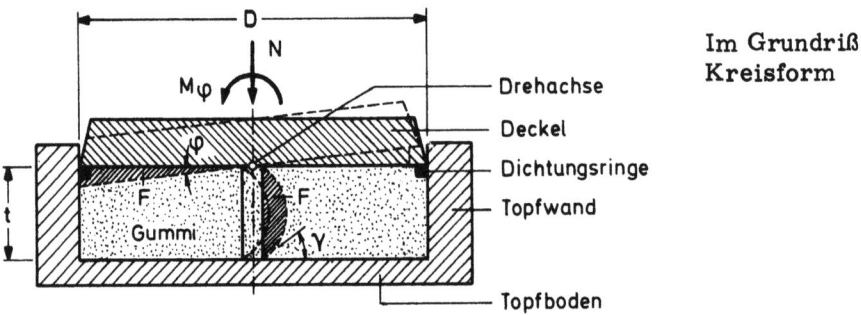

Im Grundriß Kreisform

Bild 16.11   Das Prinzip des Gummitopflagers (Neotopf..), allseitige Drehbarkeit durch Schubverformung der inkompressiblen Gummimasse im Topf

Der Drehwiderstand M_φ wird umso kleiner, je dicker die relative Dicke der Gummischicht t/D ist (Bild 16.12) [62]. Nach Versuchen betrug die Exzentrizität eines Lagers mit D = 350 mm Topfdurchmesser und φ = 0,01

bei D/t = 14   e =   11 mm = 0,03 D
bei D/t = 7   e = 2,6 mm = 0,007 D.

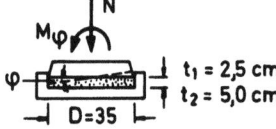

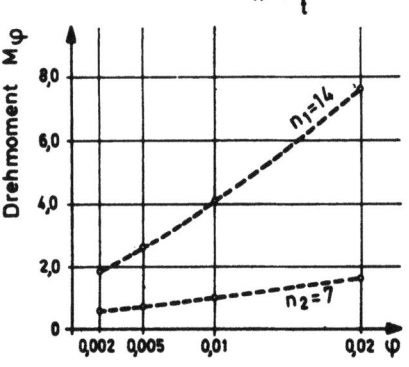

Bild 16.12   Zur Verdrehung um den Winkel φ nötiges Moment M_φ eines kreisrunden Topflagers für verschiedene relative Dicken n = D/t bei 60° Shore A Härte, nach Versuchen

16.2 Lagerarten

Die Dicke der Gummischicht wird durch den erforderlichen Drehwinkel φ und das gewünschte Maß der Zentrierung bestimmt.

Nach Zulassung vom 5. Oktober 1970 beträgt das Rückstellmoment

$$M_\varphi = 1{,}3\,(\alpha\,\mathrm{tg}\,\varphi + 0{,}005\,p)\,D^3 \qquad \text{mit folgenden } \alpha\text{-Werten}$$

D/t =	10	15	20
$\alpha\,[\mathrm{N/mm^2}]$	750	1700	5000

p = mittlere Elastomerepressung.

Die Pressung p darf nach Zulassung 30 N/mm² betragen, sie wurde in Versuchen schon bis 90 N/mm² gesteigert. p ist jedoch durch die Lagerpressung gegen den Beton und durch die Zuverlässigkeit der Dichtung begrenzt. Die Dichtung muß aus einer besonderen Messing-Legierung bestehen.

Die derzeitige konstruktive Gestalt eines Neotopflagers zeigt Bild 16.13. Das Lager ist bis N = 50 MN typisiert und hat dabei einen Außendurchmesser des Zylinders von ~ 2,0 m. Das größte kreisförmige Neotopflager der Welt (bis 1978!) zentriert gelenkig den Pylon der Donaubrücke Deggenau mit max N = 120 MN, Durchmesser 3,0 m, Gummi D = 2,5 m, t = 170 mm. Als Anker werden Schrauben verwendet, damit die Lager ausgewechselt oder nachgestellt werden können.

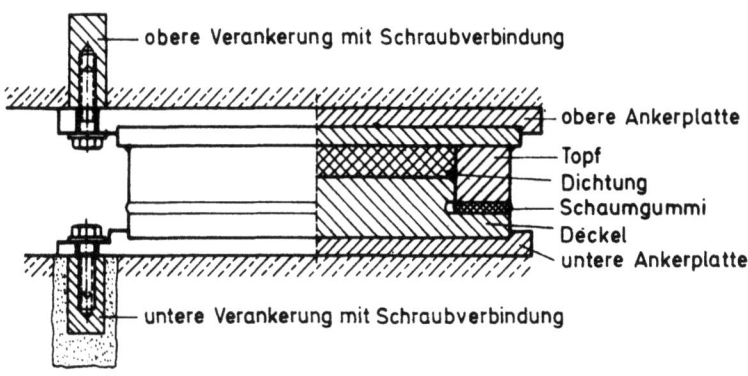

Bild 16.13 Heutige Form des Neotopflagers der GHH

16.2.5 Neotopf-Gleitlager

Neotopfgleitlager verdanken ihre Entstehung und rasche Verbreitung dem Kunststoff "Teflon" = Poly-Tetra-Fluor-Äthylen = PTFE, der bei hoher Pressung (über 30 N/mm²) und langsamer Gleitgeschwindigkeit (bis 2 mm/sec) auf glatten harten Gleitflächen (Hartchrom oder austenitisches Stahlblech mit maximaler Rauhtiefe nach DIN 4762 $R_t \leq 1\,\mu\mathrm{m}$, Oberflächenhärte $\geq 130\,\mathrm{HV}_1$) einen ungewöhnlich niedrigen Reibungsbeiwert von nur $\mu = 1\,\%$ im Versuch aufweist [62]. Bei den Lagern ist zur Sicherheit bei p = 20 N/mm² mit $\mu = 4\,\%$ und bei p = 30 N/mm² mit $\mu = 3\,\%$ zu rechnen. Die Gleitflächen werden außerdem mit Silikonfett geschmiert. Der Verschleiß des PTFE ist so gering, daß mit sehr langer Lebensdauer (40 bis 60 Jahre oder mehr) gerechnet werden kann.

Die Gleitfläche wird oben auf dem Neotopflager angeordnet, das mit dem Boden nach oben verlegt wird (Bild 16.14). Die hohe Pressung auf das PTFE wird dadurch erzielt, daß man nur einen Teil der Lagerfläche mit kleinen Teflon-Scheiben oder -Streifen belegt (Bild 16.15). Das glatte dünne Stahlblech liegt darüber und wird mit einem dicken Stahlblech, der

Gleitplatte, abgedeckt (Bild 16.16). Das Lager wird außen mit einem Kunststoffband staubdicht verschlossen.

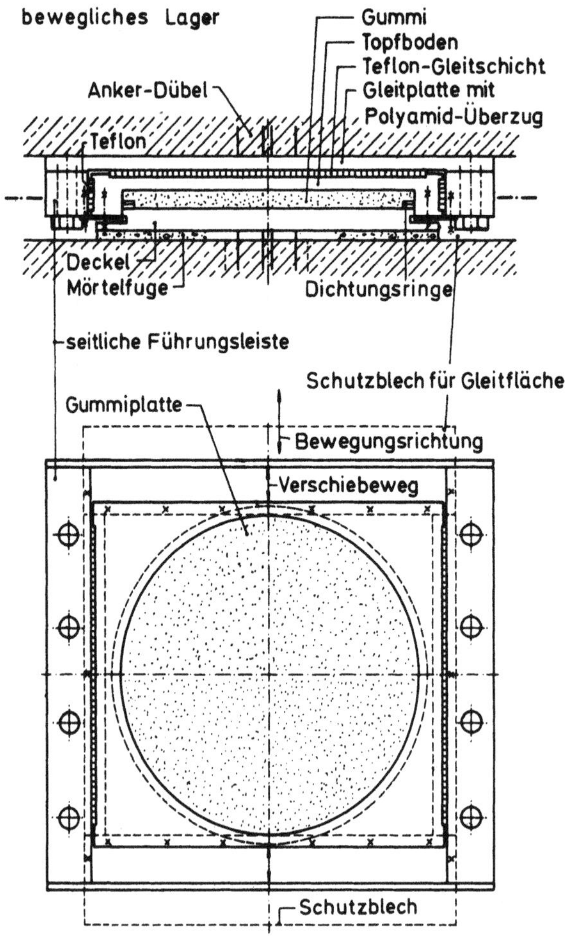

Bild 16.14 Neotopf-Gleitlager, nur längsbeweglich, Querbewegung durch seitliche Stahlleisten verhindert. Topfboden oben!

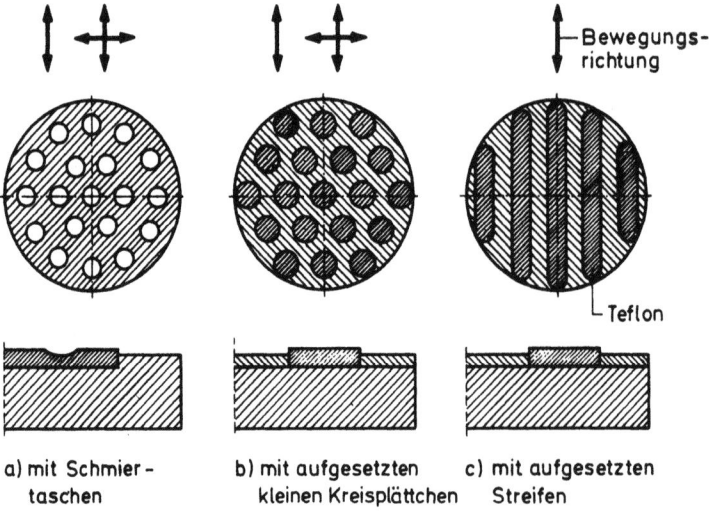

a) mit Schmiertaschen
b) mit aufgesetzten kleinen Kreisplättchen
c) mit aufgesetzten Streifen

Bild 16.15 Verschiedene Formen der kleinen Teflon-Gleitscheiben oben auf dem Topfboden

16.2 Lagerarten

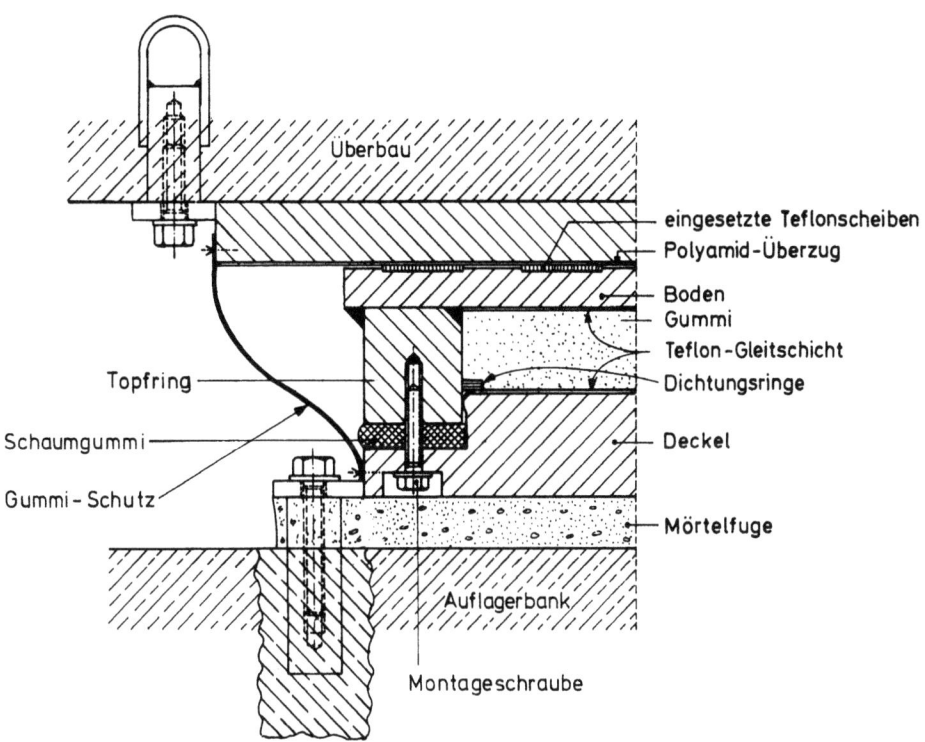

Bild 16.16 Detail des Neotopf-Gleitlagers nach GHH-Zulassung

Soll das Lager nur in einer Richtung beweglich sein, dann werden an der rechteckigen oberen Gleitplatte Führungsleisten mit Gleitflächen angebracht, an denen der ebenfalls mit Gleitflächen versehene Topfrand entlang gleitet (Bild 16.14). Die Lager sind mit Schrauben in einbetonierten Bolzen zu verankern.

Die Gleitwege sind beliebig groß. Die Drehbarkeit und gute Zentrierung des Topflagers und seine gleichförmige Pressung gegen die Gleitfläche gewährleisten eine gleichmäßige Beanspruchung der PTFE-Plättchen.

16.2.6 Andere Gleitlager

Man kann auch Stahlgelenklager, Kalottenlager oder Gummischichtlager mit Teflon-Gleitflächen versehen. Dabei ist meist die Pressung in der Gleitfläche nicht so gleichförmig wie bei Neotopflagern. Eine besondere Art der Teflongleitlager mit großflächigen Teflonplatten, mit Neoprene gepolstert, hat man für das Taktschiebeverfahren entwickelt. Für das Verschieben großer Brücken (Rheinbrücke Oberkassel wurde 40 m in Flußrichtung verschoben) wurden besondere Maßnahmen für lange Gleitwege getroffen.

Es gibt auch andere Werkstoffpaarungen für Gleitflächen und Gleitmittel, die sich jedoch meist nur für Gleitfugen im Hochbau eignen.

16.3 Zugfeste Lager

Bei Brücken kommen Lager vor, die auch Zug aufnehmen müssen, um abhebende Auflagerkräfte zu verankern. Handelt es sich um ein festes Lager, dann kann man im Mittelpunkt des Neotopflagers ein Spannglied durchführen (Bild 16.17). Die Ankerspannglieder kann man auch in der Drehachse des Überbaues neben dem Topflager einbauen (Bild 16.18). Die erforderliche Biegung der Spannglieder in Lagerhöhe ist mit einer trompetenförmigen Führung auszurunden. Die Spannglieder sind mit etwa $1,2 \cdot A =$ abhebende Kraft vorzuspannen, damit sich das Lager nicht durch Dehnung der Anker abheben kann.

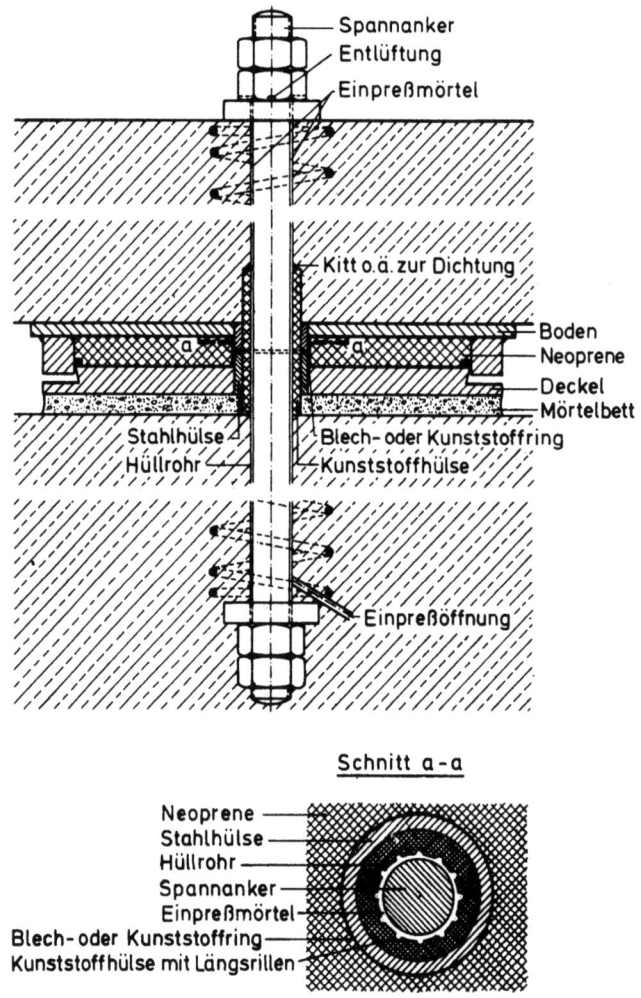

Bild 16.17 Zugfestes allseitig drehbares Neotopflager, Verankerungskraft wird mit vorgespanntem Ankerstab aufgenommen. Biegung des Stabes "gepolstert"

Müssen zugfeste Lager horizontal beweglich sein, dann kann man Stahl-Pendelstützen mit Bolzengelenken verwenden, bei allseitiger Beweglichkeit mit Kreuzkopf-Bolzengelenken.

Wenn die Bewegungen nicht zu groß sind, wählt man am besten elastisch verformbare schlanke Spannbetonstützen mit genügender Höhe, die oben und unten eingespannt oder gelenkig gelagert sein können. Für die erforderliche Ausbiegung kann man ohne Bedenken Verformungen im Zustand II

16.3 Zugfeste Lager

zulassen, wenn Bewehrung für Rissebeschränkung eingebaut wird. Bei gelenkiger Lagerung muß die Biegung der mittigen Spannglieder genügend ausgerundet sein (Bild 16.19).

Schließlich kann man neben Neotopfgleitlagern verankernde Spannglieder mit der nötigen Beweglichkeit anordnen.

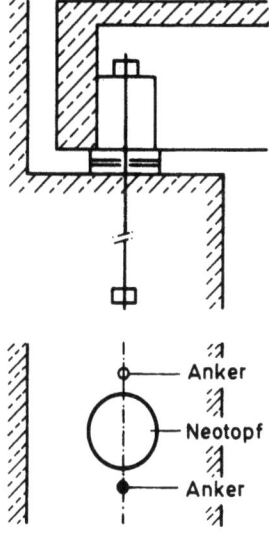

Bild 16.18 Vorgespannte Ankerstäbe neben Neotopflager in der Winkel-Drehachse

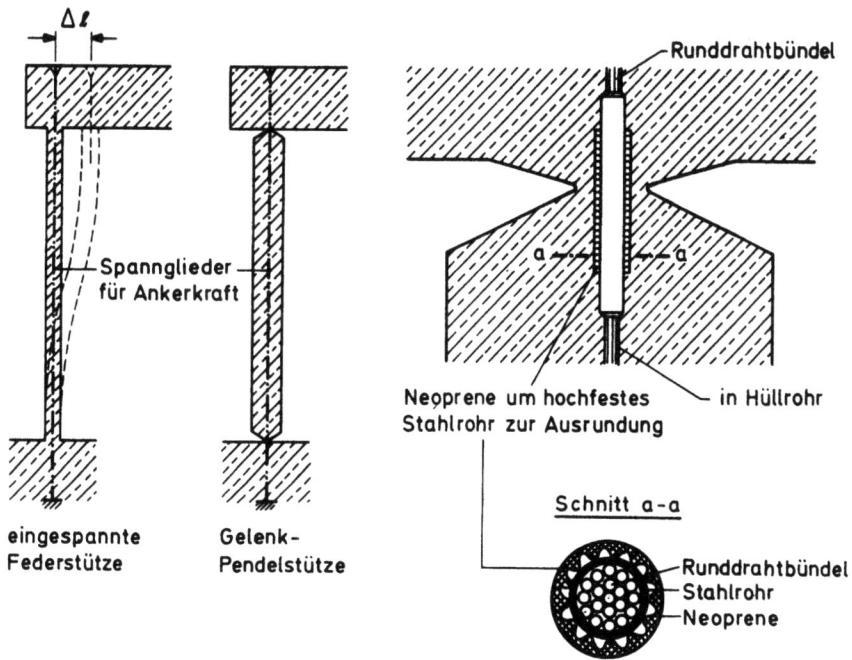

Bild 16.19 Zug- und druckfeste längsbewegliche Lager mit elastisch verformbaren oder gelenkig gelagerten Stützen

16.4 Einbau, Kontrolle und Unterhaltung der Lager

Brückenlager müssen in ihrer Lage (Höhe, Neigung und Richtung) sehr genau nach Plan eingebaut werden, damit sie einwandfrei funktionieren. Für kleine Lager kann man die Lagerfläche mit zähem Feinmörtel genau eben auf Sollhöhe auf der Ankerbank vorbereiten und das Lager mit einer nur ca. 1 mm dicken Klebepaste aufsetzen. Bei größeren und damit auch schweren Lagern ist eine 20 bis 40 mm dicke Mörtelfuge nötig. Am besten werden zunächst Bolzen mit Schablone in Hüllrohr-Löcher einbetoniert. Diese Bolzen haben Stellmuttern, auf denen das Lager aufliegt und damit auf Sollhöhe justiert wird (Bild 16.20). Danach wird das Lager mit erdfeuchtem Mörtel unterstopft. Das einfache Untergießen von Lagern ist ungeeignet, weil dabei flache Hohlräume durch Wasserschlieren unvermeidbar sind. Wenn man untergießen muß, weil Stopfen nicht möglich ist, dann ist die Fuge seitlich zu dichten. Ferner sind im Lager oder am Rand 2 bis 4 Standrohre etwa 0,5 m hoch vorzusehen, durch die eingefüllt wird und in denen das sich absondernde Wasser hochsteigen kann, was durch Rütteln unterstützt werden sollte. Fließmittel-Zusatz wird empfohlen.

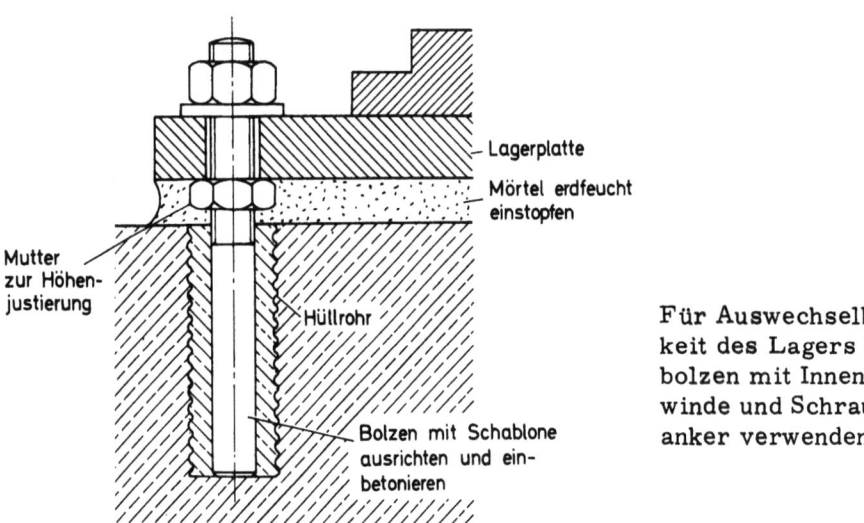

Für Auswechselbarkeit des Lagers Rohrbolzen mit Innengewinde und Schraubanker verwenden!

Bild 16.20 Justieren des Lagers auf einbetonierten Bolzen mit Stellmuttern, festlegen mit zweiter oberer Mutter, dann Fugenmörtel einstopfen.

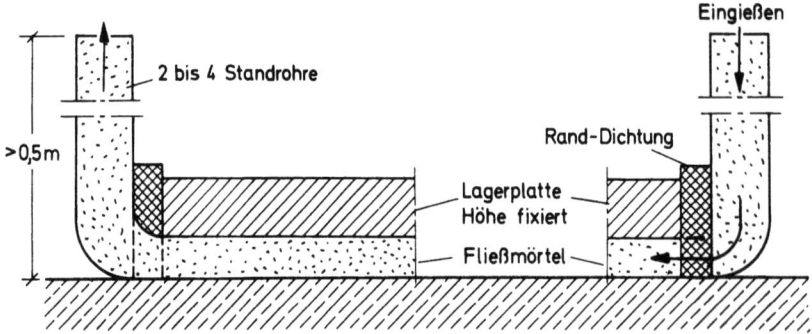

Bild 16.21 Werden Lager untergossen, dann muß der Mörtel seitlich in 2 bis 4 Standrohren mindestens 0,5 m aufsteigen können, damit Mörtel beim Erhärten hydraulisch gegen Lagerplatte gepreßt wird.

16.3 Zugfeste Lager

Brückenlager sollen zugänglich sein, damit man sie kontrollieren und pflegen kann. Elastomerlager sollen auswechselbar sein, d.h. neben den Lagern sind Flächen zum Aufstellen hydraulischer Pressen vorzusehen, damit das Lager zum Ausbau entlastet werden kann. Man kann jedoch den Überbau auch mit Behelfsstützen von Fundament-Vorsprüngen aus anheben.

Alle Stahlteile der Lager müssen mit bestem Korrosionsschutz versehen sein, z.B. Verzinkung plus Zinkchromatanstrich. Schrauben sollen aus nichtrostendem Metall bestehen.

17. Fahrbahnübergänge

Fahrbahnübergänge sind überall dort nötig, wo Verformungen der Brücke, insbesondere Längen- und Neigungsänderungen zwischen Brückenteilen oder gegenüber der auf festem Grund liegenden Fahrbahn, ausgeglichen werden müssen. Man nennt sie auch Fahrbahnfugen oder Dilatationsfugen. Diese Fugen sind die schwachen Stellen der Brücke, die oft Schaden erleiden und Unterhalt kosten. Bei der Bemessung und konstruktiven Durchbildung darf auf keinen Fall gespart werden. Fahrbahnübergänge sind robust zu bauen und kräftig zu verankern, weil sie schon bei geringer Unebenheit durch Stoßwirkung hoch beansprucht werden. G r u n d r e g e l daher: Keinesfalls den billigsten sondern den besten, widerstandsfähigsten Fahrbahnübergang wählen, ihn sehr kräftig verankern und genau in Fahrbahnebene einbauen.

Die Kräfte, die an Fahrbahnübergängen wirken, sind so vielartig wie ihre Ursachen und in ihrer Größe noch wenig bekannt. Über Messungen solcher Kräfte berichtete erstmalig F. Tschemmernegg in [63]. Man sollte jedoch keine verfeinerte statischen Nachweise entwickeln oder verlangen, sondern die Bemessung reichlich mit groben Näherungen vornehmen und die Erfahrungen beachten.

Bei allen Fahrbahnübergängen treten in Längsachse der Brücke Kräfte aus Bewegungswiderständen, Reibung usw. auf, die je nach Bauart sehr verschieden groß sein können. Besonders im Winter kann durch Eisbildung in Fugenspalten großer Widerstand gegen positive Dehnung der Brücke entstehen. Man hat schon $H \approx 10$ kN/m Brückenbreite selbst bei Gummifugen beobachtet. Die Verankerungen der Übergangsbauteile müssen entsprechend stark bemessen werden, aber auch die Kammerwand muß diesen H-Kräften standhalten.

Die W a h l d e s F a h r b a h n ü b e r g a n g e s hängt vom erforderlichen Dehnweg ab, der wie die Lagerwege für Extremwerte der Wirkungen mit einem Sicherheitszuschlag zu rechnen ist. Eine wesentliche Frage ist, ob ein w a s s e r d u r c h l ä s s i g e r o d e r w a s s e r d i c h t e r Übergang gewählt wird. Da das in solchen Fugen eindringende Wasser unterhalb der Fuge die Betonflächen durchfeuchtet und verschmutzt und schließlich doch abgeleitet werden muß, bei Streusalz im Winter auch noch Korrosion verursacht, sind w a s s e r d i c h t e Ü b e r g ä n g e dringend zu empfehlen.

Bei den Fahrbahnübergängen ist es nach langen Entwicklungs- und Erprobungsjahren an der Zeit, sich auf wenige bewährte Arten zu beschränken und diese zu vereinheitlichen. Aus diesem Grund werden im folgenden nur die nach Meinung des Verfassers besten Lösungen gezeigt.

Arten der Fahrbahnübergänge

1. **Bitumenfuge** mit Kantenschutz für Wege von ± 4 mm

Der Rand des Brückenbelages wird mit einem kräftigen Stahlprofil
(t = 15 bis 20 mm) abgeschlossen, das mit Ankern aus Rundstahl (nicht
Flachstahl) mindestens ⌀ 14, e = 300 mm in der Fahrbahnplatte zu verankern ist. Der horizontale Schenkel dient zur Übertragung der vertikalen Kräfte und zur Sicherung des Dichtungsrandes (Bild 17.1). Die Fuge ist so zu legen, daß Regenwasser am Rücken der Kammerwand oder des Widerlagers abläuft. Der Bitumenverguß sollte das Stahlprofil 15 - 20 mm stark überdecken.

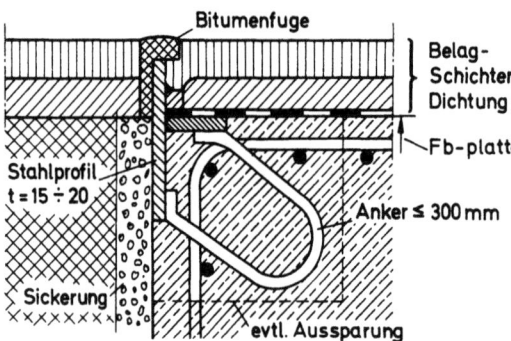

Bild 17.1 Einfache Bitumenfuge mit Kantenschutz für Nebenstraßen

2. **Gummifugen** verschiedener Bauart

Der Verfasser hat 1954 die erste mit Neoprene gedichtete Gummifuge entwickelt (Bild 17.2), weil ihm Wasserdichtheit wichtig erschien. Inzwischen sind verschiedene Bauarten mit dichtenden Kunststoffprofilen - heute meist aus Neoprene oder Polychloroprene mit niedriger Shore Härte A = 50° bis 60° - entwickelt worden, wobei durch Hintereinanderschalten mehrerer Fugen zwischen unterstützten Stahlschienen auch größere Dehnwege bis zu + 400 mm und mehr möglich werden. Die einzelne Fuge kann in der Regel 60 mm Weg ertragen, wobei der Spalt zwischen den Stahlschienen sich von 10 bis 70 mm verändert. Die Fugen erlauben auch gegenseitige Bewegungen quer zur Brückenachse.

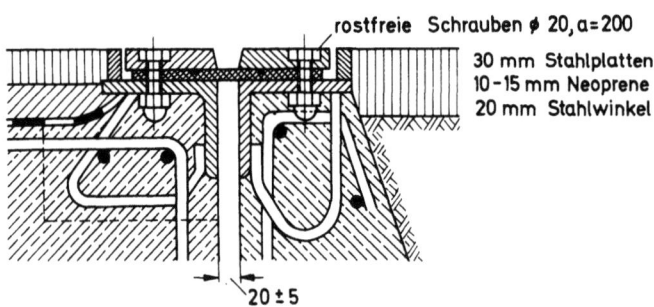

Bild 17.2 Erste Bauart einer Fuge mit Gummidichtung (nach Leonhardt, 1954), heute überholt

Ein günstiges Gummiprofil zeigt das "System Rheinstahl". Das leicht verformbare und rund 9 mm dicke Gummiband ist in Mittelstellung V-förmig. Seine Randwulste werden mit einer Klemmleiste in eine Nut der Stahl-Fugenschiene mit Hilfe vertikaler, harter Rändelstifte eingepreßt (Bild 17.3). Zur Erneuerung des Gummiprofils werden die Rändelstifte ausgebohrt und durch neue ersetzt. Die in Fahrbahnübergängen unerwünschten Schrauben werden so vermieden und die Klemmwirkung sorgt für eine gute Dichtung.

17. Fahrbahnübergänge 215

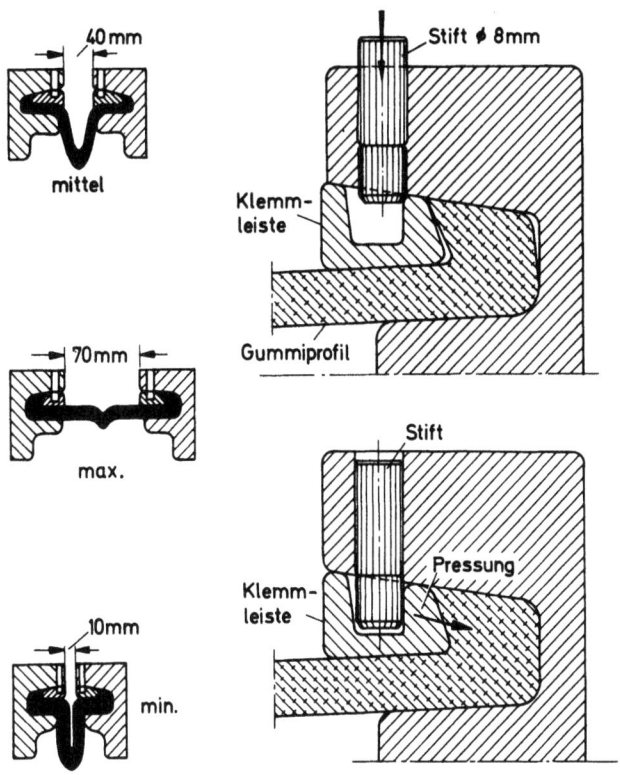

Bild 17.3 Gummiband der Übergänge "System Rheinstahl" mit Klemmleiste und Rändelstift eingepreßt

Bild 17.4 zeigt die Einzelfuge und Bild 17.5 die Dreifachfuge, bei der die Fugenschienen durch eine Scherenkonstruktion unterstützt, auf konstanter Höhe und auf gleichem Abstand gehalten werden. Die Scherenkonstruktion ist aus wetterfestem Stahl WT St 52-3, die Bolzen sind aus rostfreiem X 15 Cr 13 v in Kunststoffbuchsen und damit praktisch wartungsfrei. Der ganze Übergang kann so eingebaut werden, daß die Scheren von unten voll zugänglich und kontrollierbar sind.

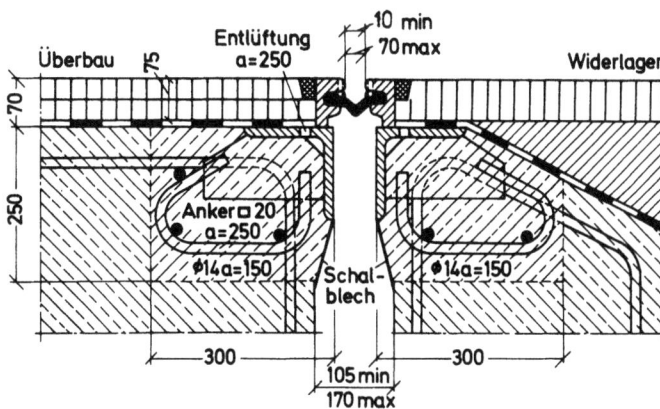

Bild 17.4 Einzelfuge "System Rheinstahl" mit Verankerung der Fugenschienen auf Kantenschutzwinkeln; Weg ± 30 mm

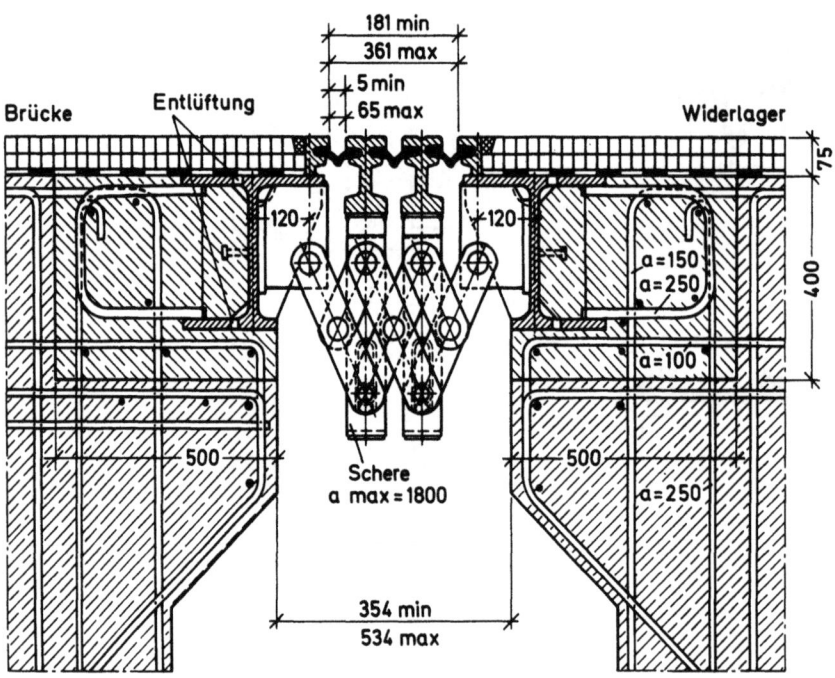

Bild 17.5 Dreifachfuge "System Rheinstahl". Die inneren Fugenschienen werden mit "Scheren" auf gleichen Abstand und konstante Höhe gehalten. Weg ± 90 mm. Für Wege bis ~ ± 180 mm baubar.

An Schrammborden wurden früher die Übergänge zu den höher gelegenen Gehwegen hochgeführt. Es ist jedoch besser, die Fugenkonstruktion in Fahrbahnhöhe, eventuell mit einem kleinen Knick zum Neigungswechsel, weiterzuführen und in Gehweghöhe ein Gleitblech anzuordnen, zudem die bis zu 70 mm weiten Fugenspalte für Fußgänger zu weit sind (Bild 17.6). Solche Gleitbleche sollten am festen Ende drehbar gelagert und mit gefederten Schrauben nach unten gepreßt sein; ihr bewegliches Ende sollte nur mit einer um 1 bis 2 mm dickeren schmalen Leiste aufliegen. Die Gleitbleche sind damit leicht abnehmbar. Sie werden am äußeren Rand abgebogen und decken dann auch das Gesims. Auch Fugen in erhöhten Mittelstreifen an Autobahnen werden zweckmäßig so behandelt.

Eine Bauart, die an der Oberfläche nur profilierten Gummi aufweist, wurde in USA entwickelt und von der GHH bei uns eingeführt. Diese Transflex-Übergänge (Bild 17.7) erlauben Längsbewegungen bis zu rd. 300 mm. Sie bestehen aus horizontal gestaffelt übereinander liegenden Stahlblechen, die in eine rd. 55 bis 130 mm dicke Neoprene-Platte einvulkanisiert sind. Geeignete nutenförmige Einschnitte, wechselweise von oben und von unten, erlauben die Längenänderungen in Brückenachse. Die Bewegungswiderstände sind größer als bei den Gummifugen und erreichen H = 15 bis 30 kN/m (siehe Prospekt). Entsprechend muß die Befestigung kräftig gewählt werden. Sie wird mit Klebeankern (z.B. Upat-Dübel) im Abstand von 250 - 300 mm vorgenommen. Der große Vorteil ist, daß für diese Fugen keine Aussparungen zum Einbau offen gelassen werden müssen, die stets lästig sind. Für die genaue Lage wird ein dünner Estrich aufgebracht.

3. Gleit- oder Schleppbleche

Gleit- oder Schleppbleche sollten nur noch für Geh- und Radwege, für Mittelstreifen-Kappen und für Gesimse gemacht werden. Beschreibung siehe Text zu Bild 17.6 im Abschnitt 2.

17. Fahrbahnübergänge

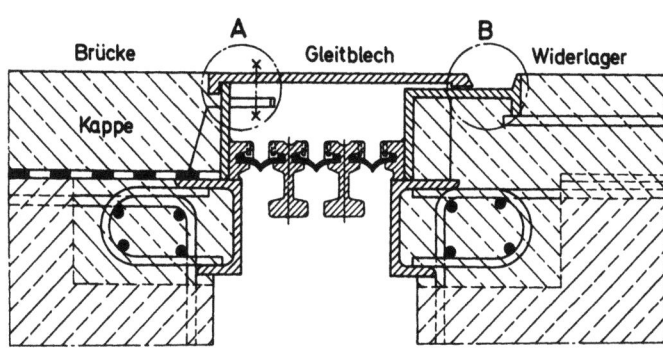

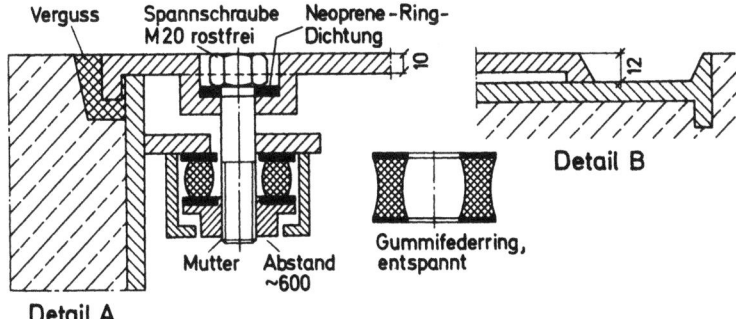

Bild 17.6 Gleitblech über Fuge für Gehwege

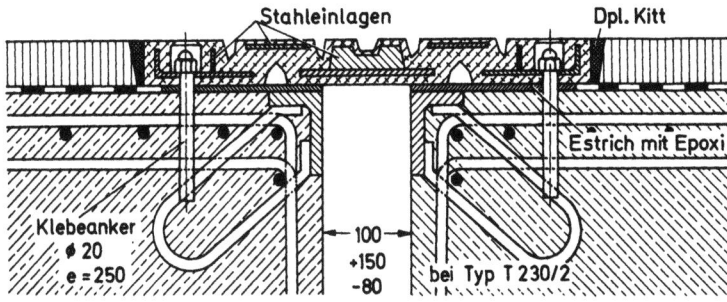

Bild 17.7 Transflex-Übergang aus Gummi mit einvulkanisierten Stahlteilen. T 160/2, 80 mm dick erlaubt Wege ± 80 mm

4. Fingerauszüge

Fingerauszüge gehören wohl der Vergangenheit an (Bild 17.8). Die Finger kragen über den Fugenspalt aus, sie müssen daher am Ende sehr gut verankert sein. Unter Fingerauszügen muß für eine zugängliche und leicht zu reinigende Entwässerung gesorgt werden, die heute am besten in Form einer abklappbaren Rinne aus einer kräftigen Kunststoff-Folie gemacht wird (Bild 17.9).

17. Fahrbahnübergänge

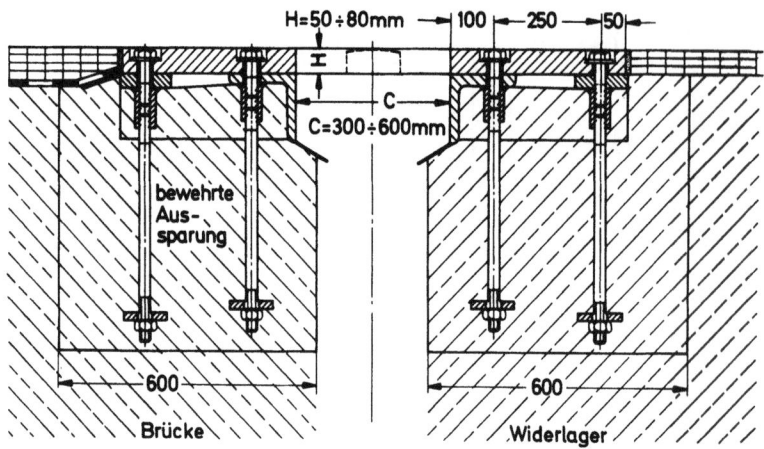

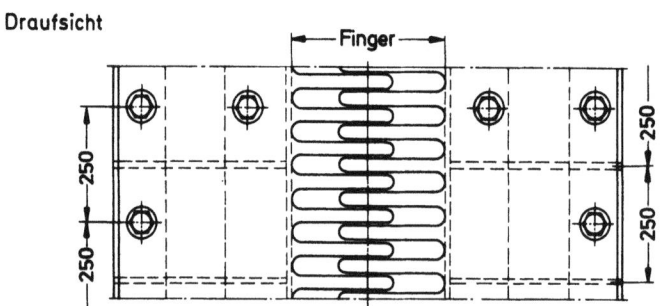

Bild 17.8 Fingerauszüge, auskragende Stahlfinger

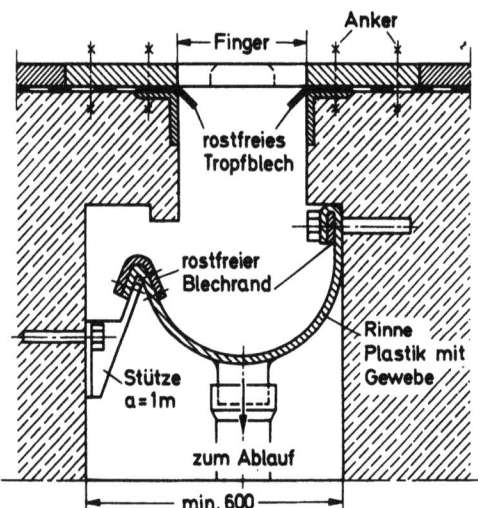

Bild 17.9 Entwässerungsrinne unter durchlässigem Fahrbahnübergang aus Kunststoff-Folie, zur Reinigung aushängen und herunterklappen

5. Demag-Gleitplatten-Übergang

Für die ganz großen Fugenbewegungen sehr langer Brücken haben sich seit über 40 Jahren die Demag-Übergänge gehalten und bewährt. Man wählt sie, wenn die Bewegungswege größer als 400 mm sind; sie wurden schon für Wege von ~ 3000 mm gebaut (Humber Brücke England).
Bild 17.10 zeigt einen Demag-Übergang für 800 mm Weg (± 400 mm), in Mittelstellung im Längsschnitt (in Längsrichtung der Brücke). Im Querschnitt sind die schweren Stahlguß-Platten bis zu 2 m lang, so daß die Gleitböcke in diesem Abstand nötig sind. Die Zungenplatte und die Pendelplatte am anderen Ende sind mit Nocken verankert und mit starken Federn nach unten gehalten. Alle Fugen zwischen den Stahlplatten werden

17. Fahrbahnübergänge

heute mit Palesit gedichtet bzw. mit Kunststoff versiegelt, dennoch kann der Übergang nicht als wasserdicht angesprochen werden. Demnach muß der Raum unter den Platten gut entwässert und auch leicht zugänglich gehalten werden. Teile, die durch Verschleiß oder Korrosion gefährdet sind, werden aus Edelstahl oder rostfreiem Stahl hergestellt oder besonders gut geschützt. Die Herstellung und der Einbau solcher Übergänge sollte stets der erfahrensten Firma übertragen werden. Die Übergänge weisen dann eine sehr lange Lebensdauer bei niedriger Unterhaltung auf. Sie sind zwar teuer, aber lange haltbar und gut und damit auch wirtschaftlich.

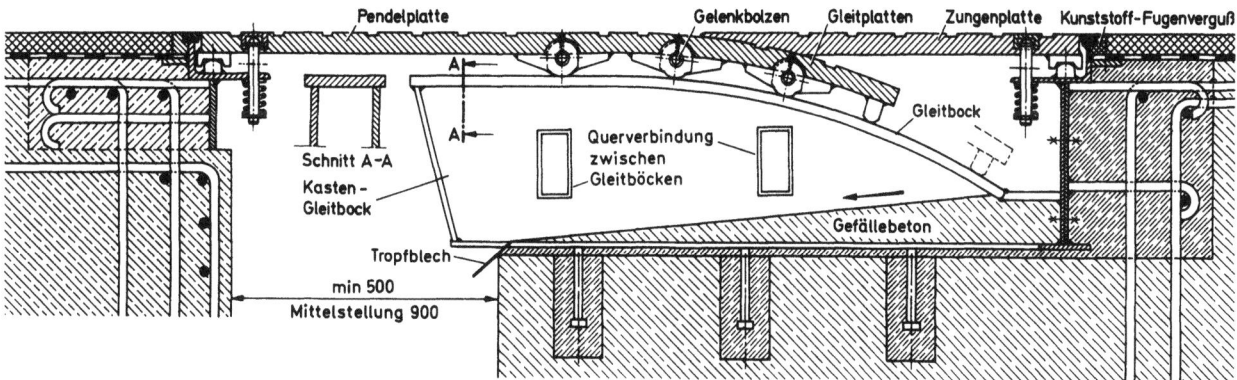

Bild 17.10 Demag-Gleitplatten-Übergang für ganz große Fugenwege

18. Entwässerung

Zur Brückenplanung gehört ein sorgfältig durchgearbeiteter Entwässerungsplan.

Für eine wirksame Entwässerung der Brückenfahrbahnen sind ausreichende Gefälle und Ebenheit des Fahrbahnbelages wichtigste Voraussetzung. Die Querneigung sollte mindestens 2 %, besser 2,5 % betragen. In Verwindungsstrecken (Übergang zu Kurven-Gegenneigung) lassen sich kleinere Quergefälle allerdings nicht vermeiden.

Das Regen- und Schmelzwasser ist durch Abläufe in Abfallrohren und Rinnen so abzuführen, daß keine Bauteile des Tragwerkes berührt werden, weil tausalzhaltiges Wasser den Beton angreift. In wenig bewohnten Gebieten kann das Wasser vom Ablauf in genügender Entfernung von Pfeilern und Widerlagern frei fallend ins Gelände geleitet werden. Über Verkehrsflächen, Flüssen mit Schiffahrt oder Booten ist das Wasser jedoch in Rohren oder Rinnen zu sammeln und zur nächsten Kanalisation oder zu Sickergruben zu leiten.

Die Abläufe und Rohre sind DIN-genormt, sie bestehen aus korrosionsfestem Gußeisen, die Rohre auch aus Hart-PVC oder anderen beständigen Kunststoffen. Die Bemessung ist reichlich zu wählen, besonders wenn im Winter die Gefahr besteht, daß Wasser in flach verlegten Rohren gefriert und den Querschnitt einengt. An allen Krümmern und hinter Einläufen sind Putzöffnungen vorzusehen.

Die Zahl und die Abstände der Abläufe hängen von der Fläche und dem Gefälle ab. Auf einen Ablauf 300/400 mm darf nicht mehr als 400 m² Brückenfläche entfallen. Die Abstände sollen bei 2 % Querneigung sein:

    a = 5 bis 10 m   bei Längsgefälle   0,2 bis 0,5 %
    a = 10 bis 25 m   bei Längsgefälle   0,5 bis 1   %
    a = 20 bis 25 m   bei Längsgefälle   > 1   %

Ist das Längsgefälle < 0,2 %, dann sind möglichst Längsrinnen mit Abdeckrost vorzusehen.

Sind Längs- und Quergefälle sehr klein, dann kann eine wirksame Entwässerung einer wegen der verkehrlichen Anforderungen ebenen Fahrfläche nur mit einem engen Raster (a = 5 bis 6 m) kleiner Abläufe, z.B. ⌀ 150 mm, mit nur 10 mm vertieftem Deckel erzielt werden.

Die Abläufe müssen einen genügend breiten Kragen (Flansch) zum Anschluß der Dichtung aufweisen (Bild 18.1), der 15 bis 20 % Neigung haben muß. Das Oberteil muß so ausgebildet sein, daß auf der Dichtung ankommendes Sickerwasser leicht abfließen kann. Das Oberteil muß nach Höhe und Neigung gegenüber dem Unterteil verstellbar sein. Die Dichtung kann zusätzlich an Tiefpunkten mit kleinen Tüllen entwässert werden.

Häufig liegen die Abläufe in dem auskragenden Teil der Fahrbahnplatte, wo nur wenig Höhe zur Verfügung steht, so daß der Ablauf flach geformt sein muß und das Abflußrohr direkt am Boden des Ablaufkastens anschließt (Bild 18.1).

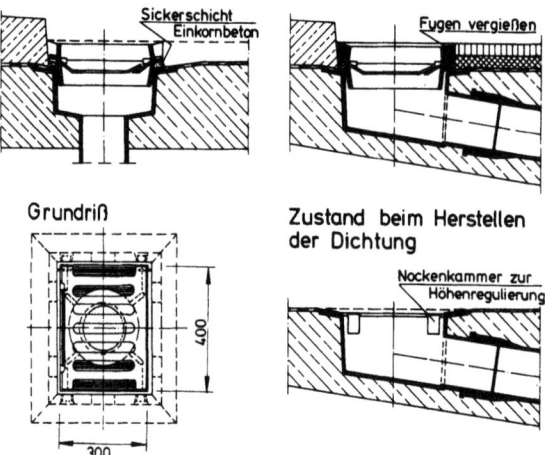

Bild 18.1 Entwässerungablauf mit Dichtungsentwässerung am Rand der Fahrbahn

Das Rohr kann einbetoniert werden, wenn es wenigstens 4 % Neigung hat und die Platte an dieser Stelle wenigstens 330 mm dick ist, damit ein Rohr ⌀ 150 mm oben und unten zur Durchführung der Bewehrung noch mindestens 80 mm Betondeckung erhält. In dünneren Platten läßt man das Rohr nach unten offen (Bild 18.2), die Unterbrechung der Platte in Längsrichtung wird außerhalb des Ablaufes überbrückt, so daß die Tragfähigkeit der Kragplatte nicht leidet.

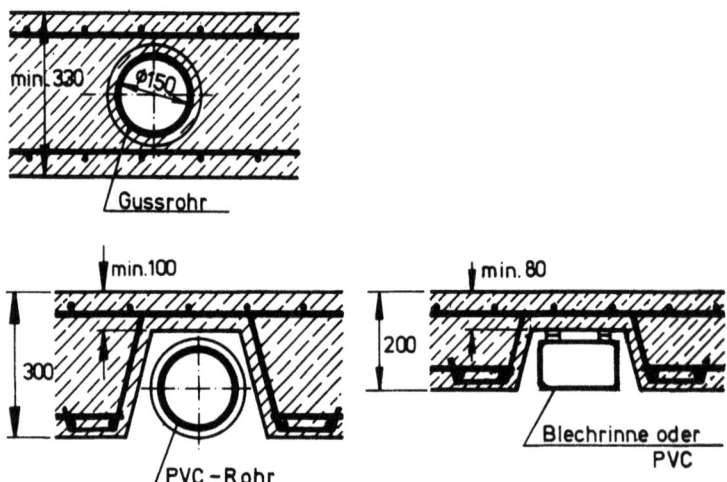

Bild 18.2 Unterbringung des Ablaufrohres in Kragplatten, abhängig von der Plattendicke

Keinesfalls sollte man diese Rohre sichtbar unter die Platte hängen und das Aussehen der Brücke damit verschandeln.

Bei kurzen Brücken wird das Wasser in Längsrohren im Hohlkasten oder hinter HT-Stegen zum Widerlager weitergeführt und dort zum Baugrund geleitet. An beweglichen Lagern muß das lotrechte Abfallrohr so angeschlossen sein, daß es die Längsbewegungen der Brücke ohne Schaden mitmachen kann. Bei langen Brücken wird die Längsrinne in einen großen Trichter auf der Auflagerbank entwässert.

18. Entwässerung

Sind Abfallrohre an Pfeilern nötig, dann sollten sie möglichst in Nuten der Pfeilerwand oder besser im zugänglichen Hohlraum des Pfeilers angeordnet werden. Bei hohen Brückenpfeilern müssen die Fallrohre in Abständen von 20 bis 30 m Dehnfugen erhalten und gut abgestützt sein (evtl. Eislast). Am Pfeilerfuß ist ein Becken zur Vernichtung der Fallenergie anzubringen.

Fallrohre dürfen grundsätzlich nicht direkt einbetoniert werden, weil bei Verstopfern im Rohr stehendes Wasser im Winter den Pfeilerbeton sprengen kann. Man kann das Abfallrohr (z.B. fugenloses Kunststoffrohr) auswechselbar in ein Rohr mit größerem Durchmesser stecken.

Soweit Rinnen oder Rohre in Hohlkasten oder Hohlpfeilern verlegt werden, sind an den Tiefpunkten der Hohlräume jeweils 2 bis 3 Entwässerungsrohre vorzusehen, durch die das Wasser abfließen kann, falls die Rinne oder die Rohre undicht werden oder platzen. Werden Rohre durch Stege oder dergleichen hindurchgeführt, dann sind Mantelrohre größeren Durchmessers einzubetonieren, durch die die Rohre durchgesteckt werden; sie sollten so groß sein, daß auch die Rohrmuffe bequem durchgeht.

Schrifttumverzeichnis

Fortsetzung der Angaben in Kapitel 1.2.
Soweit auf Teil 1 bis 5 der "Vorlesungen" Bezug genommen wird, geschieht dies unter

0	Leonhardt, F.:	Vorlesungen über Massivbau, Teil 1 - 5 Springer Verlag
10	Schöttgen, J.:	Abdichtungen, Kappen und Fahrbahnbeläge auf Betonbrücken. Straßen- und Tiefbau, 1971, Heft 6, S. 471
11	Klingenberg, W.:	Ideenwettbewerb für eine feste Verbindung über den großen Belt. Der Bauingenieur 1967, Heft 11, S. 389
12	Braun, F.; Mors, J.:	Wettbewerb zum Bau einer Rheinbrücke im Zug der Inneren Kanalstraße (Zoobrücke) Köln. Der Stahlbau, 1963, Hefte 6, 7 und 8
13	Leonhardt, F.:	Latest developments of cable-stayed bridges for long spans. Bygningsstatiske Medelelser, Kopenhagen, Vol. 45, No. 4, 1974
14	Leonhardt, F.; Zellner, W.; Svensson, H.:	Die Columbia River Brücke zwischen Pasco und Kennewick, Washington, USA, 8. Kongreß FIP, London, Mai 1978, Proceedings, Teil 2
15 a	Andrä, W.; Zellner, W.:	Zugglieder aus Paralleldrahtbündeln und ihre Verankerung bei hoher Dauerschwellbelastung. Die Bautechnik, 1969, Heft 8 und 9
15 b	Andrä, W.; Saul, R.:	Versuche mit Bündeln aus parallelen Drähten und Litzen für die Nordbrücke Mannheim-Ludwigshafen und das Zeltdach in München. Die Bautechnik, 1974, Heft 9, 10 und 11
15 c	Andrä, W.; Saul, R.:	Die Festigkeit, insbesondere Dauerfestigkeit, langer Paralleldrahtbündel. Die Bautechnik, 1978
16	Wittfoht, H.:	Krahnenbergbrücke bei Andernach. Beton- und Stahlbetonbau, 1964, S. 145 - 152 u. 176 - 181
17	Finsterwalder, U.; Schambeck, H.:	Von der Lahnbrücke Balduinstein bis zur Rheinbrücke Bendorf. Der Bauingenieur, 1965, S. 85 - 91
18	Henne, W.; Bay, H.:	Der Neubau der Qutobahnbrücke über die Lahn bei Limburg. Der Bauingenieur, 1965, S. 91 - 99
19	Wittfoht, H.:	Die Siegtalbrücke Eiserfeld. Beton- und Stahlbetonbau 1970, S. 3 - 12
20	Heil, L.; Mayer, L.:	Der Bau der Pfädchensgraben- und Tiefenbachtalbrücke im Zuge der neuen links-rheinischen Autobahn Krefeld - Ludwigshafen. Der Bauingenieur, 1969, S. 73 - 80
21	Schreck, P.:	Brückenbauweise mit freitragender Stahlschalung. Straße, Brücke, Tunnel, 1973, Heft 5
22	Muller, Jean:	Ten years experience in precast segmental construction. PCI Journal, Chicago, 1975, S. 28 - 61
23 a	Baur, W.:	Spannbetonbrücken ohne Lehrgerüst - das Taktschiebeverfahren D.B.P. - Baumaschine und Bautechnik, 1969, S. 108 - 110
23 b	Baur, W.:	Auswirkungen des Taktschiebeverfahrens auf den Entwurf langer Brücken. Neunter Kongreß IVBH, Zürich, Vorbericht S. 559 - 566
24	Seifried, G.:	Die Mainbrücke Mainflingen. Der Bauingenieur 1979

25	Leonhardt, F.; Lippoth, W.:	Leiteinrichtungen und seilverstärkte Geländer auf Brücken. Straße, Brücke, Tunnel, 1972, Heft 12 und 1973, Heft 1
26	Leonhardt, F.; Andrä, W.:	Stützungsprobleme der Hochstraßenbrücken. Beton- und Stahlbetonbau, 1960, Heft 6
27	Finsterwalder, U.; Schambeck, H.:	Die Elztalbrücke Der Bauingenieur, 1967, S. 14 - 21
28	Schlaich, J.:	Gewölbewirkung in durchlaufenden Stahlbetonplatten. Beton- und Stahlbetonbau, 1964, Heft 11 und 12
29	Homberg, H.; Marx, W.R.:	Schiefe Stäbe und Platten. Werner Verlag Düsseldorf, 1958
30	Rüsch, H.; Hergenröder, A.; Mungan, I.:	Berechnungstafeln für schiefwinklige Fahrbahnplatten von Straßenbrücken. DAfStb, Heft 166, Verlag W. Ernst u. Sohn, Berlin, 1965
31	Stiglat, K.:	Einflußfelder rechteckiger und schiefer Platten mit Randbalken. Verlag W. Ernst u. Sohn, Berlin, 1965
32	Schleicher, C.; Wegener, B.:	Durchlaufende schiefe Platten. VEB Verlag für Bauwesen, Berlin, 1968
33	Andrä, W.; Leonhardt, F.:	Einfluß des Lagerabstandes auf Biegemomente und Auflagerkräfte schiefwinkliger Einfeldplatten. Beton- und Stahlbetonbau, 1960, Heft 7
34	Mehmel, A.; Weise, H.:	Modellstatische Untersuchung punktförmig gestützter, schiefwinkliger Platten unter besonderer Berücksichtigung der elastischen Auflagernachgiebigkeit. DAfStb. Heft 161, Verlag W. Ernst u. Sohn, Berlin, 1964
35	Pucher, A.:	Einflußfelder elastischer Platten. Springer Verlag, Wien, 1958
36	Homberg, H.; Ropers, W.:	Fahrbahnplatten mit veränderlicher Dicke. Band 1 u. 2 Springer Verlag, Berlin, 1965 und 1968
36 a	Homberg, H.; Ropers, W.:	Kragplatten mit veränderlicher Dicke. Beton- u. Stahlbetonbau, 1963, S. 67 - 70
36 b	Rüsch, H.:	Berechnungstafeln für rechtwinklige Fahrbahnplatten von Straßenbrücken. DAfStb Heft 106, Verlag W. Ernst u. Sohn, Berlin, 1952, 1965 6. Auflage
37	Brendel, G.:	Die mitwirkende Plattenbreite nach Theorie und Versuch. Beton- und Stahlbetonbau, 1960, S. 177
38	Schmidt, H.; Peil, U.:	Berechnung von Balken mit breiten Gurten. Springer Verlag, Berlin, 1976
39	Homberg, H.; Trenks, K.:	Drehsteife Kreuzwerke. Springer Verlag, Berlin, 1962
40	Bares, R.; Massonnet, Ch.:	Le calcul des grillages de poutres et dalles orthotropes. Dunod, Paris, 1966
41	Thürlimann, B.; Grob, J.; Lüchinger, P.:	Torsion, Biegung und Schub in Stahlbetonträgern. Vorlesungsmanuskript des Instituts für Baustatik und Konstruktion, ETH Zürich
42	Bachmann, H.:	Längsschub und Querbiegung in Druckplatten von Betonträgern. Beton- und Stahlbetonbau, 1978, S. 57
43	Lippoth, W.:	Ergänzungen zu Massivbrücken(1971), Teil 3: Gekrümmte Brücken Vorlesungsmanuskript des Instituts für Massivbau, Universität Stuttgart
44	Steinle, A.:	Torsion und Profilverformung beim einzelligen Kastenträger. Beton- und Stahlbetonbau, 1970, S. 215 - 222 Ergänzung in Heft 6, 1972, S. 143
45	Leonhardt, F.; Walther, R.; Vogler, O.:	Torsions- und Schubversuche an vorgespannten Hohlkastenträgern. DAfStb Heft 202, Verlag W. Ernst u. Sohn, Berlin, 1968
46	Leonhardt, F.; Kolbe, G.; Peter, J.:	Temperaturunterschiede gefährden Spannbetonbrücke. Beton- und Stahlbetonbau, 1965, Heft 7

Schrifttumverzeichnis

47 Kehlbeck, F.: Einfluß der Sonnenstrahlung bei Brückenbauwerken.
Werner Verlag, Düsseldorf, 1975

48 Emanuel, J.H.; Husley, J.L.: Temperature distributions in composite bridges.
ASCE, Journal of the Structural Division, Januar, 1978

49 Kaufmann, J.; Menn, C.: Versuche über Schub bei Querbiegung.
Versuchsbericht Nr. 7201-1, ETH Zürich
Birkhäuser Verlag, Stuttgart und Basel

50 Thürlimann, B.: Schubbemessung bei Querbiegung.
Schweizerische Bauzeitung, 1977, Heft 26

51 Baur, W.: Die Durchstichbrücke Neckarsulm,
Beton- und Stahlbetonbau, 1969, Heft 3

51 a Cabjolski, H.: Paysandu-Colon Bridge over Uruquay River
8. Kongreß FIP, London, Mai 1978. Schlußbericht

52 Leonhardt, F.: Schub bei Stahlbeton und Spannbeton, Grundlagen der neueren Schubbemessung.
Beton- und Stahlbetonbau, 1977, Heft 11 und 12

53 Lippoth, W.: Zur Beanspruchung mehrzelliger Hohlkastenquerschnitte quer zur Längsachse aus Umlenkkräften der Längsvorspannung.
Beton- und Stahlbetonbau, 1970, S. 270 - 285

54 Baur, W.; Göhler, B.: Beitrag zur Ermittlung der Spannungen in Koppelfugen feldweise aus Ortbeton hergestellter durchlaufender Spannbetonbrücken.
Beton- und Stahlbetonbau, 1972, Heft 1

55 Vreden, W.: Neues allgemeines Berechnungsverfahren beliebig gelagerter gekrümmter Träger.
Verlag W. Ernst u. Sohn, Berlin, 1966

56 Egger, H.: Torsion und Vorspannung bei gekrümmten Balken.
Bauingenieur-Praxis, 1968, Heft 39
Verlag W. Ernst u. Sohn, Berlin

57 Priestley, M.J. Nigel: Design of concrete bridges for temperature gradients.
ACI Journal, May 1978

58 Leonhardt, F.; Lippoth, W.: Folgerungen aus Schäden an Spannbetonbrücken.
Beton- und Stahlbetonbau, 1970, Heft 10

59 Knittel, G.: Zur Berechnung des dünnwandigen Kastenträgers mit gleichbleibendem symmetrischen Querschnitt.
Beton- und Stahlbetonbau, 1965, S. 205 - 211

60 Zichner, T.: Temperaturunterschied infolge Witterungseinfluß und Beheizung von massiven Brücken.
Heft 212 der Reihe Forschung, Straßenbau und Straßenverkehrstechnik, BMV Bonn, Kirschbaumverlag, Bonn, 1977

61 Beyer, E.; Thul, H.: Hochstraßen.
hier: Lager der Berliner Brücke in Duisburg, S. 51
Beton Verlag, Düsseldorf, 1967

62 Andrä, W.; Leonhardt, F.: Neue Entwicklungen für Lager von Bauwerken - Gummi- und Gummitopflager.
Die Bautechnik, 1962, Heft 2

63 Tschemmernegg, F.: Messungen von Vertikal- und Horizontallasten beim Anfahren, Bremsen und Überrollen von Fahrzeugen auf einem Fahrbahnübergang. Der Bauingenieur, 1973, S. 326 - 330

64 Tamms, F.: Verkehrsarchitektur
Reihe Stadtentwicklung - Städtebau 2.017
Verlag für Wirtschaft und Verwaltung, Essen, 1977

65 Pfohl, H.: Risse an Koppelfugen von Spannbetonbrücken, Schadensbeobachtungen, mögliche Ursachen, vorläufige Folgerungen.
Mitteilungen Institut für Bautechnik, Heft 6/1973

66 Eggert, H.; Grote, J.; Kauschke, W.: Lager im Bauwesen, Band 1, Entwurf, Berechnung, Vorschriften.
Wilhelm Ernst u. Sohn, Berlin, 1974

67 Leonhardt, F.: Rißschäden an Betonbrücken, Ursachen und Abhilfe.
Beton- und Stahlbetonbau, 1979, Heft 2

68 Wittfoth, H.: Kreisförmig gekrümmte Träger mit exzentrischer Belastung.
Der Bauingenieur 1968, S. 15 - 20
Einflußlinientabellen vom Verfasser erhältlich.

If you have any concerns about our products,
you can contact us on
ProductSafety@springernature.com

In case Publisher is established outside the EU,
the EU authorized representative is:
**Springer Nature Customer Service Center GmbH
Europaplatz 3, 69115 Heidelberg, Germany**

Printed by Libri Plureos GmbH
in Hamburg, Germany